养殖场兽药规范使用手册系列丛书

U0394720

肉牛场
兽药规范使用手册

中国兽医药品监察所
中国农业出版社　组织编写
陈世军　崔耀明　主编

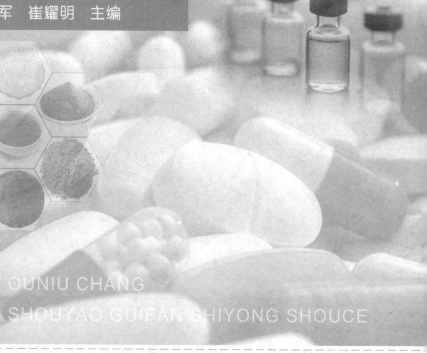

ROUNIU CHANG
SHOUYAO GUIPAN SHIYONG SHOUCE

中国农业出版社
北　京

本书有关用药的声明

随着兽医科学研究的发展、临床经验的积累及知识的不断更新，治疗方法及用药也必须或有必要做相应的调整。建议读者在使用每一种药物之前，参阅厂家提供的产品说明书以确认推荐的药物用量、用药方法、所需用药的时间及禁忌等，并遵守用药安全注意事项。执业兽医有责任根据经验和对患病动物的了解决定用药量及选择最佳治疗方案。出版社和作者对动物治疗中所发生的损失或损害不承担任何责任。

丛书编委会

编 者 名 单

主　编　陈世军　崔耀明

副主编　苑　丽　韩　涛　夏　俊　匡秀华

编　者（按姓氏笔画排序）

王　杰　冯学俊　任　禾　刘志强

刘建华　汤法银　李亚菲　吴　华

邹洁建　沈辰峰　赵　莉　贺丹丹

郭会玲　郭晓辉　裴亚玲　樊　华

PREFACE 序

有效保障食品安全、养殖业安全、公共卫生安全、生物安全和生态环境安全是新时期兽医工作的首要任务。我国是动物养殖大国，也是动物源性食品消费大国。但是我国动物养殖者的文化素质、专业素质参差不齐，部分养殖者为了控制动物疫病，违规使用、滥用兽药，甚至违法使用违禁药物，造成动物产品中兽药残留超标和养殖环境中动物源细菌耐药性，形成严重的公共卫生和生物安全隐患。

当前，细菌耐药、兽药残留问题深受百姓关注，党中央国务院非常重视。国家"十三五"规划明确提出要强化兽药残留超标治理，深入开展兽用抗菌药综合治理工作。2017 年，制定实施《全国遏制动物源细菌耐药行动计划（2017—2020 年）》，明确了今后一个时期的行动目标、主要任务、技术路线和关键措施。随着兽药综合治理工作的推进和养殖业方式转变，我国养殖业兽药的使用已呈现逐步规范、渐近趋好的态势。

为进一步规范养殖环节各种兽药的使用，引导养殖场兽医及相关工作人员加深对兽药规范使用知识的了解，中国兽医药品监察所和中国农业出版社组织编写了养殖场兽药规范使用手册系列丛书。该丛书站在全局的高度，充分强调兽药规范使用的重要性，理论联系实际，以《中华人民共和国兽药典》等相关规范为基础，介绍兽药使用基础知识、各畜种常见使用药物、疫病诊断及临床用药方法等，同时附录兽药残留限量标准、休药期标准等基础参数，直观生动，易学易懂，具有较强的科学性、实用性和先进性，可为兽医临床用药提供全面、系统的指导，既是先进兽药科学使用的技术指导书，也是一套适用于所有畜牧兽医工作者学习的理论参考书，对落实《全国遏制动物源细菌耐药行动计划（2017—2020 年)》将发挥积极作用，具有重要的现实意义。

相信这套丛书一定会成为行业受欢迎的图书，呈现出权威、标准、规范和实用特色！

农业农村部副部长

FOREWORD 前言

　　兽药的广泛应用对畜牧业生产发展的积极推进作用是有目共睹的，但兽药，尤其是抗感染药物使用不当和滥用导致畜禽中毒、病原耐药、二重感染、畜产品药物残留超标及环境污染等问题的日趋突出已成为人类面临的一个普遍问题，因此，如何规范合理地使用兽药早已成为一个全球关注的问题，为此，国家近年来颁布了一系列法律法规，对兽用药品的休药期、限制使用甚至禁用等作了新的要求，目的就是为了保证兽药在临床使用中达到高效、低毒，并防止产生耐药性以及保障环境生态安全和动物产品的食品卫生安全。为了反映这些新的变化和满足肉牛生产的实际要求，保障肉牛产业的健康发展，中国兽医药品监察所和中国农业出版社牵头组织编写了这本《肉牛场兽药规范使用手册》。

　　《手册》从药物学基础知识、常见牛病的诊断与防治、兽药残留与食品安全、抗菌药物耐药性控制等方面对肉牛场规范合理地使用兽药作了诠释，同时，该书还收录了国家颁布的兽药使用管理方面的法规，肉牛场兽医在使用药物时应该首先了解并遵守这些规定。

　　《手册》的编写工作在中国兽医药品监察所和中国农业出版社专业有效的组织和来自全国的专家学者的共同努力下共同完成，在其付梓之际，我们对为此付出艰辛劳动和聪明才智的相关单位领导、专家学者以及出版社工作人员表示由衷的感谢！

　　当前，国内还缺乏肉牛场规范使用药物方面的专业书籍，《手册》的出版发行弥补了这方面的空白，希望这本书能够对广大的临床兽医、肉牛场技术人员、肉牛养殖专业户以及相关专业的大中专师生有所帮助。

　　由于编写时间紧、编者的水平有限，难免存在疏漏、不足之处，恳请同行专家和广大读者提出宝贵意见和建议，以便再版时加以修改。

编　者

2018 年 9 月

CONTENTS 目 录

第一章

肉牛用药的基础知识

第一节 兽药的定义、应用形式及保管

一、兽药的定义、来源

（一）兽药的定义

兽药是指用于预防、治疗、诊断动物疾病，或者有目的地调节动物生理机能的物质。主要包括：血清制品、疫苗、诊断制品、微生态制剂、中药材、中成药、化学药品、抗生素、生化药品、放射性药品及外用杀虫剂、消毒剂等。兽药也包括用以促进动物生长、繁殖和提高动物生产效能，促进畜牧业养殖生产的一些物质。动物饲养过程中常用到的饲料添加剂是指为满足某些特殊需要而加入饲料中的微量营养性或非营养性的物质，含有药物成分的饲料添加剂则被称为药物饲料添加剂，亦属于广义兽药的范畴。当药物使用方法不当、用量过大或使用时间过长时，会对动物机体产生毒性，损害动物健康，甚至会导致死亡，药物则变为了毒物。药物和毒物之间并无本质的、绝对的界限，因此在用药时应明白用药的目的及方法，发挥药物对机体有益的药理作用，避免其有害的毒副作用或不良反应。

（二）兽药的来源

我国兽药使用历史悠久，早在秦汉时代，药学文献《居延汉简》和《流沙坠简》中已有关于兽药处方的记载；汉末三国时期，中国最早的药学著作《神农本草经》中，曾有专用的兽药记录。后魏贾思勰在《齐民要术》中收载了多种兽用方剂。明代李时珍的《本草纲目》中收载了1 892种药物，其中兽药有60多种；万历年间的兽医专著《元亨疗马集》中收载的兽药则多达200多种、兽用处方400余个。

这些典籍中收载的兽药大致可分为三个来源：植物、动物和矿物。其中植物类兽药最多，如五加科植物三七具有散瘀止血和消肿止痛的功效，多用于治疗动物便血、吐血及外伤出血等。植物类兽药的入药部位多样，有些品种能够全草入药，有些则仅限于根、茎、叶或花等不同部位入药。动物类兽药也有较多使用，如鸡内金为雉科动物家鸡的干燥砂囊内壁，它具有健胃消食、化石通淋的功效，用于治疗动物的食积不消、呕吐、泄泻、砂石淋等。除了这些植物和动物来源的兽药以外，还有少部分矿物来源的兽药，如石膏，它具有清热泻火和生津止渴的功效，可用于治疗动物外感热病、肺热喘促、胃热贪饮、壮热神昏、狂躁不安等。

随着科学技术的不断发展及化学、物理学、解剖学和生理学等学科的建立，一些化学家首先开始了从药用植物中提取有效成分的尝试，之后一些生理学家（其中一些已成为了药理学的先驱者）应用生理学的方法来观察和评价这些化学成分的药效和毒性，此时近代实验药理学逐渐拉开序幕。随着后续的化合物构效关系的确认及定量药理学概念的提出，现代药理学真正发展起来。而兽医药理学的发展是伴随着药理学的发展进程渐次进行的，在整个进程中，青霉素的发现、磺胺类药物及喹诺酮类药物的合成等具有重大意义。同时这也引出了兽药的另两个重要来源：化学合成及微生物发酵。

化学合成类兽药中磺胺类及（氟）喹诺酮类为典型代表。其中首次合成于 1962 年的萘啶酸为第一代喹诺酮类药物的代表；第二代该类兽药则为合成于 1974 年的氟甲喹；1979 年合成的诺氟沙星是首个第三代该类药物，由于它具有 6 -氟- 7 -哌嗪- 4 -诺酮环结构，故该类药物从此开始称为氟喹诺酮类药物。目前我国在兽医临床批准应用的氟喹诺酮类药物有：恩诺沙星、环丙沙星、达氟沙星、二氟沙星、沙拉沙星、马波沙星等。而来源于微生物发酵的兽药则多为一些分子量较大、结构复杂的兽药，如天然青霉素，是从青霉菌的培养液中分离获得的，含有青霉素 F、青霉素 G、青霉素 X、青霉素 K 和双氢 F 五种组分。

除了前述的五种兽药来源之外，基于生物技术发展起来的兽药逐渐增多。这类药物是通过细胞工程、基因工程等分子生物学技术生产的药物，如重组溶葡萄球菌酶、干扰素、转移因子、抗菌肽等。

二、兽药的应用形式、制剂与剂型

兽药原料药不能直接用于动物疾病的预防或治疗，必须进行加工，制成安全、有效、稳定和便于应用的形式，称为药物剂型。例如，粉剂、片剂、注射剂等。药物剂型是一个集体名词，其中任何一个具体品种，例如，片剂中的土霉素片，注射剂中的葡萄糖注射液等称为制剂。药物的有效性首先是其本身固有的药理作用，但仅有药理作用而无合理的剂型，必然影响药物疗效的发挥，甚至出现意外。同一种药物可以有不同的剂型，但作用和用途会有差别，如硫酸镁粉经口服，具有导泻的作用，而静脉注射硫酸镁注射液则是发挥其抗惊厥的作用。先进、合理的剂型有利于药物的储存、运输和使用，能够提高药物的生物利用度，降低不良反应，发挥最大疗效。

每类剂型的形态相同，其制法特点和效果亦相似，如液体制剂多需溶解，半固体制剂多需融化或研匀，固体制剂多需粉碎及混合。疗效速度以液体制剂最快、固体较慢、半固体多外用。按使用方便性，动物常用的药物剂型主要有：

（1）粉剂/散剂　是指粉碎较细的一种或一种以上的药物，均匀混合制成的干燥粉末状制剂，如内服使用的健胃散。随着集约化、规模化养殖业的出现，许多药物（如抗菌药物、抗寄生虫药物、维生素、矿物质、中草药等）通常是制成粉剂（散剂）混入动物饲料饲喂动物，用以防治疾病、促进生长、提高饲料转化率等。一些药物因为本身的溶解性较好，还可制成可溶性粉剂经动物饮水投药。为了使药物在饲料中均匀混合，药物添加剂必须先制成预混剂，然后拌入饲料中使用，预混剂就是一种或几种药物与适宜的基质（如碳酸钙、麸皮、玉米粉等）均匀混合制成的散剂。

（2）颗粒剂　是将药物与适宜辅料制成的颗粒状制剂，分为可溶性颗粒剂、混悬性颗粒剂和泡腾性颗粒剂。

（3）溶液剂　指一般可供内服或外用的澄明溶液，溶质为分子或离子状态的不挥发性化学药物，其溶媒多为水，如恩诺沙星溶液。还有以醇或油作为溶媒的溶液剂，如地克珠利溶液。内服溶液剂给药方便，生物利用度也较高，且不存在混合不均匀的问题。某些药物目前最好的供应方式只能是溶液形式，如过氧化氢、稀氨溶液等。

（4）片剂　是指一种或一种以上的药物经加压制成的扁平或上下面稍有凸起的圆片状固体剂型，具有质量稳定、称量准确、服用方便等优点，缺点为某些片剂溶出速率及生物利用度差，如土霉素片。

（5）注射剂　也称针剂，是指由药物制成的供注入体内的灭菌水溶液、混悬液、乳状液或供临用前配成溶液的无菌粉末（粉针剂，用前现溶）或浓缩液，需使用注射器从静脉、肌内、皮下等部位注射给药的一种剂型。如硫酸庆大霉素注射液、注射用青霉素钠等。注射剂的优点是药效迅速、剂量准确、作用可靠、吸收快。不宜内服的药物，如青霉素、链霉素等也常制成注射剂。缺点是注射给药不方便，且注射时往往引起应激反应且生产过程要求一定的设备。

三、兽药的贮藏与保管

兽药的质量直接关系着对动物疾病的防治效果，对畜牧业的生产和人体健康都有着很大的影响。兽药的稳定性是反映兽药质量的主要方面，不易发生变化的稳定性强，反之亦然。而兽药的稳定性取决于兽药的成分、化学结构及剂型等内在因素，空气、温度、湿度、光线等外界因素同样也会引起兽药发生变化。因此，需认真对待兽药的贮藏和保管工作，定期检查，以保证其安全性和可使用性。

（一）影响兽药变质的主要因素

1. 空气 空气中的氧或其他物质释放出的氧，易使药物氧化，引起药物变质，例如，维生素 C、氨基比林氧化变色，硫酸亚铁氧化成硫酸铁等；同时空气中的二氧化碳能与碱性药物反应，而使药物变质，如氨茶碱与空气中的二氧化碳反应后析出茶碱并分解变色。

2. 光照 日光直射或散射都能使某些药物分解，维生素 B_2 溶液在光线的作用下，可光解而失效。双氧水遇光分解生成氧和水。

3. 温度 温度过高，会使药物的降解速度加快，造成某些抗生素、维生素 D_3 等多种药物变质失效，或挥发性成分挥发而药效降低；温度过低，易使软膏剂变硬，液体制剂冻结、分层、析出结晶。

4. 湿度 一些药物可吸收潮湿空气中的水分发生潮解、液化、变性或分解而变质，如阿司匹林、青霉素类和硫酸新霉素等因吸潮而分解，但对于某些含结晶水的药物（如氨苄西林三水化合物、茶碱水合物）的贮存环境，也并非是越干燥越好，空气过于干燥会发生风化，风化后的药物在使用中较难掌握正确剂量。

5. 霉菌 空气中存在霉菌孢子和其他微生物，这些孢子如果散落在药物表面，在适宜的条件下，就能形成霉菌引起药物变质。

6. 贮藏时间 理化性质不稳定的药品，易受外界因素的影响，即使贮藏条件适宜，保存合理，但贮存一定时间后，也会发生含量（效价）下降或毒性增强的变化，因此，药物的贮藏时间不要超过有效期，要在有效期内使用。

（二）兽药的一般保管方法

（1）要根据兽药的性质、剂型进行分类保管。一般可按固、液、气等性质或粉、片、水、针等剂型及普通药、剧药、毒药、危险药品等分类，采用不同方法进行保管。剧药与毒药应专账、专柜、加锁，由专门双人双锁保管，每种兽药必须单独存放，要有明显标记。

（2）一般兽药都应按兽药典或兽药说明书中该药所规定的贮藏条件进行贮藏和保存，也可根据其理化特性进行相应的贮藏和保存。

（3）为了避免兽药贮存过久，必须掌握"先进先出，易坏先出""近期（临近有效期）先出"的原则，要合理存放或堆放，定期检查和盘存。

（4）根据兽药特性，采用不同的贮藏方法：①易光解的兽药。如安乃近、氨茶碱、乙醚等，应避光保存，包装宜用棕色瓶，或在普通容器外面包上不透明的黑纸，并防止日光照射。②易潮解的兽药。如氯化铵、溴化钠等，应密封于容器内干燥保存，注意通风防潮。③易风化的兽药。如硫酸镁、阿托品、咖啡因等，这类药物除密封外，还需置于适宜湿度处保存（一般以相对湿度50%～70%为宜）。④易受温度影响的兽药。要防受热或防冻结，要求"阴凉处保存"的是指不超过20℃，如抗生素的保存。"冷放保存"或"冷藏保存"是指2～10℃，如生物制品的保存。要求2～8℃贮存的灭活疫苗、诊断液和血清等，应在同样温度下运送，严冬季节要注意采取防冻措施。炎夏季节应采取降温措施。要求低温贮存的疫苗，应按照要求的温度贮存和运输。⑤易吸收二氧化碳的兽药。如氯化钙、氧化镁等，需严密包装，置阴凉处保存。⑥中草药多易吸湿、长霉和被虫蛀，要注意贮存在阴凉、通风、干燥的地方，并注意防潮、防虫害。

兽药的稳定性往往同时受多种因素的影响，有的兽药既需避光，又需防热或防潮，保存时要满足兽药所需的理化条件。

（5）若发现兽药有氧化、分解、变色、沉淀、混浊、异物、发霉、分层、腐败、潮解、异味及生虫等影响其质量的现象时，一般均不可应用。

（6）兽药批号，有效期与失效期　批号是生产单位在兽药生产过程中，用来表示同一原料、同一生产工艺、同一批料、同一批次制造的产品，一般日期与批次用一短线相连来表示，如20181001－01表示为2018年10月1日生产的第一批产品。

有效期是指兽药在规定的贮藏条件下能保证其质量的期限。失效期是指兽药超过安全有效范围的日期，兽药超过此日期，必须废弃，如需使用，需经药检部门检验合格，才能按规定延期使用。有效期一般是从兽药的生产日期（有的没有标明生产日期，则可由批号推算）起计数，如某兽药的有效期是两年，生产日期为2018年1月1日，则其可使用到2019年12月31日。如某兽药失效期标明2019年12月，则指可使用到2019年11月30日止，到12月即失效。

四、兽医处方

兽医处方是兽医临床工作及药剂配置的一项重要书面文件。处方的类型可分为法定处方和兽医师处方。法定处方主要指部颁《中华人民共和国兽药典》和《兽药质量标准》等所收载的处方。凭兽医处方可购买和使用的兽药即为兽医处方药，而由我国国务院兽医行政管理部门公布的、不需要凭兽医处方就可自行购买并按照说明书即可使用的兽药则称为兽医非处方药。因此，处方开写的正确与否，直接影响治疗效果和患病动物的安全，兽医师必须认真负责地按照用药的原则，正确、清楚地开写处方。处方中应写明药物的名称、数量、制剂及用量用法等，以保证药品的规格和安全有效。处方还应保存一段时间，以备查考。

（一）处方笺内容

兽医处方笺内容包括前记、正文、后记三部分，要符合以下标准。

1. 前记 对个体动物进行诊疗的，至少包括动物主人姓名或者动物饲养单位名称、档案号、开具日期和动物的种类、性别、体重、年（日）龄。

对群体动物进行诊疗的，至少包括饲养单位名称、档案号、开具日期和动物的种类、数量、年（日）龄。

2. 正文 包括初步诊断情况和 Rp（拉丁文 Recipe "请取"的缩写）。Rp 应当分列兽药名称、规格、数量、用法、用量等内容，对于食品动物还应当注明休药期。

3. 后记 至少包括执业兽医师签名或盖章和注册号、发药人签名或盖章。

（二）处方书写要求

兽医处方书写应当符合下列要求：

（1）动物基本信息、临床诊断情况应当填写清晰、完整，并与病历记载一致。

（2）字迹清楚，原则上不得涂改；如需修改，应当在修改处签名或盖章，并注明修改日期。

（3）兽药名称应当以兽药国家标准载明的名称为准。兽药名称简写或者缩写应当符合国内通用写法，不得自行编制兽药缩写名或者使用代号。

（4）书写兽药规格、数量、用法、用量及休药期要准确规范。

（5）兽医处方中包含兽用化学药品、生物制品、中成药的，每种兽药应当另起一行。

（6）兽药剂量与数量用阿拉伯数字书写。剂量应当使用法定计量单位：质量以千克（kg）、克（g）、毫克（mg）、微克（μg）、纳克（ng）为单位；容量以升（L）、毫升（mL）为单位；有效量以国际单位（IU）、单位（U）为单位。

（7）片剂、丸剂、胶囊剂及单剂量包装的散剂、颗粒剂分别以片、丸、粒、袋为单位；多剂量包装的散剂、颗粒剂以 g 或 kg 为单位；单剂量包装的溶液剂以支、瓶为单位，多剂量包装的溶液剂以 mL 或 L 为单位；软膏及乳膏剂以支、盒为单位；单剂量包装的注射剂以支、瓶为单位，多剂量包装的注射剂以 mL 或 g 或 kg 为单位，应当注明含量；兽用中药自拟方应当以剂为单位。

（8）开具处方后的空白处应当画一斜线，以示处方完毕。

（9）执业兽医师注册号可采用印刷或盖章方式填写。

（三）处方保存

兽医处方开具后，第一联由从事动物诊疗活动的单位留存，第二联由药房或者兽药经营企业留存，第三联由动物主人或者饲养单位留存。兽医处方由处方开具、兽药核发单位妥善保存两年以上。保存期满后，经所在单位主要负责人批准、登记备案，方可销毁。

兽医处方笺样式

XXXXXXX处方笺

动物主人/饲养单位＿＿＿＿＿＿＿＿＿＿＿＿＿＿ 档案号＿＿＿＿＿＿＿

动物种类＿＿＿＿＿＿＿＿＿动物性别＿＿＿＿＿＿＿体重/数量＿＿＿＿

年（日）龄＿＿＿＿＿＿＿＿＿开具日期＿＿＿＿＿＿＿＿＿＿

诊断：	Rp:

执业兽医师＿＿＿＿＿＿＿＿ 注册号＿＿＿＿＿＿＿ 发药人＿＿＿＿＿＿

第一联 从事动物诊疗活动的单位留存

注："×××××××处方笺"中，"×××××××"为从事动物诊疗活动的单位名称。

第二节 临床合理用药

一、兽药的药代动力学和药效动力学

（一）兽药在动物体内的药代动力学

药代动力学是研究药物通过各种途径给药后在体内的吸收、分布、生物转化（代谢）和排泄过程的量变规律的学科，致力于用数学表达式阐明血浆药物浓度与时间之间的关系。

除了经静脉注射给药没有吸收过程，其他给药途径如拌饲、混饮给药、肌内注射、皮下注射、气雾吸入等，都要在动物体内发生吸收、分布、生物转化和排泄的变化过程。

1. 吸收 药物从给药部位进入动物血液循环的过程称为吸收。

药物通过吸收部位的细胞膜进入血液或淋巴液。药物的吸收决定药物作用的快慢和强弱。口服的吸收过程主要发生在胃肠道，尤其以小肠为主。多数药物以被动转运的方式吸收。影响吸收的主要因素包括：①给药途径。不同的给药途径影响药物的吸收速率，一般而言，气雾吸入＞腹腔注射＞肌内注射＞皮下注射＞口服给药＞直肠给药＞皮肤给药。②药物的理化性质。脂溶性药物较易被吸收；小分子水溶性药物易吸收；解离度高的药物口服难吸收。③药物剂型。如水剂、注射剂比油剂、缓释制剂、控释制剂、固体剂和混悬剂吸收得快。④机体生理状况。如胃肠 pH、胃排空速度、肠蠕动和胃肠内容物等。如在酸性环境弱酸性药物解离度低，以非解离型存在的药物易跨膜转运，因而易被吸收。

2. 分布 药物吸收后，进入血液循环系统，随血液经细胞膜分布到各组织器官中。一般情况下，药物在组织器官中的分布不均匀，且处于动态平衡状态。影响药物分布的因素有：①药物与蛋白结合率。游离型药物进入血液后，通常与血浆蛋白结合，具有饱和性及竞争性，为可逆过程，处于动态平衡。只有游离型药物具有活性，而结合型药物无活性且不易通过生物膜。②器官的血流量。药物先分布于血流量大的组织器官，再向其他组织器官转移。③药物与组织的亲和力。多数药物在体内的分布不均匀，具有器官选择性。药物对特定组织具有亲和力，则药物在该组织分布多。如碘在甲状腺分布较多，钙主要分布在骨骼，而砷、汞主要分布于肝脏和肾脏。④体液 pH 和药物的解离度。弱碱性药物易进入细胞内液，弱酸性药物不易进入细胞内液。酸化血液促进药物向细胞内转运，而碱化血液促进药物向细胞外转运，可用于药物中毒解救。⑤细胞膜屏障。体内存在的细胞膜屏障如血脑屏障、血眼屏障和胎盘屏障限制药物的转运。

3. 生物转化 药物在动物体内发生的化学结构和药理活性的变化，也称为药物代谢，是药物从体内消除的主要方式之一。药物代谢的主要器官是肝脏，代谢反应包括Ⅰ相代谢反应（氧化、还原、水解）和Ⅱ相代谢反应（结合）四大类型。Ⅰ相代谢反应的酶主要是肝微粒体中的细胞色素 P450 酶系统。结合反应使药物转化成无活性的代谢物，且水溶性和极性增强，以便排出体外。影响药物代谢的因素有：①P450 酶的活性。P450 酶的特征是可以被诱导或抑制。一些药物是药酶诱导剂，促进 P450 酶的合成加速或者降解减慢，如苯巴比妥、保泰松等。一些药物是药酶的抑制剂，降低 P450 酶的活性或减少 P450 酶的生成，如有机磷杀虫药、对氨基水杨酸等。②种属差异。不同种属动物的 P450 同工酶的组成不同，因此药物的代谢途径和代谢产物可能不同，产生的药效和毒性也存在差异。③年龄差异。机体与药物代谢的许多生理机能（肝功能、肾功能等）与年龄相关。幼龄动物肝脏尚未发育完全，肝药酶含量和活性较低，不利于药物在体内的代谢和消除。而老年动物各器官的功能明显衰退，各器官的血流量下降，肝药酶数量和活性降低，对药物的代谢和消除能力下降，容易出现不良反应和中毒。其他影响药物代谢的因素还有性别差异和遗传变异等。

4. 排泄 药物的原形或代谢物经排泄器官从体内排出的过程。肾脏是药物排泄最主要的器官。药物或代谢物经肾脏排泄有三种方式：肾小球滤过、肾小管分泌和肾小管重吸收。影响药物的肾排泄的因素有尿量和尿液 pH，尿液偏酸性时，弱碱性药物解离多，脂溶性低，重吸收少，易排泄，而弱酸性药物则相反。例如，动物（特别是肉食动物，如犬）内服弱酸性药物磺胺药时，为了减少不良反应，应同服碳酸氢钠，以提高尿液 pH，增加磺胺药的溶解度，导致肾脏重吸收减少，排泄增加。有的药物可经胆汁排泄。一些药物及其代谢物经胆汁进入肠道后重吸收又进入血液循环，形成肠肝循环，导致药物的有效浓度维持时间延长。其他组织器官如肺、皮肤等也参与某些药物的排泄。

5. 药代动力学的主要参数及其意义 药代动力学是研究药物或代谢物在动物体内随时间而定量变化规律的一门学科。它是药理学与数学相结合的边缘学科，用数学模型描述观测值并预测药物在体内的数量（浓度）、部位和时间三者之间的关系。阐明这些变化规律目的是为兽医临床合理用药提供定量的依据。

血药浓度的概念 血药浓度一般指血浆中的药物浓度，是体内药物浓度的重要指标，虽然它不等于作用部位（靶组织或靶受体）的浓度，但作用部位的浓度与血药浓度以及药理效应一般呈正相关。血药浓度随时间发生的变化，不仅能反映作用部位的浓度变化，而且也能反映药物在体内吸收、分布、生物转化和排泄过程总的变化规律。另外，由于血液的采集比较容易，对动物机体损伤小，故常用血药浓度来研究药物在动物体内的变化规律。

药物效应与血药浓度 一种药物要产生特征性的效应，必须在它的作用部位达到有效的浓度。由于不同种属动物对药物在体内的处置过程存在差异，要达到这个要求对兽医来说是复杂的，当一种药物以相同的剂量给予不同的动物时，常可观察到药效的强度和维持时间有很大的差别，药物效应的差异可以归因为药物的生物利用度或组织受体部位的内在敏感性不同的种属差异。

血药浓度-时间曲线 药物在体内的吸收、分布、生物转化和排泄是一种连续变化的动态过程，在药代动力学研究中，给药后不同时间采集血样，测定其药物浓度，常以时间作为横坐标，以血药浓度作为纵坐标，绘出曲线称为血浆药物浓度-时间曲线，简称药时曲线（图1-1）。从曲线可定量地分析药物在动物体内的动态变化与药物效应的关系。

一般把非静脉注射给药分为3个期：潜伏期、持续期和残留期。残留期长反映药物在体内有较多的储存，一方面要注意多次反复用药可引起蓄积作用甚至中毒，另一方面在食品动物要确定较长的休药期。

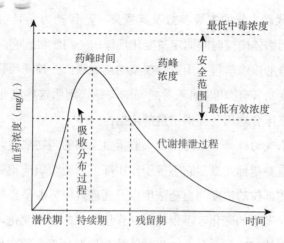

图 1-1 药时曲线意义示意图

药时曲线的最高点称为峰浓度，达到峰浓度的时间称为峰时。曲线升段反映药物吸收和分布过程，曲线的峰值反映给药后达到的最高血药浓度；曲线的降段反映药物的消除。当然，药物吸收时消除过程已经开始，达峰时吸收也未完全停止，只是升段时吸收大于消除，降段时消除大于吸收，达到峰浓度时，吸收等于消除。

在药代动力学研究中，利用测定的血药浓度时间数据，采用一定的模型便可计算出药物在动物体内的药代动力学参数。这些参数反映了药物的药代动力学特征，分析和利用这些参数便可为兽医临床制订科学合理的给药方案或对该制剂做出科学的评价。

药代动力学常用参数包括消除半衰期、药时曲线下面积、表观分布容积、体清除率、血药峰浓度、峰时和生物利用度等。

1. 消除半衰期 是指体内药物浓度或药量下降一半所需的时间，一般简称半衰期，常用 $t_{1/2\beta}$ 或 $t_{1/2Ke}$ 表示。消除半衰期与消除速率常数 β 值呈反比，表达式为：

$$t_{1/2\beta} = 0.693/\beta$$

式中，β 为消除速率常数，计算出 β 值便可计算出 $t_{1/2\beta}$ 值。β 值越

大，药物消除的速度越快。消除半衰期是药代动力学的重要参数，是反映药物从体内消除快慢的指标，在兽医临床上具有重要的实际意义。消除半衰期是制订给药间隔时间的重要依据，也是预测停药后从体内消除时间的主要参数。例如，停药后经 5 个 $t_{1/2\beta}$ 的时间，则体内药物消除约达 96.9%；如果将消除 99% 的药量（残留量为 1%）作为药物已经完全被消除的一个时间点，则所需时间为 6.64 个消除半衰期。

消除半衰期还受许多因素的影响，凡能改变药物分布到消除器官或影响消除器官功能的任何生理或病理状态均可引起消除半衰期的变化。

2. 药时曲线下面积（AUC） AUC 理论上是时间从 $t_0 \sim t_\infty$（X 轴）与血药浓度（Y 轴）围成的曲线下面积，反映到达全身循环的药物总量。在实际工作中 AUC 可用梯形法求算，准确方便。大多数药物 AUC 与剂量成正比。AUC 常用作计算生物利用度和其他参数的基础参数。

3. 表观分布容积（Vd） 是指药物在体内的分布达到动态平衡时，药物总量按血浆药物浓度分布所需的总容积。故 Vd 是体内药量（X）与血浆药物浓度（C）的一个比例常数，即 $Vd = X/C$。Vd 是一个重要的药代动力学参数，通过它可将血浆药物浓度与体内药物总量联系起来，它可用来估算达到一定给药浓度所需的给药剂量。

由于表观分布容积并不代表真正的生理容积，纯是一个数学概念，故称表观分布容积。Vd 值的意义是反映药物在体内的分布情况，一般 Vd 值越大，药物穿透入组织越多，分布越广，血中药物浓度越低。许多研究表明，如果药物在在动物体内均匀分布，则 Vd 值接近于 0.8～1.0L/kg，当 Vd 值大于 1.0L/kg 时，则药物在动物的组织浓度高于血浆浓度，药物在体内分布广泛，或者组织蛋白对药物有高度结合。如大环内酯类抗生素、氟喹诺酮类药物等，在动物体液和组织中有广泛的分布，Vd 值均大于 1.0L/kg；相反，当药物的 Vd

值小于 0.8L/kg 时，则药物的组织浓度低于血浆浓度，如青霉素类、头孢菌素类抗生素等。

4. 体清除率（Cl_B） 体清除率简称清除率，是指在单位时间内动物机体通过各种消除过程（包括生物转化与排泄）消除药物的血浆容积，单位为 mL/（min·kg）。清除率具有重要的兽医临床意义，也是评价清除机制最重要的参数。

体清除率是体内各种清除率的总和，包括肾清除率（Cl_r）、肝清除率（Cl_h）和其他如肺、乳汁、皮肤清除率等。因为药物的消除主要靠肾排泄和肝的生物转化，故体清除率可简化为：

$$Cl_B = Cl_r + Cl_h$$

5. 血药峰浓度（C_{max}）**与峰时**（t_{max}） 给药后达到的最高血药浓度称为血药峰浓度（简称峰浓度），它与给药剂量、给药途径、给药次数及达到时间有关。达到峰浓度所需的时间称为达峰时间（简称峰时），它取决于吸收速率和消除速率。峰浓度、峰时与药时曲线下面积是决定生物利用度和生物等效性的重要参数。

6. 生物利用度 是指某一药物制剂从给药部位吸收进入全身循环的速率和程度。这个参数是决定药物量效关系的首要因素。

静脉注射所得的 AUC 代表完全吸收，内服某一药物制剂所得的 AUC_{po} 与静脉注射 AUC_{iv} 的比值就是内服的全身生物利用度，称为绝对生物利用度。绝对生物利用度的计算方法，是在相同的动物、相等的剂量条件下，内服或其他非血管给药途径所得的 AUC 与静脉注射的 AUC 的比值，即：

$$F = \frac{AUC_{po}}{AUC_{iv}} \times 100\%$$

如果药物的制剂不能进行静脉注射给药，则采用内服参照标准药物的 AUC 作比较，所得的生物利用度称为相对生物利用度。

生物利用度具有非常重要的兽医临床意义。相同含量的药物制剂不一定能得到相同的药效，虽然药物制剂的活性成分含量相同，但辅料和制备工艺过程不同可以导致产生药效的不同，这就是测定药物制剂生物利用度重要性的原因。

生物利用度是用于测定药物制剂生物等效性的主要参数，其目的在于评估与已知药物制剂相似的产品。生物等效性的基本概念为：如果药物具有相同的剂型和剂量，而且药代动力学过程即药物在动物体内的血药浓度-时间曲线十分相似，则其治疗效果应相同，也就是认为两种药物制剂在治疗上等效。用来评价生物等效性的主要参数为 AUC 和 C_{max}。

（二）兽药在动物体内的药效动力学

药物效应动力学简称药效学，主要研究药物对机体的作用、作用规律及作用机制，其内容包括药物的基本作用、药物量效关系、药物作用机制、药物与受体等。

1. 药物的基本作用 药物的作用原理包含多个方面。

（1）**药物作用与药物效应** 药物对机体细胞的初始作用称为药物作用，这种作用引起机体组织器官原有功能的改变（兴奋或抑制）称为药物的药理效应。如阿司匹林抑制前列腺素的合成，引起解热、镇痛的药理效应。药物作用具有选择性，药物在适当的剂量下，只对某一种组织或器官发生作用，而对其他组织或器官几乎不发生作用。只作用于一种组织器官，选择性高，反之则选择性低。

（2）**药物的治疗作用与不良反应**

治疗作用：符合用药目的，对防治疾病产生有利的作用。对因治疗是指消除致病因素，如应用抗生素杀灭病原菌以控制动物细菌性疾病；对症治疗是指改善症状，如使用解热镇痛药可使动物发热体温降至正常。

不良反应：不符合用药目的，给患病动物带来不适或有害的作用。包括：①副作用，指在治疗剂量下，出现的与治疗目的无关的反应，是药物固有的药理作用，对机体的影响不大。如用阿托品作动物的麻醉前给药，主要目的是抑制腺体分泌和减轻对心脏的抑制，其同时产生的抑制胃肠平滑肌的作用便成了副作用。②毒性反应，指用药剂量过大或在体内蓄积过多产生的危害性反应，是药物固有的药理作用，对动物机体危害大，导致急性毒性、慢性毒性或三致作用（致畸、致癌和致突变）等，可以预知和避免。如动物肌内注射过量的庆大霉素会产生严重的肾毒性。③变态反应，又称过敏反应，属于免疫反应，小剂量即可引起，与药物剂量无关。如青霉素引起动物的过敏反应。④后遗效应，指停药后血药浓度降至阈浓度下后残留的药物引起的药理效应。⑤停药反应，指突然停药后原有疾病或症状加重。如动物长期应用皮质激素，由于负反馈作用，即使肾上腺皮质功能恢复至正常水平，但应激反应在停药半年以上时间内可能尚未恢复，这也称为药源性疾病。⑥特异性反应，指个别动物对某种药物的反应异常增高，反应的严重性与药物剂量有关。因此，药物即毒物，利弊并存，必须权衡，正确应用。

2. 药物剂量与效应关系

（1）量反应　药物的药理效应在一定的剂量范围内随着剂量的增加而逐渐加强。剂量达阈值才能产生效应；在一定剂量范围内，效应与剂量成正比，表现剂量-效应关系；增加剂量，可产生最大效应，达最大效应后增加剂量不再增强效应。

（2）质反应　药理效应不是随着药物剂量或浓度的增减而产生连续性的量的变化，而是表现出反应性质的变化，以阳性、阴性、全或无的形式表现，如惊厥与镇静、死亡与生存，研究对象是一个群体。

3. 药物的作用机制

（1）作用于受体　介导细胞信号转导的功能蛋白，具有识别微量化合物如药物，并与之结合，通过信息放大系统而触发生理或药理反应。受体的类型包括 G—蛋白偶联受体、配体门控离子通道受体、络氨酸激酶活性受体、细胞内受体等。

（2）对酶的作用　药物的许多作用都是通过影响酶的功能来实现的，除了受体介导某些酶的活动外，不少药物可直接对酶产生作用而改变机体的生理、生化机能。如咖啡因抑制磷酸二酯酶；碘磷定使磷酰化胆碱酯酶复活，解救动物的有机磷农药中毒等。

（3）影响离子通道　在细胞膜上除了被受体操纵的离子通道外，还有一些独立的离子通道，如 Na^+、K^+、Ca^{2+} 通道。如普鲁卡因可阻碍 Na^+ 通道而产生局部麻醉作用。

（4）对核酸的作用　许多药物对核酸代谢的某一环节产生作用而发挥药效，如磺胺药通过影响细菌的核酸代谢而起作用。

（5）理化性质的改变　如甘露醇高渗溶液的脱水作用，螯合剂解除重金属中毒等。

（6）参与或干扰细胞代谢　如一些维生素或微量元素可直接参与细胞的正常生理、生化过程，使缺乏症得到纠正。

（7）影响自体活性物质的分泌与释放　如麻黄碱促进去甲肾上腺素的释放，解热镇痛药抑制前列腺素的合成。

（8）影响免疫功能　如左旋咪唑有免疫增强作用。

二、影响药物作用的主要因素

药物的作用是机体与药物相互作用过程的综合表现，许多因素都可能影响或干扰这一过程，改变药物效应。这些因素包括药物、动物及环境三方面。

（一）药物因素

1. 药物剂型和给药途径　药物的剂型和给药途径对药物的吸收、分布、代谢和排泄产生较大影响，从而引起不同的药理效应。一般来讲，静脉注射＞吸入＞肌内注射＞皮下注射＞口服＞皮肤给药。其中静脉注射由于没有吸收过程，因而产生的药理效应更加显著。口服给药的吸收速率按剂型排序为水溶液＞散剂＞片剂。有的药物给药途径不同，产生的药理效应也不同，如硫酸镁内服导泻，而静脉注射或肌内注射则有镇静、镇痉等效应。

2. 剂量　药物剂量决定药物和机体组织器官相互作用的浓度，在一定范围内，给药剂量越大，则血药浓度越高，作用越强。有的药物随剂量的由小到大，其作用发生质的改变，如生存和致死等。例如，动物使用小剂量巴比妥类药物产生催眠作用，随着剂量增加可表现出镇静、抗惊厥和麻醉作用；动物内服小剂量人工盐是健胃作用，大剂量则表现为下泻作用。兽医临床用药时，除根据《中华人民共和国兽药典》决定用药剂量外，兽医师可以根据动物病情发展的需要适当调整剂量，更好地发挥药物的治疗作用。

3. 联合用药　两种或两种以上的药物同时或先后应用时，药物在体内产生相互作用，影响药动学和药效学。

(1) 药动学方面　包括妨碍药物的吸收、改变胃肠道 pH、形成络合物、影响胃排空和肠蠕动、竞争与血浆蛋白结合、影响药物的代谢和影响药物排泄等。

(2) 药效学方面　包括：①协同作用，联合用药增强药理效应，如增强作用和相加作用。两药合用的效应大于单药效应的代数和，称为增强作用；两药合用的效应等于它们分别作用的代数和，称为相加作用。在同时使用多种药物时，治疗可出现协同作用，不良反应也可能出现这种情况，如第 1 代头孢菌素的肾毒性可由于合用庆大霉素而增强。②颉颃作用，两药合用的效应小于它们分别作用的总和。

(3) 配伍禁忌　两种以上药物混合使用可能发生体外的相互作用，出现使药物中和、水解、破坏失效等理化反应，这时可能发生混浊、沉淀、产生气体及变色等外观异常的现象，称为配伍禁忌。例如，在葡萄糖注射液中加入磺胺嘧啶钠注射液，可见液体中有微细的结晶析出，这是磺胺嘧啶钠在 pH 降低时必然出现的结果。

（二）动物方面的因素

动物的种属、年龄、性别、体重、生理状态、病理因素、个体差异等均影响药物的作用。

1. 种属差异 动物品种和生理特点对药物的药动学和药效学往往有很大的差异。在大多数情况下表现为量的差异，即作用的强弱和维持时间的长短不同，如链霉素在不同动物中的消除半衰期表现出很大差异。此外，有少数动物因缺乏某种药物的代谢酶，因而对某些药物特别敏感。

2. 生理因素 不同年龄、性别或生理状态动物对同一药物的反应往往有一定差异，这与机体器官组织的功能状态，尤其与肝脏药物代谢酶系统有着密切的关系。如幼龄动物因为肝脏微粒体酶代谢功能不足和/或肾排泄功能不足，其体内药物的消除半衰期要长于成年动物。同理，老龄动物亦有上述现象，一般对药物的反应较成年动物敏感，所以临床用药剂量应适当减少。除了作用于生殖系统的某些药物外，一般药物对不同性别动物的作用并无差异，但妊娠动物对拟胆碱药、泻药或能引起子宫收缩加强的药物比较敏感，可能引发流产，临床用药必须慎重。哺乳动物则因大多数药物可从乳汁排泄，会造成乳中的药物残留，故要制订严格的弃奶期。

3. 病理因素 药物的药理效应一般都是在健康动物试验中观察得到的，动物在病理状态下对药物的反应性存在一定程度的差异。不少药物对疾病动物的作用较显著，甚至要在病理状态下才呈现药物的作用，例如，解热镇痛抗炎药能使发热动物降温，但对正常体温没有影响。大多数药物主要通过与靶细胞受体相结合而产生各种药理效应，在各种病理情况下，药物受体的类型、数目和活性可以发生变化而影响药物的作用。严重的肝、肾功能障碍，可影响药物的生物转化和排泄，对药物动力学产生显著的影响，引起药物蓄积，延长消除半衰期，从而增强药物的作用，严重者可能引发毒性反应。但也有少数药物在肝生物转化后才有作用，如可的松、泼尼松，在肝功能不全的疾病动物中其作用减弱。炎症过程可使动物的生物膜通透性增加，影响药物的转运。严重的寄生虫病、失血性疾病或营养不良的动物，由于血浆蛋白质大大减少，可使高血浆蛋白结合率药物的血中游离药物浓度增加，一方面使药物作用增强，同时也使药物的生物转化和排泄增加，半衰期缩短。

4. 个体差异　产生个体差异的主要原因是动物对药物的吸收、分布、代谢和排泄的差异，其中代谢是最重要的因素。不同个体之间的酶活性可能存在很大的差异，从而造成药物代谢速率上的差异。因此，相同剂量的药物在不同个体中，有效血药浓度、作用强度和作用维持时间便产生很大差异。

个体差异除表现药物作用量的差异外，有的还出现质的差异，个别动物应用某些药物后容易产生变态反应。

(三) 饲养管理和环境因素

动物机体的健康状态对药物的效应可以产生直接或间接的影响。动物的健康主要取决于饲养和管理水平。饲养方面要注意饲料营养全面，根据动物不同生长时期的需要，合理调配日粮的成分，以免出现营养不良或营养过剩。管理方面应考虑动物群体的大小，防止密度过大，房舍的建设要注意通风、采光和动物活动的空间，要为动物的健康生长创造良好的条件。

三、合理用药原则

合理用药的原则是指充分发挥药物的疗效和尽量避免或减少可能

发生的不良反应。

1. 正确诊断 任何药物合理应用的先决条件是正确的诊断，没有对动物发病过程的认识，药物治疗便是无的放矢，不但没有好处，反而可能延误诊断，耽误了疾病的治疗。在明确诊断的基础上，严格掌握药物的适应证，正确选择药物。

2. 用药要有明确的指征 每种疾病都有特定的发病过程和症状，要针对患病动物的具体病情，选用药效可靠、安全、方便给药、价廉易得的药物制剂。反对滥用药物，尤其不能滥用抗菌药物。将肾上腺皮质激素当作一般的解热镇痛或者消炎药使用都属于不合理使用。对不明原因的发热、病毒性感染等随意使用抗生素也属于不合理使用。

3. 熟悉药物在动物的药动学特征 根据药物在动物体的药动学特征，制订科学的给药方案。药物治疗的错误包括选错药物，但更多的是给药方案的错误。执业兽医在给食品动物（如肉牛）用药时，要充分利用药动学知识制订给药方案，在取得最佳药效的同时尽量减少毒副作用、避免细菌产生耐药性和导致动物性食品中的兽药残留。良好的执业兽医必须在药效、毒副作用和兽药残留几方面取得平衡的知识和技术。

4. 制订周密的用药计划 根据动物疾病的病理生理学过程和药物的药理作用特点以及它们之间的相互关系，药物的疗效是可以预期的。几乎所有的药物不仅有治疗作用，也存在不良反应，临床用药必须注意疾病的复杂性和治疗的复杂性，对治疗过程做好详细的用药计划，认真观察出现的药效和不良反应，随时调整用药计划。

5. 合理的联合用药 在确定诊断以后，执业兽医的任务就是选择最有效、安全的药物进行治疗，一般情况下应避免同时使用多种药物（尤其抗菌药物），因为多种药物治疗极大地增加了药物相互作用的概率，也给患病动物增加了危险。除了具有确实的协同作用的联合用药外，要慎重使用固定剂量的联合用药，因为这使执业兽医失去了根据动物病情需要去调整药物剂量的机会。

明确联合用药的目的，即增强疗效、降低毒副作用、延缓耐药性的发生。①增强疗效，如磺胺类药物与甲氧苄啶、林可霉素与大观霉素联合使用，提高抗菌能力、扩大抗菌谱；青霉素类和氨基糖苷类抗生素联合使用，促进氨基糖苷类药物进入细胞，增强杀菌作用。②降低毒性和减少副作用，如磺胺药与碳酸氢钠合用，可减少磺胺药的不良反应。③对付耐药菌，如阿莫西林与克拉维酸合用，可治疗耐药金黄色葡萄球菌感染。

6. 正确处理对因治疗与对症治疗的关系 一般用药首先要考虑对因治疗，但也要重视对症治疗，两者巧妙地结合将能取得更好的疗效。中医理论对此有精辟的论述："治病必求其本，急则治其标，缓则治其本"。

7. 避免动物性产品中的兽药残留 食品动物用药后，药物的原形或其代谢产物和有关杂质可能蓄积、残存在动物的组织、器官或食用产品（如肉、奶）中，这样便造成了兽药在动物性食品中的残留（简称兽药残留）。使用兽药必须遵守《中华人民共和国兽药典》中的有关规定，严格执行休药期（停止给药后到允许食品动物屠宰上市的时间），以保证动物性产品兽药残留不超标。

8. 疫苗免疫注意事项 各养殖场应根据本场所养殖动物种类、品系、疫病流行特点和季节变化，制订相应的疫苗免疫程序。使用疫苗前，应注意：凡包装不合格、批号不清楚、不符合运输要求的生物制品不能使用。严格按照说明书和标签上的各项规定使用生物制品，不得任意改变，并详细记录制品名称、批号、使用方法和剂量等内容。接种活疫苗前1周和接种后10d，不得以任何方式或途径给予任何抗菌药物。各种活疫苗应按照制品规定的稀释液稀释后使用。活疫苗作饮水免疫时，不得使用含消毒剂的水。

四、安全使用常识

兽药使用过程中应切记以下常识：

（1）兽药的合理选择是建立在对疾病的正确诊断基础上的，动物在发病之后，一定要迅速及时地对疾病进行准确诊断，然后才能准确选择最合适的药物进行治疗。

（2）应严格遵守兽药的标签使用原则，根据兽药的适应证选择合适的兽药制剂，并严格按照国家规定的用量与用法使用兽药，严禁超量或超疗程使用。

（3）用药过程中应准确做好各项记录，包括选用的药物、给药间隔时间、给药剂量、给药途径和疗程等。对于饮水及混饲给药，还应仔细记录动物的饮水及采食饲料情况。

（4）食品动物用药过程中应严格遵守休药期的规定，严防兽药在动物可食性组织及产品中的残留。

（5）有条件的养殖场可适当开展本场常见致病菌的敏感性调查，筛选出有效的抗菌药物。

（6）平时做好疾病预防工作，及时做好疫苗接种，做好动物圈舍及运动场的清扫及消毒工作。

（7）严格遵循国家及农业农村部等制定的各项规章制度，如严禁使用违禁药物，严禁将人用药品用于动物，严格遵守兽用处方药的使用及管理制度等。

五、兽药质量快速识别

1. 选购兽药时注意事项　养殖场（户）在选购兽药时，需要注意以下几个方面。

（1）如果从兽药生产厂采购，应选择持有兽药生产许可证和兽药GMP合格证的正规兽药厂生产的产品。

（2）如果从兽药经营店选购，应选择持有兽医行政管理部门核发的兽药经营许可证和工商部门核发的营业执照的兽医经营单位购买。

（3）如果从网络购买，应检查平台是否合法，是否持有兽医行政管理部门核发的兽药经营许可证和工商部门核发的营业执照。

（4）检查兽药产品是否有兽药产品批准文号或进口兽药登记许可证号。兽药产品批准文号有效期为 5 年，过期文号的产品属于假兽药。

（5）检查兽药包装上是否印制了兽药产品的电子身份证——二维码唯一性标识。

（6）选择农业农村部兽药产品质量通报中的合格产品，不选择农业农村部公布的非法兽药企业生产的产品及合法兽药企业确认非本企业生产的涉嫌假兽药产品。

（7）不购买农业农村部淘汰的兽药、规定禁用的药品或尚未批准在肉牛使用的兽药产品。

（8）注意兽药产品的生产日期和使用期限，不要购买和使用过期的兽药产品。

（9）不要购买和使用变质的兽药产品。

（10）选择产品包装、标签、说明书符合国家标准规范的产品。成件的兽药产品应有产品质量合格证，内包装上附有检验合格标识，包装箱内有检验合格证。

（11）参照广告选择兽药时，必须选择有省部审核的广告批准文号的产品。

2. 选购兽药时应检查的内容　采购兽药时，首先要查看外包装，最为明显的就是二维码。在兽药包装上印制二维码唯一性标识，解决了兽药产品"是谁（的）＋从哪里来＋到哪里去"的问题，通过网络、手机、识读设备等多种途径查询相关内容，以达到对兽药产品进行标识和追踪溯源，实现全国兽药产品生产出入库可记录、信息可查询、流向可追踪和责任可追查的目的。目前，正规企业生产的每一个兽药产品（瓶/袋）都有二维码，就是兽药产品的电子身份证。采购员、仓库管理员、兽医都可以使用手机、识读设备等扫描，通过网络实现与中央数据库的连接，查询兽药产品相关信息，实现兽药产品可追溯。扫描兽药二维码标识可呈现的信息包括：兽药追溯码、产品名称、批准文号、企业简称和联系电话。

外包装上除了二维码之外，还可以看到商品名称，此外要看是否标有生产许可证和兽药GMP证书编号、兽药的通用名称、产品批准文号、产品批号、有效期、生产厂名、详细地址和联系电话，是否有产品使用说明书，说明书上标注的项目是否齐全。兽药的包装、标签及说明书上必须注明以下信息：产品批准文号、注册商标、生产厂家、厂址、生产日期（或批号）、药品名称、有效成分、含量、规格、作用、用途、用法用量、注意事项、有效期等。

再观察兽药的外包装是否有破损、变潮、霉变、污染等现象，用瓶包装的兽药产品应检查瓶盖是否密封，封口是否严密，有无松动，有无裂缝甚至药液漏出等现象。同时应检查兽药产品的外观、性状是否有异常，如标准规定的颜色发生变化，粉剂出现不应有的结块，注射液出现絮状物沉淀等。

3. 假劣兽药的快速鉴别　根据《兽药管理条例》的规定，假、劣兽药有以下几种情形。

（1）假兽药　有以下情形之一的，为假兽药：①以非兽药冒充兽药或者以他种兽药冒充此种兽药的；②兽药所含成分的种类、名称与兽药国家标准不符合的。

有以下情形之一的，按假兽药处理：①国务院兽医行政管理部门规定禁止使用的；②依照《兽药管理条例》规定应当经审查批准而未经审查批准即生产、进口的，或者依照《兽药管理条例》规定应当经抽查检验、审查核对而未经抽查检验、审查核对即销售、进口的；③变质的；④被污染的；⑤所标明的适应证或者功能主治超出规定范围的。

(2) 劣兽药　有以下情形之一的，为劣兽药：①成分含量不符合兽药国家标准或者不标明有效成分的；②不标明或者更改有效期或超过有效期的；③不标明或者更改产品批号的；④其他不符合兽药国家标准，但不属于假兽药的。

(3) 检查鉴别假劣兽药时的注意事项　①查产品批准文号。一是兽药生产企业没有获得批准，其生产的兽药产品必然没有产品批准文号；二是合法兽药生产企业没有取得批准文号或挪用其他产品批准文号，这些均做假兽药处理。②查兽药名称。兽药名称包括法定通用名称（兽药典和国家标准中载明的兽药名称）和商品名。兽药产品标签、说明书、外包装必须印制法定通用名称，有商品名的应同时印制，但商品名与通用名称的大小比例不得超过 2∶1。③查是否属于淘汰的兽药、规定禁用的药品或尚未批准在肉牛使用的兽药产品。生产、销售淘汰的兽药、规定禁用的药品或尚未批准在肉牛使用的兽药产品应做假兽药处理。④查兽药的有效期。超过有效期的兽药即可认定为劣兽药。⑤查产品批号。兽药产品的批号一般由年、月、日、批次组成，并一次性或激光打印或印刷，字迹清晰，无涂污修改。任何修改即可认定为劣兽药。⑥查产品规格。核查标签上标示的规格与兽药的实际是否相符，标示装量与实际装量是否相符。⑦查产品质量合格证。兽药包装内应附有产品质量合格证，无合格证的产品不得出厂，经营单位不得销售。

4. 发现假劣兽药后的投诉　为进一步加大兽药违法案件查处工作力度，2006 年 11 月 7 日，农业部通过中国农业信息网、中国兽药信息网和《农民日报》，将各省（自治区、直辖市）兽医行政管理部门兽药违法案件举报电话（表 1 - 1）统一向社会公布（农办医

〔2006〕58号），并要求各省（自治区、直辖市）兽医行政管理部门采取多种形式，加强宣传，主动接受社会监督，做好举报电话值守，认真受理举报案件，依法查处违法行为，以净化市场，维护合法兽药企业和广大农牧民的利益。

表1-1　全国兽药违法案件举报电话名录

序号	单位名称	举报电话
1	农业部兽医局	010-59192829 010-59191652（传真）
2	北京市农业局 北京市动物卫生监督所	010-82078457 010-62268093-801
3	天津市畜牧局	022-28301728
4	河北省畜牧兽医局	0311-85888183
5	山西省兽药监察所	0351-6264649（传真）
6	内蒙古自治区农牧业厅	0471-6262583；6262652
7	辽宁省动物卫生监督管理局	024-23448298；23448299
8	吉林省牧业管理局	0431-2711103；8906641
9	黑龙江省畜牧兽医局	0451-82623708
10	河南省畜牧局	0371-65778775
11	湖北省畜牧局	027-87272217
12	江西省畜牧兽医局	0791-85000985
13	湖南省畜牧水产局	0731-8881744
14	福建省农业厅畜牧兽医局	0591-87816848
15	安徽省农业委员会畜牧局	0551-2650644
16	上海市兽药饲料监督管理所	021-52164600
17	山东省畜牧办公室	0531-87198085
18	江苏省兽药监察所	025-86263243；86263659
19	浙江省畜牧兽医局	12316
20	广东省农业厅畜牧兽医办公室	020-37288285

（续）

序号	单位名称	举报电话
21	广西壮族自治区水产畜牧局	0711 - 2814577
22	海南省畜牧兽医局	0898 - 65338096
23	重庆市农业局	023 - 89016190；89183743
24	云南省畜牧兽医局	0871 - 5749513
25	贵州省畜牧局	0851 - 5287855；5286424
26	四川省畜牧食品局	028 - 85561023
27	陕西省畜牧兽医局	029 - 87335754
28	甘肃省农牧厅	0931 - 8834403
29	青海省农牧厅畜牧兽医局	0971 - 6125442
30	宁夏回族自治区兽药饲料监察所	0951 - 5045719
31	新疆维吾尔自治区畜牧兽医局	0991 - 8565454
32	西藏自治区农牧厅办公室	0891 - 6322297

发现假劣兽药后，可以拨打上述电话或亲自到上述部门举报，也可向所在地市、县兽医行政管理部门举报。

六、制订合理的免疫程序

（一）加强饲养管理

肉牛的饲养管理至关重要，要严格按照肉牛生长、生产的自身规律科学制定规范，以达到节约成本、提高养殖效益的目的。一是严格健康引种，做好隔离观察。二是保证草料充足，优质、稳定、充盈的饲草饲料供给是维系肉牛新陈代谢的根本，也是保持高效率生产的源泉。三是注重营养需求，满足犊牛、育成牛、催肥牛以及怀孕牛各阶段的营养需求，是养好肉牛的前提，也是肉牛疾病综合防治的关键措施之一。四是强化科学管理，强化制度，细化管理，加强运动，保障环境等。

（二）生物安全防护体系建设

肉牛场对于传染性疾病的防控，要坚持预防为主的原则，主要以消灭病原、阻断其传播途径与改变动物的易感性等为手段，建立健全以免疫预防为主的肉牛场生物安全防护体系。

一是有效隔离，主要包括空间距离隔离和设置隔离屏障。肉牛场应建在地势高燥、水质良好、排水方便的地方，远离交通干线、居民区、垃圾及污水处理厂、屠宰场、畜产品加工厂、畜禽交易市场及其他饲养场；肉牛场内部应划分为间距不少于 50m 的生产区、管理区和生活区；场区应设置围墙、绿化隔离带、防疫壕沟和隔离观察室。

二是有合理的生物安全通道，进出肉牛场必须经过生物安全通道。设专人把守，设置必要的生物安全设施，包括符合要求的消毒池、消毒通道、紫外灯等；清洁道和污染道不交叉。

三是消毒，包括预防性消毒和紧急消毒。预防性消毒是定期、例行对环境、人员、圈舍用具及运载工具、牛体进行消毒；紧急消毒是指出现突发情况时紧急采取的措施，范围包括牛舍墙壁、地面，可能被污染的车辆、工具、道路，以及参加疫病防控人员及其穿戴的衣帽等。

四是做好人员管理。明确职责分工，分类按人员行为规范管理。

五是做好疫情监测，所有影响疫病发生与扩散的风险因素都属于疫情监测范围，包括集中监测和日常监测。集中监测，如口蹄疫每年监测 2 次，春、秋季注射疫苗后进行，布鲁氏菌病血清学监测 2 次，病原学监测 1 次；日常监测，根据实际情况制订。

（三）实施科学免疫

依据养牛场及周边近年疾病流行、引种状况以及饲养场周边疫病流行情况制订科学合理的免疫程序。当地疫病的发生和流行状况是防疫的重点，在此基础上，制订有效的防疫措施。及时采取封场、封栋防疫隔离措施。必要时采取及时免疫、免疫监测、加强免疫等有效手段，提高牛群免疫力，最大限度地降低疫病传入风险以及可能由此造成的疫病损失。目前可通过免疫接种实现有效防控的疾病有口蹄疫、布鲁氏菌病、牛病毒性腹泻、病毒性鼻气管炎、梭菌病和炭疽等。

1. 犊牛免疫　选择针对性强、正规厂家生产的疫苗免疫，免疫范围包括牛大肠杆菌病、牛病毒性腹泻、炭疽、口蹄疫、布鲁氏菌病、牛巴氏杆菌病、梭菌病和焦虫病等。

2. 成年牛免疫　一般多集中在春、秋两季进行，具体根据疫病的发生规律结合疫苗的免疫期而制订，以尽量减少对牛的应激反应为原则。免疫范围一般包括布鲁氏菌病、巴氏杆菌病、流行性乙型脑炎、梭菌病和乳腺炎等。

3. 疫苗注射应注意的事项　刚出生或吃初乳期的犊牛，接种疫苗应考虑母源抗体方面的因素；疫苗稀释后应置阴凉处，并在 1h 内注射完；避免弱毒苗与抗菌药物的同时使用；一般选择在成年母牛配种前 30d 完成疫苗注射，以免影响发情妊娠；如果需要对妊娠母牛进行免疫，只能使用灭活苗，禁止使用弱毒苗，以免影响正常妊娠；严格按照疫苗生产商提供的使用说明书使用。

第三节　肉牛用药选择

一、肉牛的生物学特性与行为习性

(一) 生物学特性

1. 群居性　放牧时，牛喜欢 3～5 头结帮活动。放牧牛群不宜过大，否则影响牛的辨识能力，争斗次数增加，一般放牧牛群以 70 头以下为宜。在山高坡陡、地势复杂、产草量低的地方放牧，牛群可小一些，相反则可大一些。分群应考虑牛的年龄、健康状况和生理等因素，6～8 月龄牛、老牛、病弱牛、妊娠最后 4 个月牛以及哺乳幼犊的母牛，可组成一群。不要把公牛和好斗牛混入这些牛群中，以免发生事故。舍饲时仅有 2％单独散卧，40％以上 3～5 头结帮合卧。牛群混合时，一般需要 7～10d 才能恢复安静。

2. 适应性强 从其他地方引入的牛，只要自然环境接近，能较快地适应新环境。在易地育肥时，如果产地与引入地的环境条件一致，则有助于肉牛的生长。肉牛对低温的适应能力强于高温。当环境温度超过 27℃时，牛的采食量减少，影响生长。环境温度低于 10℃时，牛的维持需要增加，可使牛对干物质的采食量增加 5％～10％；温度过低也会影响增重，浪费饲料。因此，牛舍要注意夏季防暑降温，冬季防寒保温，舍内温度控制在 10～21℃为宜。

3. 采食快 由于牛采食饲草料速度快，咀嚼不充分，当喂给整粒谷料时，未被嚼碎的谷粒沉于瘤胃底而转往第三、第四胃，常常不被反刍，而皱胃和小肠对未嚼碎的料又消化不完全，这就易造成饲料浪费（粪便中见到整粒未消化的粒料）。喂给大块块根块茎类饲料时，则常会发生食道梗塞，危及生命。牛的舌上面长有许多尖端朝后的角质刺状凸出物，食物一旦被舌卷入口中就难以吐出。如果饲料中混有铁钉等尖锐之物，也常会被吞下，造成网胃和心包创伤，甚至造成死亡。因此，给牛备料时要特别注意：精料在喂前要碾碎压扁，块根块茎类饲料在饲喂前要切成小块，避免铁钉及其他锐物混入草料中。

4. 会反刍 反刍是牛消化食物的一个重要过程，也是牛采食行为的一种继续。反刍时，食物逆呕到口腔，经过再咀嚼，然后再被吞咽。反刍时的咀嚼比采食时的咀嚼细致得多。在对逆呕食团进行再咀嚼过程中，不断有大量唾液混入食团，其分泌量超过采食时的分泌量。成年牛每天有 10～15 次反刍周期，每个反刍周期持续 40～50min，一昼夜反刍时间 6～8h。白天放牧、舍饲的牛，反刍主要分布在夜间，一般晚上反刍时间比白天多，约占 2/3。牛睡眠时间较短，因此，可在夜间放牧或饲喂，也能保证有较多的反刍时间。

5. 饮水量大　一般情况下，牛的需水量可按每千克饲料需水 3～5L 供给。舍饲肉牛一般每天上槽喂料 2 次，喂后下槽饮水，中午可加饮水一次。最好是自由饮水。冬天应饮温水，以促进采食、消化吸收并减少体温散失，利于增重。

6. 反应敏感　牛性情温驯，易于管理。但若经常粗暴对待，就可能产生顶人、踢人等恶癖。牛的鼻镜感觉最灵敏，套鼻环处更为敏感，以手指或鼻钳子挟住鼻中隔时，就能驯服它。牛对突然的意外刺激（如异物、噪声等），也会引起恐惧，公牛应抑制其性活动。公牛有防御反射强的特点。当陌生人接近时，公牛把头低下，目光直射前方，发出粗声出气（喷鼻），前脚捣地吼叫，表现出对来者进行攻击的样子。在养牛生产中，对牛不要打骂、恫吓。应经常刷拭牛体，使牛养成温驯的性格，利于饲养和管理。

（二）行为习性

1. 生活习性

（1）睡眠时间短　每天总共 1～1.5h，因此，在夏季对牛可进行夜间放牧或饲喂，使牛在夜间有充分的时间采食和反刍。

（2）视觉、听觉、嗅觉灵敏，记忆力强　公牛的性行为主要由视觉、听觉和嗅觉等引起，并且视觉比嗅觉更为重要。公牛看到母牛或闻嗅母牛外阴部时，就会产生性兴奋。公牛的记忆力强，对它接触过的人和事，印象深刻，例如，兽医或打过它的人接近它时常有反感的表现。

（3）喜运动　牛喜欢自由活动，在运动时常表现嬉耍性的行为特征，幼牛特别活跃，饲养管理上保证牛的运动时间，散栏式饲养有利于牛的健康和生产。

（4）排泄　一般情况下，每天牛排尿9～11次，排粪12～20次，早晨排粪次数最多，排尿和排粪时，平均举尾时间分别为21s和36s。成年牛每天粪尿的排泄量31～36kg。牛排泄的次数和排泄量因采食饲料的种类和数量、环境温度及个体有差异，排泄的随意性大，对于散放的舍饲牛，在运动场上有向一处排泄的倾向，排泄的粪便大量堆积于某处。牛对粪便不在意，常行走或躺卧于粪便上，舍饲中，管理上应注意清除粪便。

2. 采食习性

（1）竞食性　牛是草食性反刍动物，以植物为食物，主要采食植物的根、茎、叶和籽实。牛无上门齿，舌是摄取食物的主要器官。牛的舌较长，运动灵活而坚强有力，舌面粗糙，能伸出口外，将草卷入口内。上颌齿龈和下颌门齿将草切断，或靠头部的牵引动作将草扯断，散落的饲料用舌舔取。因此，牛适宜在牧草较高的草地放牧，当草高度未超过5～10cm时，牛难以吃饱，并会因"跑青"而大量消耗体力。牛有竞食性，即在自由采食时互相抢食。利用牛的这一特性，群饲可增加对劣质饲料的采食量。但在放牧时，应避免因抢食行走快造成牧草践踏。

（2）食性　牛爱采食青绿饲料、精料和多汁饲料，其次是优质青干草、低水分青贮料，最不爱采食秸秆类粗饲料。同一类饲料中，牛爱吃1cm³左右的颗粒料，不喜欢吃粉料。因此，在以秸秆为主喂牛时，应将秸秆切短或粉碎，并拌入精料或打碎的块根、块茎类饲料饲喂，也可将其粉碎后压制成颗粒饲料饲喂。

（3）喜食新鲜料　牛不爱采食因长时间拱食而黏附鼻镜、唇黏液的饲料。因此，喂草料时应做到少添、勤添，下槽后清扫饲槽，把剩下的草料晾干后再喂。

(4) 采食时间长　在自由采食情况下，牛全天采食时间为 6～7h。放牧牛比舍饲牛采食时间长。饲喂粗糙饲料，如长草或秸秆类，采食时间延长；而喂软嫩的饲料（如短草、鲜草），则采食时间短。放牧情况下，草高 30～45cm 时采食速度最快。牛的采食还受气候变化的影响，气温低于 20℃时，自由采食时间约 2/3 分布在白天；气温为 27℃时，约 1/3 的采食时间分布在白天。天气晴朗时，白天采食时间比阴雨天多，阴雨天到来前夕，采食时间延长。天气过冷时，采食时间延长。放牧牛，在日出时和近黄昏有两个采食高峰。因此，夏季应以夜饲（牧）为主，延长上槽时间；冬季则宜舍饲。日粮质量较差时，应增加饲喂时间。放牧时应早出晚归，使牛多进食；清明节前后，先喂干草，吃半饱再放牧，以防止腹泻和臌胀病，经 10～15d 适应期后，就可直接出牧。秋季，牧草逐渐变老，适口性差，牛不喜欢采食；进入霜期，待草上的霜化后才能放牧。

3. 繁殖习性　牛为双角子宫、单胎动物，性成熟年龄因牛种和品种而有差异，普通牛性成熟年龄一般为 8～12 月龄，小型品种牛性成熟早一些，个别品种要 15～18 月龄才能达到性成熟。牛的繁殖年限为 11～12 年。一般无明显的繁殖季节，但春秋季发情较明显，牦牛发情有明显的季节性，主要集中在 7～9 月，范围为 6～10 月。牛的发情周期平均为 2d，发情持续性较短，一般为 16～21h，母牦牛的发情持续性较长，为 18～48h。圈养牛随年龄增加，尤其在高龄时，发情持续性增长，达 1～3d。

4. 生长特性　肉牛断奶前各组织器官发育已基本完成。神经组织发育已完善，肉牛体的生长过程是由前到后、由下到上的过程。身体各部位生长次序为由头到颈、四肢，再到胸廓，最后是腰尻部；各组织发育的顺序是由神经到骨骼，再到肌肉，最后到脂肪。10～12月龄以前是骨骼生长发育的高峰期，12 月龄后肌肉生长加快，18

龄左右其生长基本完成，以后脂肪的沉积加快。肉牛在生长发育某阶段受营养水平的限制，生长速度减慢甚至停止，当恢复到高营养水平后，生长速度比未受限饲养的牛更快，经过一段时间饲养后仍能恢复到正常体重，这种现象称为代偿生长，合理利用代偿生长有助于肉牛生产。

二、肉牛用药的给药方法

1. 经口给药法

（1）混饲给药　将药物均匀地混入饲料中，通过牛群采食进行治疗。该给药方式适用于不溶于水的药物。

（2）灌服法　对于多数病情危重的、饮食欲废绝的病牛，以及食欲尚可但不愿自行采食的病牛，都可以用强制的方法将药物经口灌入其胃内。此法适用于液体性药物或将药物用水溶解或调成稀粥样，以及中草药的煎剂。灌服的药物一般应无强刺激性或异味。常用的灌药用具有灌角、竹筒、橡皮瓶或长颈酒瓶、药盆等。操作方法：一助手抓牢牛头，并让牛头紧贴自己的身体，紧拉鼻环或用手、鼻钳等握住鼻中隔使牛头抬起；术者左手从牛的一侧口角处伸入，打开口腔并用手轻压舌体；右手持盛满药液的药瓶或灌角伸入并送向舌的背部，此时术者可抬高药瓶或灌角后部并轻轻振动，使药液能流到病牛咽部，待其吞咽后继续灌服直至灌完所有药液。

（3）口腔投服法　如果所投药物为片剂、丸剂或舔剂，常用直接经口投服的方法给药。对牛投药时，可采用站立保定，助手适当固定其头部，防止乱动。术者一只手从一侧口角伸入打开口腔，另一只手持药片、药丸或用竹片刮取舔剂从另一侧口角送入病牛舌背部，病牛即可自然闭合口腔，将药物咽下。若药物不易吞咽，也可在投药后给病牛灌饮少量水，以帮助吞咽。

2. 胃管投药法　患牛食欲废绝，或所用水剂药物量过多、带有

特殊气味，经口不易灌服时，一般需要使用胃管投给。将牛保定确实，胃管可从牛的口腔或鼻腔经咽部插入食道。经口插入时，应该先给牛戴上木质开口器，固定好头部，将涂布润滑油的胃管自开口器的孔内送入咽喉部，或持胃管经鼻腔送至咽喉部。当胃管尖端到达咽部，会感触到明显阻力，术者可轻微抽动胃管，促使其吞咽，此时随牛的吞咽动作顺势将胃管插入食道，应确认胃管插入食道后才能投药。

3. 直肠给药法 多用于患牛肠内补液、肠阻塞以及直肠炎的治疗，也用于病牛采食及吞咽困难时直肠内人工输送营养。牛多为浅部灌肠。操作前应准备好所用的药物及器械，患牛保定好，尾巴向上或侧向吊起，术者立于患牛正后方，手持灌肠器的一端胶管，缓慢送入患牛直肠内部，此时可通过抽压灌肠器活塞将药液灌入直肠内；所灌注药液温度应接近患牛直肠温度，动作要缓慢，以免对肠壁造成大的刺激。如果直肠内有宿粪，灌前应先把粪取出。溶液注入后由于努责，很容易将药液排出，为防止药液的流出，可拍打尾根部、捏住肛门促使其收缩，或塞入肛门塞。常用的灌肠药液包括 1%温生理盐水、葡萄糖溶液、0.1%高锰酸钾溶液、2%硼酸溶液等。

4. 阴道（子宫）给药法 多用于母牛阴道炎、子宫颈炎、子宫内膜炎等病的治疗，常用药液包括温生理盐水、0.1%雷佛奴尔、0.1%高锰酸钾以及抗生素和磺胺类药物制剂。

（1）阴道内投药 将患牛保定好，通过一端连有漏斗的软胶管，将配好的接近动物体温的药液冲入阴道内，待药液完全排出后，术者再徒手或戴灭菌手套将药剂涂在阴道内，或者是直接放入浸有药剂的棉塞。

（2）子宫内投药 将患牛保定好，把所需药液配制好，并且药液温度以接近动物体温为佳。可使用阴道开腔器及带回流支管的子宫导管或小动物灌肠器，其末端接带漏斗的长橡胶管。术者从阴道或者通过直肠把握子宫颈的方法将导管送入子宫内，将药液倒入漏斗内让其自行缓慢流入子宫。当注入药液不顺利时，切不可施加压力，以免刺激子宫使子宫内炎性渗出物扩散。每次注入药液量不可过多，并且要等到液体排出后，才能再次注入。每次治疗所用的溶液总量不宜过大，牛一般为 500～1 000mL，并分次冲洗，直至排出的溶液变为透明为止。或者直接投入抗生素，为了防止注入子宫内的药液外流，所用的溶剂（生理盐水或注射用水）量以 20～40mL 为宜。

5. 注射法

（1）皮下注射　是将药液经皮肤注入皮下疏松组织内的一种给药方法。适用于药量少、刺激性小的药液，如阿托品、毛果芸香碱、肾上腺素及疫苗等。注射部位以皮肤较薄、皮下组织疏松处为宜，牛一般在颈部两侧。一般选用 16 号针头，注射时对注射部位剪毛消毒（用 70％酒精或 5％碘酊涂擦消毒）。一般用左手拇指和食指捏起注射部位皮肤，使皮肤与针刺角度呈 45°，右手持注射器，或用右手拇指、食指和中指单独捏住针头，将针头迅速刺入捏起的皮肤皱褶内，进针深度为 1.5～2.0cm，然后松开左手，连接针头和针管，将药徐徐注入皮下。

（2）肌内注射　是最常用的注射法，即将药液注入牛的肌肉内。动物肌肉内血管丰富，药液注入后吸收较快，仅次于静脉注射。一般刺激性较强、较难吸收的药液都可以采用肌内注射法，如青霉素、链霉素以及各种油剂、混悬剂等。肌内注射的部位一般选择在肌肉层较厚的臀部或颈部。使用 16 号针头，注射时，对注射部位剪毛消毒。取下注射器上的针头（一次性塑料注射器不必取下），以右手拇指、食指和中指捏住针头座，对准消毒好的注射部位，将针头用力刺入肌肉内，然后连接吸好药液的针管，徐徐注入药液。注射完毕后，拔出针头，针眼涂以碘酊消毒。一般肌内注射时，不要把针头全部刺入肌肉内，以防针头折断后不易取出。

（3）静脉注射　是把药液直接注入动物静脉血管内的一种给药方法。注射部位多选在颈静脉上 1/3 处。一般使用 16 号或 20 号针头。注射时，先保定好病牛，使病牛颈部向前上方伸直。注射部位剪毛消毒，用左手在注射部位下面约 5cm 处，以大拇指紧压在颈静脉沟中的静脉血管上，其余四指在右侧相应部位抵住，拦住血液回流，使静脉血管鼓起。术者右手拇指、食指和中指紧握针头座，针尖朝下，使针头与颈静脉呈 45°，对准静脉血管猛力刺入，如果刺进血管，便有血液涌出，见到回血后，将药液徐徐注入静脉。注射完药液后，左手用酒精棉球压紧针眼，右手将针拔出；为防止针眼溢血或形成局部血肿，在拔出针头后，继续紧压针眼 1～2min，然后松手。

（4）气管注射　是将药液直接送入动物气管内，用以治疗气管、支气管以及肺部疾病的注射方法。病牛站立保定，头颈伸直并略抬高，沿颈下第三轮气管正中剪毛消毒：用 16 号针头向后上方刺入，当穿透气管壁时，针感无阻力，然后连接针管，将药液缓缓注入。气管注射时，为防止咳嗽，可先在气管内注入 0.25％～0.5％的普鲁卡因溶液 5mL，再注入治疗用药液。

（5）瓣胃注射　病牛站立保定，在右侧第 9 肋间，肩关节水平线上下 2cm 处剪毛消毒。采用长 15cm（16～18 号）的针头，垂直刺入皮肤后，针头朝向左侧肘突（左前下方）方向刺入 8～10cm（刺入瓣胃内时常有沙沙声感），以注射器注入 20～50mL 生理盐水后立即回抽，如见混有草屑等胃内容物，即可注入治疗药物。注射完迅速拔出针头，按照常规消毒法消毒。

（6）皱胃注射　病牛站立保定，消毒注射部位，皱胃位于右侧第 12、13 肋骨后下缘，若右侧肋骨弓或最后 3 个肋间显著膨大，呈现叩击钢管清朗的铿锵音，也可选此处作为注射点。局部剪毛消毒，取长 15cm（16～18 号）的针头，朝向对侧肘突刺入 5～8cm，有坚实感即表明刺入皱胃，先注入生理盐水 50～100mL，立即抽回，其中混有胃内容物，即可注入事先备好的治疗药物。注射完毕后，常规消毒注射点。

（7）瘤胃注射　是将药液经套管针或其他针头注入瘤胃的注射方法。主要用于牛瘤胃臌气的止酵及瘤胃炎症的治疗。注射部位在左侧腹部髋结节与最后肋间连线的中央，即肷窝部位。动物站立保定，术部剪毛、消毒。若选用套管针，术者右手持套管针对准穿刺点，呈45°迅速用力刺入瘤胃10～20cm，左手固定套管针外套，拔出内芯，此时用手堵住针孔，频频间歇性放出气体，待气体排完后，再行注射。如中途堵塞，可用内芯疏通后再注射药液（常用止酵剂有鱼石脂、酒精、1%～2.5%福尔马林、1%来苏儿、植物油、0.1%新洁尔灭等）。无套管针时，可用手术刀在术部切开1cm的小口后，再用注射针头刺入。注射完毕，视情况套管针可暂时保留，以便下次重复注射用。注意放气不宜过快，以防止脑贫血的发生。反复注射时，应防止术部感染。拔针时防止瘤胃内容物漏入腹腔，导致腹膜炎的发生。

三、肉牛用药的注意事项

1. 不同给药途径之间药物剂量的换算　药物的剂量一般是指成年肉牛的一次用药量。药物剂量的大小与药物对畜体的作用有着直接关系，因为剂量的大小决定体内药物浓度的高低，直接影响着药物的效果。药物的剂量大小又直接关系用药安全，药物在体内发挥作用的同时也可能发生不良反应，甚至引起药物中毒。用药一定要认真掌握剂量，应谨遵医嘱或按药品说明书使用，不可轻易变更，尤其是药性较剧烈、药物用量很小的药品更应注意。

（1）给药途径与剂量比例关系见表1-2。

表1-2　给药途径与剂量比例关系

途径	内服	直肠给药	气管注射	皮下注射	肌内注射	静脉注射
比例（%）	1	1.5～2	0.33～0.5	0.33～0.5	0.25～0.33	0.25～0.33

（2）添加到饲料中的药物浓度一般为饮水中药物浓度的3~5倍。

（3）每千克体重内服用药的剂量与饲料、饮水中添加药量的换算。

设 d 为每千克体重个体内服剂量（mg），W 为每千克体重牛每天的采食量（mg/kg 饲料）或饮水量（mg/L），t 为 24h 内的给药次数，D 为混饲或混饮剂量，则 $D=d\times t/W$。

一般犊牛的采食量占其体重的 2.5%~3%，育成肉牛采食量占其体重的 2.2%~2.5%，成年肉牛采食量占其体重的 2%~2.2%，老年肉牛在 2%以下。

例如，服用某种药物，肉牛每千克体重内服剂量为 20mg，2 次/d，成年肉牛每千克体重每天采食 20~22g，即 0.02~0.022kg，饲料中每千克体重药物添加浓度应为：20mg/次×2 次÷0.02kg＝2 000mg/kg，肉牛每千克体重每天饮水约 0.08L，饮水每千克体重给药浓度应为：20mg/次×2 次÷0.08L＝500mg/L。

如果将静脉注射或肌内注射给药的剂量换算成饮水或饲料添加的给药浓度，不宜进行简单的剂量换算，应考虑内服给药的吸收、生物利用度等。

2. 母牛孕期禁用或慎用的药物　母牛怀孕后，各器官发生一定的生理变化，对药物的反应与未孕母牛不完全相同，药物的分布和代谢也受妊娠的影响。因此，孕畜临床不合理用药将导致胚胎死亡、流产、胎儿死亡和畸形，从而造成医源性疾病。

孕牛患病用药治疗时，首先考虑药物对胚胎和胎儿有无直接或间接严重危害的作用。其次考虑药物对母牛有无副作用与毒害作用。

怀孕早期用药要慎重，当发生疾病必须用药时，可选用不会引起胚胎早期死亡和致畸的常用药物。

孕牛用药剂量不宜过大，时间不宜过长，以免药物蓄积而危害胚胎和胎儿。

3. 肉牛驱虫应注意的问题　肉牛以青草、秸秆、牧草等粗饲料为主要食物来源，其在放牧、采食过程中经常接触地面，其体内消化道极易感染多种线虫，体外感染螨、蜱、虱等寄生虫。肉牛感染寄生虫后，表现为消化失调、食欲不振、腹泻、长期消瘦、呼吸急促、咳嗽、黄疸、被毛无光粗乱、卧地吃食、粪便含多量黏液或血液。虫体多时造成肠阻塞或穿孔，甚至引起死亡。出现上述问题的原因主要是养殖者在肉牛育肥过程中对驱虫的必要性和重要性认识不足，对具体的方法和操作过程中应注意的事项没有充分掌握，致使在肉牛育肥过程中出现不驱虫或驱虫不科学等情况时有发生。因此，做好驱虫工作十分重要。坚持定期驱虫，结合本地情况，选择驱虫药物。一般是每年春秋两季各进行一次全牛群的驱虫，平常结合转群时实施。

（1）驱虫时间　育肥肉牛驱虫要根据当地寄生虫流行特点选择适宜的时间。犊牛1月龄和6月龄各驱虫1次。育肥牛在育肥之前要为牛驱虫。一般在春季、秋季和成熟前进行驱虫。成熟前驱虫是近年提出的措施，此法是在深冬大剂量用药将肉牛体内寄生的成虫和幼虫全部驱除，以降低肉牛的含虫量，避免或减少肉牛春乏致死。该方法的优点：一是把虫体消灭在成熟产卵前，以防止虫卵和幼虫对外界环境的污染；二是切断宿主病程发展，利于保障育肥肉牛的健康。另外，驱虫工作最好安排在下午或晚上开展，牛在第2天白天排出体内虫体，利于收集处理。

（2）驱虫药物　选择药物的原则是低毒、高效、经济、使用方便。当开展大规模驱虫时，必须进行驱虫试验。对驱虫药物的用法、剂量、驱虫效果及毒副作用有一个科学认识后方可大规模应用。用药前，应通过粪便性状、相关症状等进行确诊，然后再根据所感染寄生虫病的虫子种类选择合适的驱虫药。驱线虫药有左旋咪唑、敌百虫、盐酸噻咪唑、呱嗪等；驱吸虫药有硝硫酚和硫双二氯酚等；驱囊虫药有吡喹酮；驱弓形虫药有磺胺类等。由于可以感染牛寄生虫病的虫子种类很多，有的还会并发感染。因此，无论选用哪一种药，最好是用一段时间后更换另一种药，从而减少产生抗药性的可能性，以免影响驱虫效果。

（3）驱虫时机　给肉牛驱虫不仅要对症下药，还要把握投药时机。投药太早达不到驱虫效果，太迟则影响肉牛发育，形成僵牛。应根据虫体的种类、发育情况和季节等确定驱虫时机。一般情况下，第1次驱虫宜选在肉牛达到约30kg体重时进行，这样能实现将几种虫一并驱除的效果。

（4）驱虫前要禁食　为便于驱虫药物的吸收，在驱虫前应先禁食12～18h，计算好用药量，将药研碎，均匀混入饲料中，并加入少量盐水或糖精，增强其适口性，在19:00—22:00将药物与饲料混合投放给肉牛一次吃完。驱虫用药期6d，实施固定地点饲喂、圈养，便于对场地实施清理、消毒等工作。

（5）驱虫畜舍需消毒　驱虫后肉牛排出的粪便及病原物都要集中开展无害化处理，对清除的粪便主要是焚烧或深埋。肉牛舍地面、墙壁和饲槽可用5％石灰水实施消毒。

（6）驱虫后需认真观察　有呕吐、腹泻等中毒症状，应立即让牛饮服半熟绿豆汤；对腹泻牛，可用木炭50g拌料喂服，连用3d，用药21d后才可宰杀食用。

（7）减轻应激因素的影响　牛因运输、惊吓或环境变化等因素，较易产生应激反应，可在饮水中加入少量食盐及红糖，连喂7d，同时，多投喂青草、青干草，2d后加入少量麸皮等精料，并观察牛群的采食、排泄及精神状况，在牛只稳定后再开展驱虫和健胃工作。

第四节　兽药管理法规与制度

一、兽药管理法规与标准

1. 兽药管理法规　我国第一个《兽药管理条例》（以下简称《条

例》）是 1987 年 5 月 21 日由国务院发布的，它标志着我国兽药法制化管理的开始。《条例》自 1987 年发布以来，在 2001 年进行了第一次修订，为适应我国加入 WTO 的形势，2004 年进行了全面修改，并于 2004 年 3 月 24 日经国务院令第 404 号发布并于 2004 年 11 月 1 日起实施。根据《国务院关于修改部分行政法规的决定》，现行《条例》于 2014 年 7 月 29 日再次修订，2016 年 2 月 6 日进行了第三次修订。

为保障《条例》的实施，农业部发布的配套规章有：《兽药注册办法》《处方药和非处方药管理办法》《生物制品管理办法》《兽药进口管理办法》《兽药生产管理规范》《兽药经营质量管理规范》《兽药非临床研究质量管理规范》和《兽药临床试验质量管理规范》等。

2. 兽药标准《中华人民共和国兽药典》 《条例》第四十五条规定："国家兽药典委员会拟定的、国务院兽医行政管理部门发布的《中华人民共和国兽药典》（以下简称《中国兽药典》）和国务院兽医行政管理部门发布的其他兽药标准为兽药国家标准"。

根据《中华人民共和国标准化法实施条例》，兽药标准属强制性标准。《中国兽药典》是国家为保证兽药产品质量而制定的具有强制约束力的技术法规，是兽药生产、经营、进出口、使用、检验和监督管理部门共同遵守的法定依据。它不仅对我国的兽药生产具有指导作用，而且是兽药监督管理和兽药使用的技术依据，也是保障动物源性食品安全的基础。《中国兽药典》先后有 1990 年、2000 年、2005 年、2010 年、2015 年共五版。

2015 年版《中国兽药典》分为一部、二部和三部，收载品种总计 2 030 种，其中，一部收载化学药品、抗生素、生化药品和药用辅料共 752 种，二部收载药材和饮片、植物油脂和提取物、成方制剂和单味制剂共 1148 种，三部收载生物制品 131 种。各部均由凡例、正文品种、附录和索引等部分构成。各部共同采用的附录部分分别在各部中予以收载，方便使用。一部收载附录 116 项，二部收载附录 107

项，三部收载附录 37 项、生物制品通则 8 项。

本版兽药典标准体例更加系统完善，在凡例中明确了对违反兽药 GMP 或有未经批准添加物质所生产兽药产品的判定原则，为打击不按处方、工艺生产的行为提供了依据；正文品种中恢复了与临床使用相关的内容，以便于兽药使用环节的指导和监管；建立了附录方法的永久性编号，质量标准与附录方法的衔接更加紧密。

《中国兽药典》的颁布和实施，对规范我国兽药的生产、检验及临床应用，起到了显著效果。为我国兽药生产的标准化、管理的规范化，提高兽药产品质量，保障动物用药的安全、有效，防治畜禽疾病诸方面都起到了积极的作用，也促进了我国新兽药研制水平的提高，为发展畜牧养殖业提供了有力的保证。

根据农业部第 2513 号公告，发布实施了《兽药质量标准》（2017 年版），并制定了配套的说明书范本。其中，化学药品卷收载品种共 404 个；中药卷收载药材、制剂与提取物品种共 384 个；生物制品卷收载制剂、疫苗、试剂盒、诊断试剂等品种共 228 个。本标准收载的品种主要来自于历版《中国兽药典》《兽药质量标准》《兽药国家标准》《兽用生物制品质量标准》等。

二、兽药管理制度

1. 兽药监督管理机构 兽药监督管理主要包括兽药国家标准的发布、兽药监督检查权的行使、假劣兽药的查处、原料药和处方药的管理、上市后兽药不良反应的报告、生产许可证和经营许可证的管理、兽药评审程序及兽医行政管理部门、兽药检验机构及其工作人员的监督等。根据新《条例》的规定，国务院兽医行政管理部门负责全国的兽药监督管理工作。县级以上地方人民政府兽医行政管理部门负责本行政区域内的兽药监督管理工作。

2. 兽药注册制度 兽药注册制度，指依照法定程序，对拟上市销售的兽药的安全性、有效性、质量可控性等进行系统评价，并做出是否同意进行兽药临床或残留研究、生产兽药或者进口兽药决定的审批过程，包括对申请变更兽药批准证明文件及其附件中载明内容的审批制度。

兽药注册包括新兽药注册、进口兽药注册、变更注册和进口兽药再注册。境内申请人按照新兽药注册申请办理，境外申请人按照进口兽药注册和再注册申请办理。新兽药注册申请，指未曾在中国境内上市销售的兽药的注册申请。进口兽药注册申请，指在境外生产的兽药在中国上市销售的注册申请。变更注册申请，指新兽药注册、进口兽药注册经批准后，改变、增加或取消原批准事项或内容的注册申请。

3. 标签和说明书要求　对兽药使用者而言，除了《中国兽药典》规定内容以外，产品的标签和说明书也是正确使用兽药必须遵循的有法定意义的文件。《条例》规定了一般兽药和特殊兽药在包装标签和说明书上的内容。兽药包装必须按照规定印有或者贴有标签并附有说明书，并必须在显著位置注明"兽用"字样，以避免与人用药品混淆。凡在中国境内销售、使用的兽药，其包装标签及所附说明书的文字必须以中文为主，提供兽药信息的标志及文字说明应当字迹清晰易辨，标示清楚醒目，不得有印字脱落或粘贴不牢等现象。

兽药标签和说明书必须经国务院兽医行政管理部门批准才能使用。兽药标签或者说明书必须载明：①兽药的通用名称。即兽药国家标准中收载的兽药名称。通用名称是药品国际非专利名称（INN）的简称，通用名称不能作为商标注册。标签和说明书不得只标注兽药的商品名。按照国务院兽医行政管理部门的有关规定，兽药的通用名称必须用中文显著标示。②兽药的成分及其含量。兽药标签和说明书上应标明兽药的成分和含量，以满足兽医和使用者的知情权。③兽药规格。便于兽医和使用者计算使用剂量。④兽药的生产企业。⑤兽药批准文号（进口兽药注册证号）。⑥产品批号。以便对出现问题的兽药溯源检查。⑦生产日期和有效期。兽药有效期是涉及兽药效能和使用安全的标识，必须按规定在兽药标签和说明书上予以标注。⑧适应证或功能主治、用法、用量、禁忌、不良反应和注意事项等涉及兽药使用须知、保证用药安全有效的事项。

特殊兽药的标签必须印有规定的警示标志。为了便于识别，保证用药安全，对麻醉药品、精神药品、毒性药品、放射性药品、外用药品、非处方兽药，必须在包装、标签的醒目位置和说明书中注明，并印有符合规定的标志。

4. 兽药广告管理 《条例》规定，在全国重点媒体发布兽药广告的，须经国务院兽医行政管理部门审查批准，取得兽药广告审查批准文号。在地方媒体发布兽药广告的，应当经省（自治区、直辖市）人民政府兽医行政管理部门审查标准，取得兽药广告审查批准文号。未取得兽药广告审查批准文号的，属于非法兽药广告，不得发布或刊登。

《条例》还规定，兽药广告的内容应当与兽药说明书的内容相一致。兽药的说明书包含有关兽药的安全性、有效性等基本科学信息。主要包括：兽药名称、性状、药理毒理、药物动力学、适应证、用法与用量、不良反应、禁忌证、注意事项、有效期限、批准文号、生产企业等方面的内容。

兽药广告的内容是否真实，对正确地指导养殖者合理用药、安全用药十分重要，直接关系动物的生命安全和人体健康。因此，兽药广告的内容必须真实、准确、对公众负责，不允许有欺骗、夸大情况。夸大的广告宣传不但会误导经营者和养殖户，而且延误动物疾病的治疗。

三、兽用处方药与非处方药管理制度

将兽药按处方药和非处方药分类管理，有利于促进我国兽药管理模式与国际通行做法接轨。此外，《条例》第四条规定："国家实行兽用处方药和非处方药分类管理制度"，从法律上明确了该管理制度的合法性和必要性。《兽用处方药和非处方药管理办法》经 2013 年 8 月 1 日农业部第 7 次常务会议审议通过，2013 年 9 月 11 日中华人民共和国农业部令 2013 年第 2 号发布。该《办法》自 2014 年 3 月 1 日起施行。为确保该《办法》的有效实施，农业部还配套发布了《兽用处方药品种目录（第一批）》《乡村兽医基本用药目录》和《兽用处方药品种目录（第二批）》。

根据兽药的安全性和使用风险程度，将兽药分为兽用处方药和非处方药。兽用处方药是指凭兽医处方笺才可购买和使用的兽药。兽用非处方药是指不需要兽医处方笺即可自行购买并按照说明书使用的兽药。对安全性和使用风险程度较大的品种，实行处方管理，在执业兽医指导下使用，减少兽药的滥用，促进合理用药，提高动物源性产品质量安全。

根据农业部令 2013 年第 2 号，《兽用处方药和非处方药管理办法》（以下简称《办法》）于 2014 年 3 月 1 日起施行。办法涉及目的、分类、管理部门、标识、生产、经营、买卖、处方、使用和罚则等10 个方面的条款共 18 条。《办法》主要确立了以下 5 种制度：

一是兽药分类管理制度。将兽药分为处方药和非处方药，兽用处方药目录的制定及公布，由农业部负责。

二是兽用处方药和非处方药标识制度。按照《办法》的规定，兽用处方药、非处方药须在标签和说明书上分别标注"兽用处方药""兽用非处方药"字样。

三是兽用处方药经营制度。兽药经营者应当在经营场所显著位置悬挂或者张贴"兽用处方药必须凭兽医处方购买"的提示语，并对兽用处方药、兽用非处方药分区或分柜摆放。兽用处方药不得采用开架自选方式销售。

四是兽医处方权制度。兽用处方药应当凭兽医处方笺方可买卖，兽医处方笺由依法注册的执业兽医按照其注册的执业范围开具。但进出口兽用处方药或者向动物诊疗机构、科研单位、动物疫病预防控制机构等特殊单位销售兽用处方药的，则无需凭处方买卖。同时，《办法》还对执业兽医处方笺的内容和保存作了明确规定。

五是兽用处方药违法行为处罚制度。对违反《办法》有关规定的，明确了适用《兽药管理条例》予以行政处罚的具体条款。

四、兽药质量标准与说明书

最初我国的兽药质量标准包括国家标准、行业标准和地方标准，但在 2004 年颁布的新的《兽药管理条例》中明确了兽药国家标准制度，规定兽药标准只有国家标准，明确取消了兽药地方标准。到目前为止，我国已发布的兽药国家标准包括《中国兽药典》《兽药规范》《兽药质量标准》《进口兽药质量标准》《兽药国家标准汇编——兽药地方标准上升国家标准》等。目前，现行的最重要兽药质量标准即为《中国兽药典》（2015 年版）及《兽药质量标准》（2017 年版），前者已在前部分进行了讲述，这里重点介绍后者。《兽药质量标准》（2017 年版）包括化学药品卷、中药卷和生物制品卷三个部分，涉及多种动物品种，其中化学药品卷包括 404 个品种，中药卷包括 384 个品种，生物制品卷包括 228 个品种。自 2017 年 11 月 1 日起，除《中国兽药典》（2015 年版）和《兽药质量标准》（2017 年版）收载品种的兽药质量标准外，2010 年 12 月 31 日前（含 31 日）各版《中国兽药典》《兽药国家标准》《兽用生物制品质量标准》《兽用生物制品规程》以及农业部公告发布的同品种兽药质量标准同时废止。

五、不良反应报告制度

不良反应是指在按规定用法与用量正常应用兽药的过程中产生的与用药目的无关或意外的有害反应。不良反应与兽药的应用有因果关系，一般停止使用兽药后即会消失，有的则需要采取一定的处理措施才会消失。

《条例》规定，"国家实行兽药不良反应报告制度。兽药生产企业、经营企业、兽药使用单位和开具处方的兽医人员发现可能与兽药使用有关的严重不良反应，应当立即向所在地人民政府兽医行政管理部门报告"。首次以法律的形式规定了不良反应的报告制度。

有些兽药在申请注册或者进口注册时，由于科学技术发展的限制或者人们认识水平的限制，当时没有发现对环境或者人类有不良影响，在使用一段时间后，该兽药的不良反应才被发现，这时，就应当立即采取有效措施，防止这种不良反应的扩大或者造成更严重的后果。为了保证兽药的安全、可靠，最终保障人体健康，在使用兽药过程中，发现某种兽药有严重的不良反应，兽药生产企业、经营企业、兽药使用单位和开具处方的执业兽医有义务向所在地兽医行政主管部门及时报告。

目前，我国尚未建立切实可行的不良反应报告制度，这不利于兽药的安全使用。

第二章

肉牛常用药物

第一节 抗菌药物

一、抗生素

(一) β-内酰胺环类

1. 青霉素类

·青霉素·

青霉素属杀菌性抗生素，能抑制细菌细胞壁黏肽的合成，对生长繁殖期细菌敏感，对非生长繁殖期的细菌作用弱。临床上应避免将青霉素这类"繁殖期杀菌剂"与抑制细菌生长繁殖的"快效抑菌剂"（如酰胺醇类、四环素类、大环内酯类等）合用。主要敏感菌有葡萄球菌、链球菌、棒状杆菌、破伤风梭菌、放线菌、炭疽杆菌和螺旋体等。对分支杆菌、支原体、衣原体、立克次体、诺卡菌、真菌和病毒均不敏感。

药物相互作用 与氨基糖苷类合用，呈现协同作用；大环内酯类、四环素类和酰胺醇类等快效抑菌剂对青霉素的杀菌活性有干扰作用，不宜合用；重金属离子（尤其是铜、锌、汞）、醇类、酸、碘、氧化剂、还原剂和羟基化合物，呈酸性的葡萄糖注射液或盐酸四环素注射液等可破坏青霉素的活性，禁止配伍；胺类与青霉素可形成不溶性盐，可延缓青霉素的吸收，如普鲁卡因青霉素；青霉素钠水溶液与一些药物溶液（如盐酸氯丙嗪、盐酸林可霉素、酒石酸去甲肾上腺素、盐酸土霉素、盐酸四环素、B族维生素及维生素C）不宜混合，否则可产生混浊、絮状物或沉淀。

注射用青霉素钠 本品为白色结晶性粉末。

【作用与用途】 β-内酰胺类抗生素。主要用于革兰氏阳性菌感染，亦用于放线菌及钩端螺旋体等的感染。

【用法与用量】 以青霉素钠计。肌内注射：一次量，每1kg体重，牛，1万～2万U；犊2万～3万U。一日2～3次，连用2～3d。临用前，加灭菌注射用水适量使溶解。

【不良反应】（1）主要是过敏反应，但发生率较低。局部反应表现为注射部位水肿、疼痛，全身反应为荨麻疹、皮疹，严重者可引起休克或死亡。

（2）对某些动物，青霉素可诱导胃肠道的二重感染。

【注意事项】（1）青霉素钠易溶于水，水溶液不稳定，很易水解，水解率随温度升高而加速，因此注射液应在临用前配制。必须保存时，应置冰箱中（2～8℃），可保存7d，在室温只能保存24h。

（2）应了解与其他药物的相互作用和配伍禁忌，以免影响青霉素的药效，详见附录。

（3）大剂量注射可能出现高钠血症，可使肾功能减退或心功能不全患畜病情加重。

（4）治疗破伤风时宜与破伤风抗毒素（TAT）合用。

【休药期】 牛0d。

注射用青霉素钾 **【作用与用途】【用法与用量】【不良反应】【注意事项】** 与 **【休药期】** 同注射用青霉素钠。

注射用普鲁卡因青霉素 本品为普鲁卡因青霉素与青霉素钠

（钾）加适宜的悬浮剂与缓冲剂制成的白色无菌粉末。

【作用与用途】β-内酰胺类抗生素。主要用于牛革兰氏阳性菌感染，亦用于放线菌和钩端螺旋体等感染。

【用法与用量】以有效成分计。肌内注射：一次量，每 1kg 体重，牛 1 万～2 万 U；犊 2 万～3 万 U。一日 1 次，连用 2～3d。

【不良反应】（1）主要是过敏反应，大多数家畜均可发生，但发生率较低。局部反应表现为注射部位水肿、疼痛，全身反应为荨麻疹、皮疹，严重者可引起休克或死亡。

（2）可诱导胃肠道的二重感染。

【注意事项】（1）大环内酯类、四环素类和酰胺醇类等快效抑菌剂对青霉素的杀菌活性有干扰作用，不宜合用。

（2）重金属离子（尤其是铜、锌、汞）、醇类、酸、碘、氧化剂、还原剂、羟基化合物，呈酸性的葡萄糖注射液或盐酸四环素注射液等可破坏青霉素的活性。

（3）本品与盐酸氯丙嗪、盐酸林可霉素、酒石酸去甲肾上腺素、盐酸土霉素、盐酸四环素、B 族维生素或维生素 C 不宜混合，否则可产生混浊、絮状物或沉淀。

【休药期】牛 4d。

普鲁卡因青霉素注射液　本品为普鲁卡因青霉素的灭菌混悬油溶液，为细微颗粒的混悬油溶液。静置后，细微颗粒下沉，振摇后为均匀的淡黄色混悬液。

【作用与用途】【不良反应】与【注意事项】同注射用普鲁卡因青霉素。

【用法与用量】肌内注射：牛每 10kg 体重 0.67～1.3mL，一日 1 次，连用 2～3d。

【休药期】牛 10d。

注射用苄星青霉素　本品为青霉素的二苄基乙二胺盐加适量缓冲

剂及助悬剂制成的白色结晶性无菌粉末。

【作用与用途】β-内酰胺类抗生素。为长效青霉素，用于革兰氏阳性细菌感染。

【用法与用量】以苄星青霉素计。肌内注射：一次量，牛每 1kg 体重 2 万～3 万 U。必要时 3～4d 重复一次。

【不良反应】主要是过敏反应，不同种类、品种、性别、年龄的家畜均可发生，但发生率低。过敏的局部反应表现为注射部位水肿、疼痛，全身反应为荨麻疹、皮疹，严重的可引起休克死亡。

【注意事项】（1）本品血药浓度较低，急性感染时应与青霉素钠并用。

（2）注射液应在临用前配制。

（3）应注意与其他药物的相互作用和配伍禁忌，以免影响其药效。

【休药期】牛 4d。

·氨苄西林·

具有广谱抗菌作用。对大多数革兰氏阳性菌的抗菌活性稍弱于青霉素，对青霉素酶敏感，对耐青霉素的金黄色葡萄球菌无效。对革兰氏阴性菌有较强的作用，如大肠杆菌、变形杆菌、沙门氏菌、嗜血杆菌、布鲁氏菌和巴氏杆菌等。对铜绿假单胞菌不敏感。适用于各种敏感菌引起的全身感染。

药物相互作用 与氨基糖苷类合用，呈现协同作用；大环内酯类、四环素类和酰胺醇类等快效抑菌剂对氨苄西林的杀菌作用有干扰作用，不宜合用。

注射用氨苄西林钠 本品为白色或类白色粉末或结晶性粉末。

【作用与用途】β-内酰胺类抗生素。用于对氨苄西林敏感的革兰氏阳性球菌和革兰氏阴性菌感染。

【用法与用量】以氨苄西林钠计。肌内、静脉注射：一次量，每

1kg 体重，牛 10～20mg。一日 2～3 次，连用 2～3d。

【不良反应】同氨苄西林混悬注射液。

【注意事项】对青霉素酶敏感，不宜用于耐青霉素的金黄色葡萄球菌感染。

【休药期】牛 6d。

·阿 莫 西 林·

抗菌谱及抗菌活性与氨苄西林基本相同，对全身性感染的疗效较好。适用于敏感菌所致的呼吸系统、泌尿系统、皮肤及软组织等全身感染。与克拉维酸合用可提高前者对耐药葡萄球菌感染的疗效。

药物相互作用　参见氨苄西林。

阿莫西林注射液　本品为阿莫西林与分馏椰子油等制成的无菌混悬液。

【作用和用途】β-内酰胺类抗生素。用于对阿莫西林敏感的革兰氏阳性球菌和革兰氏阴性菌感染。

【用法与用量】以阿莫西林计。肌内、皮下注射：一次量，每 1kg 体重，牛 15mg，如需要，可在 48h 后再注射一次。

【不良反应】同氨苄西林混悬注射液。

【注意事项】（1）对青霉素耐药的细菌感染不宜应用。

（2）对青霉素过敏的牛禁用。

（3）用药前应先摇匀。

【休药期】牛 28d。

注射用阿莫西林钠　本品为白色粉末。

【作用和用途】β-内酰胺类抗生素。用于对阿莫西林敏感的革兰氏阳性球菌和革兰氏阴性菌感染。

【用法与用量】以阿莫西林计。肌内、皮下注射：一次量，每 1kg 体重，牛 5～10mg。一日 2 次，连用 3～5d。

【不良反应】偶可见过敏反应,注射部位有刺激性。

【注意事项】(1)对青霉素耐药的细菌感染不宜应用。

(2)对青霉素过敏的牛禁用。

【休药期】牛 14d。

·苯 唑 西 林·

抗菌谱比青霉素窄,但其不易被青霉素酶水解,对耐青霉素的产酶金黄色葡萄球菌有效,故被称为抗葡萄球菌青霉素。对不产酶菌株和其他对青霉素敏感的革兰氏阳性菌的杀菌作用不如青霉素。肠球菌对本品耐药。临床主要用于耐青霉素的葡萄球菌感染。

药物相互作用 与氨苄西林或庆大霉素合用,可增强对肠球菌的抗菌活性;其他参见青霉素钠。

注射用苯唑西林钠 本品为白色粉末或结晶性粉末。

【作用与用途】β-内酰胺类抗生素。主要用于败血症、肺炎、乳腺炎、烧伤创面感染的治疗。

【用法与用量】以苯唑西林计。肌内注射:一次量,每 1kg 体重,牛 10~15mg。一日 2~3 次,连用 2~3d。

【不良反应】主要的不良反应是过敏反应,但发生率低。局部反应表现为注射部位水肿、疼痛,全身反应为荨麻疹、皮疹,严重者可引起休克或死亡。

【注意事项】(1)苯唑西林钠易溶于水,水溶液不稳定,易水解,水解率随温度升高而加速,因此注射液应在临用前配制;必须保存时,应置冰箱中(2~8℃),可保存 7d,在室温只能保存 24h。

(2)大剂量注射可能出现高钠血症。对肾功能减退或心功能不全患牛会产生不良后果。

【休药期】牛 14d。

·氯唑西林·

抗菌谱及抗菌活性与苯唑西林相同，但对青霉素敏感的革兰氏阳性菌的作用不如青霉素。

药物相互作用 参见苯唑西林。

注射用氨苄西林钠氯唑西林钠 本品为氨苄西林钠、氯唑西林钠的白色无菌粉末。

【作用和用途】 β-内酰胺类抗生素。主要用于敏感菌所致的呼吸道、胃肠道、泌尿道和软组织感染。也可用于化脓性链球菌、肺炎球菌与耐酶金黄色葡萄球菌引起的混合感染。

【用法与用量】 以本品计，临用前加适量灭菌注射用水或氯化钠注射液溶解，静脉滴注或肌内注射：一次量，牛每 1kg 体重 20mg。一日 2～3 次，连用 3d。

【不良反应】 个别牛偶可见过敏反应，如皮疹、水肿等。

【注意事项】 （1）本品溶解后应立即使用。

（2）对青霉素过敏的牛禁用。

【休药期】 牛 28d。

2. 头孢菌素类

·头孢噻呋·

具有广谱杀菌作用，对革兰氏阳性菌和革兰氏阴性菌（包括产 β-内酰胺酶菌）均有效。敏感菌主要有多杀性巴氏杆菌、溶血性巴氏杆菌、沙门氏菌、大肠杆菌、链球菌和葡萄球菌等，某些铜绿假单胞菌、肠球菌耐药。抗菌活性比氨苄西林强，对链球菌的活性比氟喹诺酮类强。

药物相互作用 与青霉素和氨基糖苷类药物合用有协同作用。

注射用头孢噻呋钠 本品为头孢噻呋钠的无菌粉末或无菌冻干品，为白色至灰黄色粉末或疏松块状物。

【作用和用途】β-内酰胺类抗生素。用于治疗牛细菌性疾病。

【用法与用量】以头孢噻呋计。肌内注射：一次量，牛每 1kg 体重 1.1~2.2mg。一日 1 次，连用 3d。

【不良反应】（1）可能引起胃肠道菌群紊乱或二重感染。

（2）有一定的肾毒性。

（3）可引起牛特征性的脱毛和瘙痒。

【注意事项】（1）现配现用。

（2）肾功能不全牛使用时应调整剂量。

（3）对 β-内酰胺类抗生素高敏的人应避免接触本品，避免儿童接触。

【休药期】牛 3d。

（二）氨基糖苷类

·链 霉 素·

对结核杆菌和多种革兰氏阴性杆菌，如大肠杆菌、沙门氏菌、布鲁氏菌、巴氏杆菌、志贺氏痢疾杆菌、鼻疽杆菌等有抗菌作用。对金黄色葡萄球菌等多数革兰氏阳性球菌的作用差。链球菌、铜绿假单胞菌和厌氧菌对本品固有耐药。本品较低浓度抑菌，较高浓度则杀菌。在弱碱性（pH 7.8）环境中抗菌活性最强，酸性（pH 6 以下）环境中则活性下降。可用于治疗各种敏感菌引起的急性感染，如牛呼吸道感染（肺炎、咽喉炎、支气管炎）、泌尿道感染、牛放线菌病、钩端螺旋体病、肠炎、乳腺炎及细菌性肠炎等。

药物相互作用 与青霉素类或头孢菌素类合用对铜绿假单胞菌和肠球菌有协同作用，对其他细菌可能有相加作用；与碱性药物（如碳酸氢钠、氨茶碱等）合用可增强抗菌效力，但毒性也相应增强，当 pH 超过 8.4 时，抗菌作用反而减弱；Ca^{2+}、Mg^{2+}、Na^+、NH_4^+ 和

K⁺等阳离子可抑制本类药物的抗菌活性；与其他具有肾毒性、耳毒性和神经毒性的药物，如两性霉素、其他氨基糖苷类药物、多黏菌素 B、头孢菌素、右旋糖酐、利尿药（如呋塞咪、甘露醇等）、红霉素等合用可增强毒性，须慎重；与全身麻醉药或神经肌肉阻断剂（如氯化琥珀胆碱等）可加强神经肌肉传导阻滞作用。

注射用硫酸链霉素　本品为硫酸链霉素的无菌粉末。

【**作用与用途**】氨基糖苷类抗生素。主要用于治疗敏感的革兰氏阴性菌和结核杆菌感染。

【**用法与用量**】以链霉素计。肌内注射：一次量，每 1kg 体重，牛 10～15mg。一日 2 次，连用 2～3d。

【**不良反应**】（1）耳毒性。常引起耳前庭损害，这种损害可随连续给药的药物积累而加重，并呈剂量依赖性。

（2）偶见过敏反应。

（3）大剂量可引起神经肌肉传导阻断。

（4）长期应用可引起肾脏损害。

【**注意事项**】（1）链霉素与其他氨基糖苷类有交叉过敏现象，对氨基糖苷类过敏的患畜禁用。

（2）患牛出现脱水（可致血药浓度增高）或肾功能损害时慎用。

（3）用本品治疗泌尿道感染时，肉食动物和杂食动物可同时内服碳酸氢钠使尿液呈碱性，以增强药效。

（4）Ca^{2+}、Mg^{2+}、Na^+、NH_4^+ 和 K^+ 等阳离子可抑制本类药物的抗菌活性。

（5）与头孢菌素、右旋糖酐、强效利尿药（如呋塞米等）、红霉素等合用，可增强本类药物的耳毒性。

（6）骨骼肌松弛药（如氯化琥珀胆碱等）或具有此种作用的药物可加强本类药物的神经肌肉阻滞作用。

【**休药期**】牛 18d。

·双氢链霉素·

抗菌谱和抗菌活性与链霉素相似，应用同硫酸链霉素。

药物相互作用 参见链霉素。

注射用硫酸双氢链霉素 本品为硫酸双氢链霉素的无菌粉末。

【作用与用途】氨基糖苷类抗生素。用于革兰氏阴性菌和结核杆菌的感染。

【用法与用量】以双氢链霉素计。肌内注射：一次量，每1kg体重，牛10mg。一日2次。

【不良反应】（1）双氢链霉素的耳毒性比链霉素强，最常引起前庭损害，这种损害可随连续给药的药物积累而加重，并呈剂量依赖性。

（2）双氢链霉素剂量过大易导致神经肌肉阻断作用。

（3）长期应用可引起肾脏损害。

【注意事项】（1）双氢链霉素与其他氨基糖苷类有交叉过敏现象，对氨基糖苷类过敏的患畜禁用。

（2）患畜出现脱水（可致血药浓度增高）或肾功能损害时慎用。

（3）用本品治疗泌尿道感染时，可同时服用适量的碳酸氢钠，使尿液呈碱性以增强药效。

【休药期】牛18d。

硫酸双氢链霉素注射液 本品为硫酸双氢链霉素的灭菌水溶液。

【作用和用途】【不良反应】【注意事项】与**【休药期】**同注射用硫酸双氢链霉素。

【用法与用量】肌内注射：一次量，每1kg体重，牛0.4mL，一日2次。

·庆大霉素·

对多种革兰氏阴性菌（如大肠杆菌、克雷伯氏菌、变形杆菌、铜绿假单胞菌、巴氏杆菌、沙门氏菌等）和金黄色葡萄球菌（包括产β-内酰胺酶菌株）均有抗菌作用。多数链球菌（化脓链球菌、肺炎球菌、粪链球菌等）、厌氧菌（类杆菌属或梭状芽孢杆菌属）、结核杆菌、立克次体和真菌对本品耐药。

用于敏感菌引起的败血症、泌尿生殖道感染、呼吸道感染、胃肠道感染（包括腹膜炎）、胆道感染、乳腺炎及皮肤和软组织感染等。

毒性反应较卡那霉素稍轻，但用量过大或疗程延长，仍可发生耳、肾损害。

药物相互作用 与β-内酰胺类抗生素合用通常可取得协同作用，与甲氧苄啶-磺胺合用对大肠杆菌及克雷伯菌有协同作用，与青霉素合用对链球菌有协同作用；与四环素或红霉素合用可能出现颉颃作用；与青霉素类、头孢菌素类、大环内酯类、磺胺类、碳酸氢钠、维生素C等药物在体外混合有配伍禁忌，且与头孢菌素合用可能使肾毒性增强。

硫酸庆大霉素注射液 本品为硫酸庆大霉素的灭菌水溶液。

【作用和用途】氨基糖苷类抗生素。用于革兰氏阴性和阳性细菌感染。

【用法与用量】肌内注射：一次量，每1kg体重，牛2～4mg；一日2次，连用2～3d。

【不良反应】（1）耳毒性。常引起耳前庭损害，这种损害可随连续给药的药物积累而加重，并呈剂量依赖性。

（2）偶见过敏反应。

（3）大剂量可引起神经肌肉传导阻断。

（4）可导致可逆性肾毒性。

【注意事项】（1）庆大霉素可与β-内酰胺类抗生素联合治疗严重感染，但在体外混合存在配伍禁忌。

（2）本品与青霉素联合，对链球菌具协同作用。

（3）有呼吸抑制作用，不宜静脉推注。

（4）与四环素、红霉素等合用可能出现颉颃作用。

（5）与头孢菌素合用可能使肾毒性增强。

【休药期】牛 40d。

·硫酸卡那霉素·

抗菌谱与链霉素相似，但作用稍强。对大多数革兰氏阴性杆菌有强大的抗菌作用，如大肠杆菌、变形杆菌、沙门氏菌和多杀性巴氏杆菌等，对金黄色葡萄球菌和结核杆菌也较敏感。铜绿假单胞菌、革兰氏阳性菌（金黄色葡萄球菌除外）、立克次体、厌氧菌和真菌等对本品耐药。敏感菌易产生耐药。与新霉素存在交叉耐药性，与链霉素存在单向交叉耐药性。大肠杆菌及其他革兰氏阴性菌常出现获得性耐药。内服用于治疗敏感菌所致的肠道感染。肌内注射用于敏感菌所致的各种严重感染，如败血症、泌尿生殖道感染、呼吸道感染等。

药物相互作用 参见链霉素。

硫酸卡那霉素注射液 本品为无色至微黄色或黄绿色的澄明液体。

【作用与用途】氨基糖苷类抗生素。用于治疗败血症及泌尿道、呼吸道感染。

【用法与用量】以硫酸卡那霉素计。肌内注射：一次量，每 1kg 体重，家畜 10~15mg。一日 2 次，连用 3~5d。

【不良反应】（1）卡那霉素与链霉素一样有耳毒性、肾毒性，而且其耳毒性比链霉素、庆大霉素更强。

（2）神经肌肉阻断作用常由剂量过大所致。

【注意事项】同注射用硫酸链霉素。

【休药期】28d。

注射用硫酸卡那霉素 本品为白色或类白色的粉末。

【作用和用途】氨基糖苷类抗生素。用于治疗败血症及泌尿道、呼吸道感染。

【用法与用量】以硫酸卡那霉素计。肌内注射：一次量，每 1kg 体重，牛 10～15mg。一日 2 次，连用 2～3d。

【不良反应】与【注意事项】同硫酸卡那霉素注射液。

【休药期】牛 28d。

（三）四环素类

·土 霉 素·

为广谱抗生素，对葡萄球菌、溶血性链球菌、炭疽杆菌和梭状芽孢杆菌等革兰氏阳性菌作用较强。对大肠杆菌、沙门氏菌和巴氏杆菌等革兰氏阴性菌较敏感。对立克次体、衣原体、支原体、螺旋体、放线菌和某些原虫也有抑制作用。

可用于治疗大肠杆菌、沙门氏菌、多杀性巴氏杆菌、支原体等引起的感染。对泰勒焦虫病、放线菌病和钩端螺旋体病等也有一定疗效。

药物相互作用　与泰乐菌素等大环内酯类合用呈协同作用；与黏菌素合用呈协同作用；能与二价、三价阳离子形成复合物，当与钙、镁、铝等抗酸药、含铁的药物或牛奶等食物同服时，会减少其吸收，造成血药浓度降低；与碳酸氢钠同服时，吸收率下降，肾小管重吸收减少，排泄加快；与利尿药合用可使血尿素氮升高。

土霉素片

【作用与用途】四环素类抗生素。用于敏感的革兰氏阳性菌、革兰氏阴性菌和支原体等感染。

【用法与用量】以土霉素计。内服：一次量，每 1kg 体重，犊牛 10～25mg。一日 2～3 次，连用 3～5d。

【不良反应】（1）局部刺激性，特别是空腹给药对消化道有一定刺激性。

（2）肠道菌群紊乱，轻者出现维生素缺乏症，重者造成二重感染，甚至出现致死性腹泻。

（3）影响牙齿和骨发育。

（4）对肝脏和肾脏有一定损害作用。偶尔可见致死性的肾中毒。

（5）抗代谢作用。可引起氮血症，而且可因类固醇类药物的存在而加剧，本类药物还可引起代谢性酸中毒及电解质失衡。

【注意事项】（1）肝、肾功能严重不良的患牛禁用本品。

（2）孕期、哺乳期母畜禁用。

（3）成年牛不宜内服，长期服用可诱发二重感染。

（4）避免与乳制品和含钙量较高的饲料同服。

【休药期】牛 28d。

土霉素注射液 本品为土霉素与 α-吡咯烷酮等制成的灭菌水溶液，或为土霉素二水合物与 N-甲基吡咯烷酮等制成的无菌水溶液。

【作用和用途】四环素类抗生素。用于治疗某些革兰氏阳性菌和阴性菌、立克次体和支原体等引起的感染性疾病。

【用法与用量】以土霉素计。肌内注射：一次量，每 1kg 体重，牛 10～20mg。

【不良反应】（1）局部刺激作用。

（2）其他同土霉素片。

【注意事项】肝、肾功能严重不良的患畜忌用本品。

【休药期】牛 28d。

长效土霉素注射液 本品为土霉素与 α-吡咯烷酮等制成的灭菌水溶液，或为土霉素二水合物与聚乙二醇 400 等配制成的灭菌溶液。

【作用和用途】四环素类抗生素。用于治疗敏感的革兰氏阳性菌和革兰氏阴性菌、立克次体、支原体等引起的感染性疾病，如巴氏杆菌病、大肠杆菌病、布鲁氏菌病、炭疽和沙门氏菌病等。

【用法与用量】以土霉素计。肌内注射：一次量，每 1kg 体重，牛 10～20mg。每个注射部位不超过 10mL。

【不良反应】在牙齿发育期间及怀孕后期使用四环素类药物可能会引起幼畜牙齿变色。

【注意事项】与【休药期】同土霉素注射液。

注射用盐酸土霉素 本品为黄色结晶性粉末。

【作用与用途】四环素类抗生素。用于治疗某些革兰氏阳性菌和革兰氏阴性菌、立克次体、支原体等引起的感染性疾病。

【用法与用量】以盐酸土霉素计。静脉注射：一次量，每 1kg 体重，牛 5～10mg。一日 2 次，连用 2～3d。

【不良反应】(1) 局部刺激作用。盐酸土霉素水溶液有较强的刺激性，肌内注射可引起注射部位疼痛、炎症和坏死，故不宜肌内注射。静脉注射可引起静脉炎和血栓。静脉注射宜用稀溶液，缓慢滴注，以减轻局部反应。

(2) 肝、肾损害。对肝、肾细胞有毒效应，可引起剂量依赖性肾脏机能改变。牛大剂量（33mg/kg）静脉注射可致脂肪肝及近端肾小管坏死。

(3) 其他参见土霉素注射液。

【注意事项】肝、肾功能严重不良的患牛忌用。

【休药期】牛 8d。

·四 环 素·

抗菌谱与土霉素相似，但对革兰氏阴性杆菌的作用较好，对革兰氏阳性球菌（如葡萄球菌）的效力不如金霉素。

可用于治疗某些革兰氏阳性菌和革兰氏阴性菌、支原体、立克次体、螺旋体、衣原体等感染。

药物相互作用 同土霉素。

四环素片

【作用与用途】四环素类抗生素。用于治疗革兰氏阳性菌和革兰氏阴性菌、立克次体、支原体等感染。

【用法与用量】以四环素计。内服：一次量，每 1kg 体重，牛 10~20mg。一日 2~3 次。

【不良反应】同土霉素片。

【注意事项】同土霉素片。

【休药期】牛 12d。

注射用盐酸四环素 本品为盐酸四环素加适量的维生素 C 或枸橼酸作为稳定剂的黄色混有白色的结晶性粉末。

【作用与用途】四环素类抗生素。主要用于革兰氏阳性菌、革兰氏阴性菌和支原体感染。

【用法与用量】以盐酸四环素计。静脉注射：一次量，每 1kg 体重，牛 5~10mg。一日 2 次，连用 2~3d。

【不良反应】（1）本品的水溶液有较强的刺激性，静脉注射可引起静脉炎和血栓。

（2）肠道菌群紊乱，长期应用可出现维生素缺乏症，重者造成二重感染。

（3）影响牙齿和骨发育。四环素进入机体后与钙结合，随钙沉积于牙齿和骨骼中。

（4）肝、肾损害。过量四环素可致严重的肝损害和剂量依赖性肾脏机能改变。

（5）心血管效应。牛静脉注射四环素速度过快，可出现急性心衰。

【注意事项】（1）肝、肾功能严重不良的患畜忌用本品。

（2）易透过胎盘和进入乳汁，因此怀孕期、哺乳期牛禁用。

【休药期】牛 8d。

·多西环素·

抗菌谱与其他四环素类相似，体外和体内抗菌活性均较土霉素和四环素强。细菌对本品与土霉素、四环素等存在一定的交叉耐药性。

主要用于治疗支原体病、大肠杆菌病、沙门氏菌病、巴氏杆菌病等。

药物相互作用 与链霉素合用，治疗布鲁氏菌病有协同作用。

盐酸多西环素片 为淡黄色片。

【作用与用途】四环素类抗生素。用于革兰氏阳性菌、革兰氏阴性菌和支原体等的感染。

【用法与用量】以盐酸多西环素计。内服：一次量，每1kg体重，犊3~5mg。一日1次，连用3~5d。

【不良反应】（1）内服后可引起呕吐。

（2）肠道菌群紊乱，长期应用可出现维生素缺乏症，重者造成二重感染。

（3）过量应用会导致胃肠功能紊乱，如厌食、呕吐或腹泻。

【注意事项】（1）本品易透过胎盘和进入乳汁，故怀孕期、哺乳期牛禁用。

（2）成年牛不宜内服。

（3）肝、肾功能严重不良的牛禁用。

（4）避免与乳制品和含钙量较高的饲料同服。

【休药期】牛28d。

盐酸多西环素子宫注入剂

【作用与用途】四环素类抗生素。用于预防牛产后感染，治疗由敏感菌引起的急性、慢性和顽固性子宫内膜炎、子宫蓄脓、子宫炎和宫颈炎等。

【用法与用量】子宫腔灌注。

（1）预防牛产后感染，排出胎衣后第1日向子宫内注药1次，1次2g。

（2）治疗急性子宫内膜炎、子宫蓄脓、子宫炎和宫颈炎，每3d给药1次，一次1支。连用1～4次。

（3）治疗慢性子宫内膜炎，每7～10d或一个发情期注药1次，一次1支。连用1～4次。

（4）治疗顽固性子宫内膜炎，先用露它净溶液（露它净4mL加水96mL）1 000～2 000mL冲洗后，再注入本品，一次1支。连用1～4次。

【注意事项】（1）给药前，先剪掉注射器头部部分，回抽注射器，用食指按住注射器头部，充分振摇均匀。

（2）用药前，应将牛的外阴部、器械、工具进行常规消毒，将药物全部注入子宫内后，再注入空气或温开水，以确保没有药物残留。

【休药期】牛28d。

（四）大环内酯类

·红 霉 素·

对革兰氏阳性菌的作用与青霉素相似，但其抗菌谱较青霉素广，敏感的革兰氏阳性菌有金黄色葡萄球菌（包括耐青霉素金黄色葡萄球菌）、肺炎球菌、链球菌、炭疽杆菌、李氏杆菌、腐败梭菌、气肿疽梭菌等。敏感的革兰氏阴性菌有流感嗜血杆菌、脑膜炎双球菌、布鲁氏菌、巴氏杆菌等。对弯曲杆菌、支原体、衣原体、立克次体及钩端螺旋体也有良好作用。在碱性溶液中的抗菌效能增强，当pH从5.5上升到8.5时，抗菌效能逐渐增加。当pH小于4时，作用很弱。

主要用于耐青霉素金黄色葡萄球菌及其他敏感菌所致的各种感染，如肺炎、败血症等。也可配制成眼膏或软膏用于眼部或皮肤感染。

药物相互作用　不宜与其他大环内酯类、林可胺类和酰胺醇类同时使用；与 β-内酰胺类合用表现为颉颃作用；红霉素有抑制细胞色素氧化酶系统的作用，与某些药物合用时可能抑制其代谢。

注射用乳糖酸红霉素　本品为乳糖酸红霉素的无菌结晶、粉末或无菌冻干品。

【作用与用途】大环内酯类抗生素。主要用于治疗耐青霉素葡萄球菌引起的感染性疾病，也用于治疗其他革兰氏阳性菌及支原体感染。

【用法与用量】以红霉素计。静脉注射：每 1kg 体重，牛 3～5mg，一日 2 次，连用 2～3d。

临用前，先用灭菌注射用水溶解（不可用氯化钠注射液），然后用 5% 葡萄糖注射液稀释，浓度不超过 0.1%。

【不良反应】静脉注射的浓度过高或速度过快时，易发生局部疼痛和血栓性静脉炎，故静脉注射速度应缓慢。

【注意事项】（1）本品局部刺激性较强，不宜作肌内注射，静脉注射的浓度过高或速度过快时，易发生局部疼痛和血栓性静脉炎，故静脉注射速度应缓慢。

（2）在 pH 过低的溶液中很快失效，可加入适量维生素 C 钠盐，使注射溶液的 pH 维持在 5.5 以上。

【休药期】牛 14d。

·替米考星·

抗菌作用与泰乐菌素相似，主要抗革兰氏阳性菌，对少数革兰氏阴性菌和支原体也有效。对巴氏杆菌及支原体的活性比泰乐菌素强。95% 的溶血性巴氏杆菌菌株对本品敏感。主要用于防治支原体病等。

药物相互作用　参见红霉素。

替米考星注射液 本品为替米考星与丙二醇等制成的灭菌溶液。

【**作用与用途**】大环内酯类抗生素。用于治疗胸膜肺炎放线杆菌、巴氏杆菌及支原体感染。

【**用法与用量**】以替米考星计。皮下注射：每 1kg 体重，牛 10mg。仅注射 1 次。

【**不良反应**】本品对牛的毒性作用主要是心血管系统，可引起心动过速和收缩力减弱；牛一次静脉注射 50mg/kg 即可致死；牛皮下注射 50mg/kg 可引起心肌毒性，注射 150mg/kg 可致死。

【**注意事项**】（1）肉牛犊禁用。

（2）本品禁止静脉注射。

（3）肌内或皮下注射可出现局部反应（水肿等），避免与眼接触。

（4）注射本品时应密切监测心血管状态。

【**休药期**】牛 35d。

·泰拉霉素·

抗菌作用与泰乐菌素相似，主要抗革兰氏阳性菌，对少数革兰氏阴性菌和支原体也有效。对胸膜肺炎放线杆菌、巴氏杆菌及牛支原体的活性比泰乐菌素强。95％的溶血性巴氏杆菌菌株对本品敏感。

主要用于防治牛肺炎（由胸膜肺炎放线杆菌、巴氏杆菌、支原体等感染引起）。

药物相互作用 不能与其他大环内酯类抗生素或林可霉素同时使用。

泰拉霉素注射液 本品为泰拉霉素与硫代甘油等配制而成的灭菌水溶液。

【**作用与用途**】大环内酯类抗生素。用于治疗和预防对泰拉霉素敏感的溶血性巴氏杆菌、多杀性巴氏杆菌、睡眠嗜血杆菌和支原体引起的牛呼吸道疾病。

【用法与用量】以泰拉霉素计。皮下注射：一次量，每 1kg 体重，牛 2.5mg。一个注射部位的给药剂量不超过 7.5mL。

【不良反应】正常使用剂量对牛的不良反应很少，研究中曾发现犊牛暂时性唾液分泌增多和呼吸困难，还有引起牛食欲下降的报道。

【注意事项】（1）对大环内酯类抗生素过敏的牛禁用。

（2）首次开启或抽取药液后应在 28d 内使用。当多次取药时，建议使用专用吸取针头或多剂量注射器，以避免在瓶塞上扎孔过多。

（3）泰拉霉素对眼睛有刺激性，如果眼睛意外接触到本品，请立即用清水冲洗。泰拉霉素接触到皮肤时，可引起过敏反应，如果皮肤意外接触到本品，请立即用肥皂和水冲洗。用后应洗手。

【休药期】牛 49d。

（五）酰胺醇类

·甲砜霉素·

具有广谱抗菌作用，对革兰氏阴性菌的作用较革兰氏阳性菌强，对多数肠杆菌科细菌，包括伤寒杆菌、副伤寒杆菌、大肠杆菌、沙门氏菌高度敏感，对其敏感的革兰氏阴性菌还有巴氏杆菌等。敏感的革兰氏阳性菌有炭疽杆菌、链球菌、棒状杆菌、肺炎球菌、葡萄球菌等。衣原体、钩端螺旋体、立克次体也对本品敏感。对厌氧菌如破伤风梭菌、放线菌等也有相当作用。结核杆菌、铜绿假单胞菌、真菌对其不敏感。主要用于大肠杆菌病、沙门氏菌病、呼吸道细菌性感染等。

药物相互作用 与大环内酯类、林可胺类、β-内酰胺类合用时可产生颉颃作用；对肝微粒体药物代谢酶有抑制作用，可影响其他药物的代谢，提高血药浓度，增强药效或毒性，如可显著延长戊巴比妥钠的麻醉时间。

·甲砜霉素片·

【作用与用途】酰胺醇类抗生素。主要用于治疗牛肠道、呼吸道等细菌性感染。

【用法与用量】以甲砜霉素计。内服：一次量，每 1kg 体重，牛 5～10mg。一日 2 次，连用 2～3d。

【不良反应】(1) 本品有血液系统毒性，虽然不会引起不可逆的骨髓再生障碍性贫血，但其引起的可逆性红细胞生成抑制却比氯霉素更常见。

(2) 本品有较强的免疫抑制作用，约比氯霉素强 6 倍。

(3) 长期内服可引起消化机能紊乱，出现维生素缺乏或二重感染症状。

(4) 有胚胎毒性。

(5) 对肝微粒体药物代谢酶有抑制作用，可影响其他药物的代谢，提高血药浓度，增强药效或毒性，如可显著延长戊巴比妥钠的麻醉时间。

【注意事项】(1) 疫苗接种期或免疫功能严重缺损的牛禁用。

(2) 妊娠期及哺乳期慎用。

(3) 肾功能不全患牛要减量或延长给药间隔时间。

【休药期】牛 28d。

甲砜霉素粉 本品为甲砜霉素与淀粉配制而成。

【作用与用途】【用法与用量】【不良反应】【注意事项】与【休药期】同甲砜霉素片。

·氟苯尼考·

抗菌谱与抗菌活性略优于甲砜霉素，对多种革兰氏阳性菌、革兰氏阴性菌及支原体等有较强的抗菌活性。溶血性巴氏杆菌、多杀巴氏杆菌对本品高度敏感，对链球菌、耐甲砜霉素的痢疾志贺氏菌、伤寒沙门氏菌、克雷伯氏菌、大肠杆菌及耐氨苄西林流感嗜血杆菌均敏感。

主要用于牛细菌性疾病，如巴氏杆菌、嗜血杆菌引起的牛呼吸道疾病、牛感染性角膜结膜炎等。

药物相互作用 参见甲砜霉素。

氟苯尼考子宫注入剂

【作用与用途】酰胺醇类抗生素。用于敏感菌所致的牛子宫内膜炎。

【用法与用量】以氟苯尼考计。子宫内灌注：一次量，牛 2g。每 3 日 1 次，连用 2~4 次。

【不良反应】过量使用可能引起牛短暂的厌食、饮水减少和腹泻，停药后几日即可恢复。

【注意事项】妊娠母牛禁用。

【休药期】牛 28d。

（六）多肽类

·杆 菌 肽·

对大多数革兰氏阳性菌，如金黄色葡萄球菌、链球菌、肠球菌、梭状芽孢杆菌和棒状杆菌等，具有良好的抗菌活性，对放线菌和螺旋体亦有效。敏感菌对其很少产生耐药现象。

临床主要用于促进动物生长和治疗家畜的细菌性腹泻等。

药物相互作用 与青霉素、链霉素、新霉素、黏菌素等合用有协同作用；本品和黏菌素组成的复方制剂与土霉素、金霉素、吉他霉素、恩拉霉素、维吉尼霉素和喹乙醇等有颉颃作用。

杆菌肽锌预混剂 本品为杆菌肽锌与适宜的基质配制而成，有特臭气味。

【作用与用途】多肽类抗生素。用于促进牛的生长。

【用法与用量】以杆菌肽计。混饲：每 1 000kg 饲料，3 月龄以下犊 10～100g，3～6 月龄犊 4～40g。

【休药期】0d。

(七) 其他

·黄 霉 素·

为多糖类窄谱抗生素，对革兰氏阳性菌有强大的抗菌作用，对部分革兰氏阴性菌亦有效。

黄霉素预混剂 本品为黄霉素与碳酸钙配制而成。

【作用与用途】抗生素类药。用于牛的促生长。

【用法与用量】以黄霉素计。混饲：每 1 000kg 饲料，一日量，每头牛 30～50mg。

【休药期】牛 0d。

黄霉素预混剂（发酵）

【作用与用途】【用法与用量】及【休药期】同黄霉素预混剂。

二、化学合成抗菌药

(一) 磺胺类

·磺 胺 嘧 啶·

对大多数革兰氏阳性菌和部分革兰氏阴性菌有效，对球虫、弓形体等原虫也有效，属广谱抑菌剂。适用于牛敏感菌所致的全身感染，临床上常与甲氧苄啶联合，用于敏感菌引起的呼吸道、泌尿道感染等。

药物相互作用 与二氨基嘧啶类（抗菌增效剂）合用，可产生协同作用；某些含对氨基苯甲酰基的药物如普鲁卡因、丁卡因等在体内可生成 PABA，酵母片可降低本药作用，不宜合用；与噻嗪类或速尿等利尿剂同用，可加重肾毒性。

磺胺嘧啶片

【作用与用途】磺胺类抗菌药。用于敏感菌感染，也可用于弓形虫感染。

【用法与用量】以磺胺嘧啶计。内服：一次量，每 1kg 体重，牛首次量 140～200mg，维持量 70～100mg。一日 2 次，连用 3～5d。

【不良反应】磺胺或其代谢物可在尿液中产生沉淀，在高剂量和长期给药时更易产生结晶，引起结晶尿、血尿或肾小管堵塞。

【注意事项】（1）易在泌尿道中析出结晶，应给患畜大量饮水。大剂量、长期应用时宜同时给予等量的碳酸氢钠，但忌与碳酸氢钠配伍，否则产生沉淀。

（2）肾功能受损时，排泄缓慢，应慎用。

（3）可引起肠道菌群失调，长期用药可引起维生素 B 和维生素 K 的合成和吸收减少，宜补充相应的维生素。

（4）牛出现过敏反应时，立即停药并给予对症治疗。

【休药期】牛 28d。

磺胺嘧啶钠注射液　本品为磺胺嘧啶钠的灭菌水溶液。

【作用与用途】磺胺类抗菌药。用于牛敏感菌引起的感染，也可用于弓形虫感染。

【用法与用量】以磺胺嘧啶钠计。静脉注射：一次量，每 1kg 体重，牛 50～100mg。一日 1～2 次，连用 2～3d。

【不良反应】急性中毒：多发生于静脉注射时，速度过快或剂量过大。主要表现为神经兴奋、共济失调、肌无力、呕吐、昏迷、厌食、腹泻、视觉障碍、散瞳等。其他不良反应同磺胺嘧啶片。

【注意事项】本品遇酸类可析出结晶，故不宜用 5％葡萄糖液稀释。其他同磺胺嘧啶片。

【休药期】牛 10d。

复方磺胺嘧啶钠注射液 本品为磺胺嘧啶钠和甲氧苄啶的灭菌水溶液。

【作用与用途】磺胺类抗菌药。用于牛敏感菌及弓形虫感染。

【用法与用量】以磺胺嘧啶计。肌内注射：一次量，每 1kg 体重，牛 20～30mg。一日 1～2 次，连用 2～3d。

【不良反应】急性反应如过敏反应，慢性反应表现为粒细胞减少、血小板减少、肝脏损害、肾脏损害及中枢神经毒性反应。易在尿中沉积，长期或大剂量应用易引起结晶尿。

【注意事项】同磺胺嘧啶钠注射液。

【休药期】牛 12d。

· 磺胺噻唑（钠）·

抗菌谱与磺胺嘧啶相同，但抗菌作用稍强于磺胺嘧啶。主要用于敏感菌所致的肺炎、出血性败血症、子宫内膜炎等。

药物相互作用 参见磺胺嘧啶。

磺胺噻唑片

【作用与用途】磺胺类抗菌药。用于牛敏感菌感染。

【用法与用量】以磺胺噻唑计。内服：一次量，每 1kg 体重，牛，首次量 140～200mg，维持量 70～100mg。一日 2～3 次，连用 3～5d。

【不良反应】（1）剂量偏大、用药时间过长可引起造血机能破坏，出现溶血性贫血、凝血时间延长和毛细血管渗血。

（2）犊牛免疫系统抑制、免疫器官出血及萎缩。

（3）其他同磺胺嘧啶片。

【注意事项】磺胺噻唑的代谢产物乙酰磺胺噻唑的水溶性比原药

低，排泄时易在肾小管析出结晶（尤其在酸性尿中），因此应与适量碳酸氢钠同服。

【休药期】牛 28d。

磺胺噻唑钠注射液 本品为磺胺噻唑钠的灭菌水溶液。

【作用与用途】磺胺类抗菌药。用于敏感菌感染。

【用法与用量】以磺胺噻唑钠计。静脉注射：一次量，每 1kg 体重，牛 50～100mg。一日 2 次，连用 2～3d。

【不良反应】（1）急性中毒：多发生于静脉注射其钠盐时，速度过快或剂量过大。主要表现为神经兴奋、共济失调、肌无力、呕吐、昏迷、厌食和腹泻等。还可见到视觉障碍、散瞳。

（2）泌尿系统损伤，出现结晶尿、血尿和蛋白尿等。

（3）抑制胃肠道菌群，导致消化系统障碍和多发性肠炎等。

（4）造血机能破坏，出现溶血性贫血、凝血时间延长和毛细血管渗血。

（5）犊免疫系统抑制、免疫器官出血及萎缩。

【注意事项】（1）本品遇酸类可析出结晶，故不宜用 5％葡萄糖液稀释。

（2）长期或大剂量应用易引起结晶尿，应同时应用碳酸氢钠，并给患畜大量饮水。

（3）若出现过敏反应或其他严重不良反应时，立即停药，并给予对症治疗。

【休药期】牛 28d。

·磺胺二甲嘧啶·

抗菌作用较磺胺嘧啶稍弱，但对球虫和弓形虫有良好的抑制作用。主要用于治疗敏感菌引起的巴氏杆菌病、呼吸道及消化道等感染。

药物相互作用 参见磺胺嘧啶。

磺胺二甲嘧啶片

【作用与用途】磺胺类抗菌药。用于敏感菌感染，也可用于球虫感染。

【用法与用量】以磺胺二甲嘧啶计。内服：一次量，每 1kg 体重，牛首次量 140~200mg，维持量 70~100mg。一日 1~2 次，连用 3~5d。

【不良反应】与【注意事项】同磺胺嘧啶片。

【休药期】牛 10d。

磺胺二甲嘧啶钠注射液 本品为磺胺二甲嘧啶钠的灭菌水溶液。

【作用与用途】同磺胺二甲嘧啶片。

【用法与用量】以磺胺二甲嘧啶钠计。静脉注射：一次量，每 1kg 体重，牛 50~100mg。一日 1~2 次，连用 2~3d。

【不良反应】磺胺注射液为强碱性溶液，对组织有强刺激性。其他同磺胺二甲嘧啶片。

【注意事项】本品遇酸类可析出结晶，故不宜用 5% 葡萄糖液稀释。其他同磺胺二甲嘧啶片。

【休药期】牛 28d。

·磺胺甲噁唑·

抗菌作用和应用与磺胺嘧啶相似，但抗菌活性较磺胺嘧啶强。临床常与甲氧苄啶联合用于敏感菌引起的呼吸道和泌尿道感染。

药物相互作用 参见磺胺嘧啶。

磺胺甲噁唑片

【作用与用途】磺胺类抗菌药。用于敏感菌引起的牛呼吸道、泌尿道等感染。

【用法与用量】以磺胺甲噁唑计。内服：一次量，每 1kg 体重，牛首次量 50～100mg，维持量 25～50mg。一日 2 次，连用 3～5d。

【不良反应】【注意事项】与【休药期】同磺胺二甲嘧啶钠注射液。

复方磺胺甲噁唑片 本品是磺胺甲噁唑和甲氧苄啶制成的片剂。

【作用与用途】磺胺类抗菌药。用于敏感菌引起的牛呼吸道、泌尿道等感染。

【用法与用量】以磺胺甲噁唑计。内服：一次量，每 1kg 体重，牛 20～25mg。一日 2 次，连用 3～5d。

【不良反应】主要表现为急性反应如过敏反应，慢性反应表现为粒细胞减少、血小板减少、肝脏损害、肾脏损害及中枢神经毒性反应。

【注意事项】与【休药期】同磺胺甲噁唑片。

复方磺胺甲噁唑注射液 本品是磺胺甲噁唑和甲氧苄啶制成的灭菌水溶液。

【作用与用途】磺胺类抗菌药。用于敏感菌引起的牛呼吸道、消化道和泌尿道等感染。

【用法与用量】以磺胺甲噁唑计。肌内注射：一次量，每 1kg 体重，牛 20～25mg。一日 2 次。

【不良反应】长期或大量使用可损害肾脏和神经系统，影响增重，并可能发生磺胺药中毒。

【注意事项】连续用药不宜超过 1 周。

【休药期】牛 28d。

复方磺胺甲噁唑粉 本品是磺胺甲噁唑和甲氧苄啶制成的白色粉末。

【作用与用途】磺胺类抗菌药。用于敏感菌引起的牛呼吸道和泌尿道感染。

【用法与用量】以磺胺甲噁唑计。内服：一次量，每 1kg 体重，牛 20～25mg。一日 2 次，连用 3～5d。

【不良反应】同复方磺胺甲噁唑注射液。

【注意事项】建议与等量碳酸氢钠同服，以减轻对牛肾脏的毒性。

【休药期】牛 28d。

· 磺胺间甲氧嘧啶 ·

磺胺间甲氧嘧啶是体内外抗菌活性最强的磺胺药，对大多数革兰氏阳性菌和阴性菌都有较强抑制作用，细菌对此药产生耐药性较慢。主要用于敏感菌所引起的各种疾病。

药物相互作用 参见磺胺嘧啶。

磺胺间甲氧嘧啶片

【作用与用途】磺胺类抗菌药。用于敏感菌感染。

【用法与用量】以磺胺间甲氧嘧啶计。内服：一次量，每 1kg 体重，牛，首次量 50～100mg，维持量 25～50mg。一日 2 次，连用 3～5d。

【不良反应】长期使用可损害肾脏和神经系统，影响增重，并可能发生中毒，故连续给药不宜超过 10d。其他不良反应参见磺胺嘧啶。

【注意事项】（1）连续用药不宜超过 1 周。

（2）长期使用应同时服用碳酸氢钠以碱化尿液。

（3）忌与酸性药物如维生素 C、氯化钙和青霉素等配伍。

（4）磺胺药可引起肠道菌群失调，B 族维生素和维生素 K 的合成和吸收减少，此时宜补充相应的维生素。

（5）长期使用，可影响叶酸的代谢和利用，应注意添加叶酸制剂。

【休药期】牛 28d。

磺胺间甲氧嘧啶粉

【作用与用途】磺胺类抗菌药。用于敏感菌引起的呼吸道、胃肠道、泌尿道感染及球虫病。

【用法与用量】以磺胺间甲氧嘧啶计。内服：一次量，每1kg体重，牛，首次量50～100mg，维持量20～25mg。一日2次，连用3～5d。

【不良反应】【注意事项】与【休药期】同磺胺间甲氧嘧啶片。

磺胺间甲氧嘧啶钠注射液　本品为磺胺间甲氧嘧啶钠的灭菌水溶液。

【作用与用途】同磺胺间甲氧嘧啶片。

【用法与用量】以磺胺间甲氧嘧啶钠计。静脉注射：一次量，每1kg体重，牛50mg。一日1～2次，连用2～3d。

【不良反应】【注意事项】与【休药期】同磺胺间甲氧嘧啶片。

复方磺胺间甲氧嘧啶预混剂　本品为磺胺间甲氧嘧啶和甲氧苄啶的白色粉末。

【作用与用途】磺胺类抗菌药。用于敏感菌引起的呼吸道、胃肠道、泌尿道感染及球虫病等。

【用法与用量】以磺胺间甲氧嘧啶计。混饲：每1 000kg饲料，牛200～250g。

【不良反应】同复方磺胺甲噁唑注射液。

【注意事项】（1）长期使用应同服碳酸氢钠以碱化尿液。

（2）其他同复方磺胺甲噁唑注射液。

【休药期】牛28d。

复方磺胺间甲氧嘧啶钠粉　本品为磺胺间甲氧嘧啶钠和甲氧苄啶的白色粉末。

【作用与用途】磺胺类抗菌药。用于敏感菌引起的呼吸道、胃肠道、泌尿道感染及球虫病等。

【用法与用量】以磺胺间甲氧嘧啶钠计。内服：一次量，每1kg体重，牛20～25mg。

【不良反应】同复方磺胺甲噁唑注射液。

【注意事项】同复方磺胺间甲氧嘧啶预混剂。

【休药期】牛 28d。

· 磺胺对甲氧嘧啶（钠）·

对革兰氏阳性菌和阴性菌如化脓性链球菌、沙门氏菌和肺炎杆菌等均有良好的抗菌作用，抗菌作用比磺胺间甲氧嘧啶弱。临床用于尿道感染疗效显著，对生殖、呼吸系统及皮肤感染也有效；与二甲氧苄啶合用可防治牛肠道感染和球虫病。

药物相互作用 参见磺胺嘧啶。

磺胺对甲氧嘧啶片

【作用与用途】磺胺类抗菌药。主要用于敏感菌感染，也可用于球虫感染。

【用法与用量】以磺胺对甲氧嘧啶计。内服：一次量，每 1kg 体重，牛 20～50mg。一日 2 次，连用 3～5d。

【不良反应】【注意事项】与【休药期】同磺胺嘧啶片。

复方磺胺对甲氧嘧啶片 本品是磺胺对甲氧嘧啶与甲氧苄啶的复方片剂。

【作用与用途】磺胺类抗菌药。主要用于敏感菌引起的泌尿道、呼吸道及皮肤软组织等感染。

【用法与用量】以磺胺对甲氧嘧啶计。内服：一次量，每 1kg 体重，牛，首次量 50～100mg，维持量 25～50mg。一日 1～2 次，连用 3～5d。

【不良反应】【注意事项】与【休药期】同复方磺胺甲噁唑片。

复方磺胺对甲氧嘧啶粉 本品是磺胺对甲氧嘧啶与甲氧苄啶的白色粉末。

【作用与用途】磺胺类抗菌药。用于敏感菌引起的泌尿道、呼吸道及皮肤软组织等感染。也可用于胃肠道感染和球虫病。

【用法与用量】以磺胺对甲氧嘧啶计。内服：一次量，每 1kg 体重，牛 25～50mg。一日 2 次，连用 3～5d。

【不良反应】与【注意事项】同复方磺胺甲噁唑注射液。

【休药期】牛 28d。

复方磺胺对甲氧嘧啶钠注射液 本品为磺胺对甲氧嘧啶加适量氢氧化钠和甲氧苄啶制成的灭菌水溶液。

【作用与用途】磺胺类抗菌药。主要用于敏感菌引起的泌尿道、呼吸道及皮肤软组织等感染。

【用法与用量】以磺胺对甲氧嘧啶钠计。肌内注射：一次量，每 1kg 体重，牛 15～20mg。一日 1～2 次，连用 2～3d。

【不良反应】【注意事项】同磺胺嘧啶钠注射液。

【休药期】牛 28d。

·磺 胺 脒·

抗菌作用与其他磺胺类药物相似，特点是很少吸收，适用于肠炎、腹泻等肠道细菌性感染。

药物相互作用 参见磺胺嘧啶。

磺胺脒片

【作用与用途】磺胺类抗菌药。用于肠道细菌性感染。

【用法与用量】以磺胺脒计。内服：一次量，每 1kg 体重，家畜 100～200mg。一日 2 次，连用 3～5d。

【不良反应】长期服用可影响胃肠道菌群，引起消化道功能紊乱。

【注意事项】（1）1～2 日龄犊牛的肠内吸收率高于幼畜。

（2）不宜长期服用，注意观察胃肠道功能。

【休药期】28d。

· 酞磺胺噻唑 ·

内服后不易吸收,并在肠内逐渐释放出磺胺噻唑而呈现抑菌作用。作用比磺胺脒强。但成年牛少用,主要用于幼畜肠道细菌性感染。

药物相互作用 参见磺胺嘧啶。

酞磺胺噻唑片

【作用与用途】 磺胺类抗菌药。主要用于牛的肠道细菌性感染。

【用法与用量】 以酞磺胺噻唑计。内服:一次量,每 1kg 体重,犊 100~150mg。一日 2 次,连用 3~5d。

【不良反应】 长期服用可能影响胃肠道菌群,引起消化道功能紊乱。

【注意事项】 (1) 1~2 日龄犊牛的肠内吸收率高于幼畜。

(2) 不宜长期服用,注意观察胃肠道功能。

【休药期】 牛 28d。

(二) 喹诺酮类

· 恩 诺 沙 星 ·

动物专用的杀菌性广谱抗菌药物。对大肠杆菌、沙门氏菌、克雷伯氏菌、巴氏杆菌、变形杆菌、黏质沙雷氏菌、化脓性棒状杆菌、金黄色葡萄球菌、支原体和衣原体等均有良好作用,对铜绿假单胞菌和链球菌的作用较弱,对厌氧菌作用微弱。对敏感菌有明显的抗菌后效应 (PAE)。有明显的浓度依赖性,血药浓度大于 8 倍最小抑菌浓度 (MIC) 时可发挥最佳治疗效果。

适用于牛敏感细菌及支原体所致的消化系统、呼吸系统、泌尿系统及皮肤软组织的各种感染。主要用于支原体病、巴氏杆菌病、大肠杆菌病、沙门氏菌病和链球菌病等。

药物相互作用 与氨基糖苷类或广谱青霉素类合用,有协同作用；Ca^{2+}、Mg^{2+}、Fe^{3+} 和 Ab^{3+} 等重金属离子可与本品发生螯合，影响吸收；与茶碱、咖啡因合用时，血中茶碱、咖啡因的浓度异常升高，甚至出现茶碱中毒症状；有抑制肝药酶作用，可使主要在肝脏中代谢的药物的清除率降低，血药浓度升高。

恩诺沙星注射液　本品为恩诺沙星的灭菌水溶液。

【作用与用途】氟喹诺酮类抗菌药。用于牛细菌性疾病和支原体感染。

【用法与用量】以恩诺沙星计。肌内注射：一次量，每 1kg 体重，牛 2.5mg。一日 1～2 次，连用 2～3d。

【不良反应】（1）使幼龄动物软骨发生变性，影响骨骼发育并引起跛行及疼痛。

（2）消化系统的反应有呕吐、食欲不振、腹泻等。

（3）皮肤反应有红斑、瘙痒、荨麻疹及光敏反应等。

【注意事项】（1）肌内注射有一过性刺激性。

（2）对中枢系统有潜在的兴奋作用，可能诱导癫痫发作。

（3）肾功能不良患牛慎用，可偶发结晶尿。

（4）本品耐药菌株呈增多趋势，不应在亚治疗剂量下长期使用。

【休药期】牛 14d。

·氟甲喹·

主要对革兰氏阴性菌有效，敏感菌包括大肠杆菌、沙门氏菌、巴氏杆菌、变形杆菌、克雷伯氏菌、铜绿假单胞菌等。对支原体也有一定效果。

药物相互作用　参见恩诺沙星。

氟甲喹可溶性粉　本品为氟甲喹与适宜的辅料配制而成。

【作用与用途】喹诺酮类抗菌药。用于牛革兰氏阴性菌所引起的消化道及呼吸道感染。

【用法与用量】以氟甲喹计。内服：一次量，每 1kg 体重，牛 1.5～3mg。首次量加倍，一日 2 次，连用 3～5d。

【不良反应】与【注意事项】同恩诺沙星注射液。

【休药期】无需制定。

（三）其他

·乙 酰 甲 喹·

具有广谱抗菌作用，对多数细菌具有较强的抑制作用，对革兰氏阴性菌的抑制作用强于革兰氏阳性菌。对犊牛腹泻病等有效。

乙酰甲喹片

【作用与用途】喹噁啉类抗菌药。用于牛细菌性肠炎。

【用法与用量】以乙酰甲喹计。内服：一次量，每 1kg 体重，牛 5～10mg。

【注意事项】剂量高于临床治疗量 3～5 倍时，或长时间应用会引起毒性反应，甚至死亡。

【休药期】牛 35d。

·小 檗 碱·

具有广谱抗菌作用，体外对多种革兰氏阳性菌及革兰氏阴性菌均具有抑菌作用，但其抗菌作用弱于化学药物，其中对溶血性链球菌、金黄色葡萄球菌、霍乱弧菌、脑膜炎球菌、志贺菌属、伤寒杆菌和白喉杆菌等作用较强。对流感病毒、阿米巴原虫、钩端螺旋体及某些皮肤真菌也有一定抑制作用。体外试验证实本品能增强白细胞及肝网状内皮系统的吞噬能力。志贺菌属、溶血性链球菌、金黄色葡萄球菌等极易对本品产生耐药性。临床用于敏感菌所致的胃肠炎、细菌性痢疾等肠道感染。

盐酸小檗碱片

【作用与用途】抗菌药。用于治疗牛细菌性肠道感染。

【用法与用量】以盐酸小檗碱计。内服：一次量，牛 2～5g。

【不良反应】内服偶有呕吐，停药后即消失。

【休药期】无需制定。

硫酸小檗碱注射液　本品为硫酸小檗碱的灭菌水溶液。广谱抗菌药。

【作用与用途】抗菌药。用于肠道细菌性感染。

【用法与用量】按硫酸小檗碱计。肌内注射：一次量，牛 150～400mg。

【注意事项】本制剂不能静脉注射。遇冷析出结晶，用前浸入热水中，用力振摇，溶解成澄明液体并晾至体温时使用。

【休药期】无需制定。

·乌洛托品·

在酸性溶液中可分解释放出甲醛和氨，呈杀菌作用。

药物相互作用　尿道碱化剂（如碳酸氢钠、噻嗪类利尿药、含有钙和镁的抗酸药）可降低乌洛托品的作用，酸化剂可加速甲醛释放，增强杀菌效果。

乌洛托品注射液　本品为乌洛托品的无色澄明液体。

【作用与用途】消毒防腐剂。主要用于尿路感染。

【用法与用量】以本品计。静脉注射：一次量，牛 37.5～75mL。

【不良反应】对胃肠道有刺激作用，长期应用可出现排尿困难。

【注意事项】宜加服氯化铵，使尿液呈酸性，可增强乌洛托品的作用。

【休药期】无需规定。

第二节 抗寄生虫药物

一、抗蠕虫药

(一) 抗线虫药

1. 苯并咪唑类

·阿 苯 达 唑·

阿苯达唑为苯并咪唑类，具有广谱驱虫作用。线虫对其敏感，对绦虫、吸虫也有较强作用（但需较大剂量）。本品不但对成虫作用强，对未成熟虫体和幼虫也有较强作用，还有杀虫卵作用。

【药理作用】药效学 阿苯达唑为苯并咪唑类，具有广谱驱虫作用。线虫对其敏感，对绦虫、吸虫也有较强作用（但需较大剂量），对血吸虫无效。作用机理主要是与线虫的微管蛋白结合发挥作用。阿苯达唑与 β-微管蛋白结合后，阻止其与 α-微管蛋白进行多聚化组装成微管。微管是许多细胞器的基本结构单位，为有丝分裂、蛋白装配及能量代谢等细胞繁殖过程所必需。阿苯达唑对线虫微管蛋白的亲和力显著高于哺乳动物的微管蛋白，因此对哺乳动物的毒性很小。本品不但对成虫作用强，对未成熟虫体和幼虫也有较强作用，还有杀虫卵作用。

药动学 阿苯达唑是内服吸收较好的苯并咪唑类药物。牛可从胃肠道吸收 50% 的给药剂量。9d 内可从尿中回收 47% 内服剂量的药物代谢物。亚砜代谢物在牛的消除半衰期为 20.5h。

药物相互作用 阿苯达唑与吡喹酮合用可提高前者的血药浓度。

阿苯达唑片 本品为类白色片。

【作用与用途】抗蠕虫药。用于畜禽线虫病、绦虫病和吸虫病。

【用法与用量】以阿苯达唑计。内服：一次量，每 1kg 体重，牛 10～15mg。

【不良反应】动物妊娠早期使用阿苯达唑，可能伴有致畸和胚胎毒性的作用。

【注意事项】妊娠期前 45d 内忌用。

【休药期】牛 14d。

阿苯达唑粉　本品为白色或类白色粉末。

【用法与用量】以本品计。内服：一次量，每 1kg 体重，牛 0.4～0.6g。

【作用与用途】【不良反应】【注意事项】与【休药期】与阿苯达唑片相同。

阿苯达唑颗粒　本品为类白色颗粒。

【用法与用量】以本品计。内服：一次量，每 1kg 体重，牛 0.1～0.15g。

【作用与用途】【不良反应】【注意事项】与【休药期】与阿苯达唑片相同。

阿苯达唑混悬液　本品为细微颗粒的混悬溶液，静置后细微颗粒沉淀，振荡后呈均匀的白色或类白色混悬液。

【用法与用量】以本品计。内服：一次量，每 1kg 体重，牛 0.1～0.15mL。

【作用与用途】【不良反应】【注意事项】与【休药期】与阿苯达唑片相同。

阿苯达唑伊维菌素片　本品为白色或类白色片。

【作用与用途】抗寄生虫药。用于驱除或杀灭牛线虫、吸虫、绦虫、螨等体内外寄生虫。

【用法与用量】以伊维菌素计。内服：一次量，每 1kg 体重，牛 0.3mg。

【不良反应】本品主要成分阿苯达唑具有致畸胎作用。

【注意事项】（1）牛在妊娠期前 45d 慎用。

（2）牛在妊娠前期 45d 内忌用。

（3）伊维菌素对鱼、虾有剧毒，残存物、包装品及动物排泄物切勿污染水源。

【休药期】牛 35d。

阿苯达唑阿维菌素片 本品为白色或类白色片。

【作用与用途】抗寄生虫药。用于治疗牛的线虫病、吸虫病、绦虫病及螨病。

【用法与用量】以阿维菌素计。内服：一次量，每 1kg 体重，牛 0.3mg。

【不良反应】本品主要成分阿苯达唑具有致畸胎作用。

【注意事项】（1）阿维菌素的毒性较伊维菌素稍强，敏感动物慎用。

（2）阿维菌素对光敏感，易被迅速氧化灭活，应避光保存。

（3）对鱼、虾有剧毒，残存物、包装品及动物排泄物切勿污染水源。

【休药期】牛 35d。

阿苯达唑硝氯酚片 本品为黄色片。

【作用与用途】抗蠕虫药。用于治疗家畜线虫病、吸虫病和绦虫病。

【用法与用量】以阿苯达唑计。内服：一次量，每 1kg 体重，牛 10～15mg。

【不良反应】（1）过量可引起中毒，表现为发热、呼吸困难和出汗等症状。

（2）动物妊娠早期使用，可能伴有致畸和胚胎毒性作用。

【注意事项】（1）中毒时可根据症状选用安钠咖、毒毛花苷 K、维生素 C 等对症治疗，但禁用钙剂静脉注射。

（2）家畜妊娠前期 45d 内禁用。

【休药期】28d。

·芬苯达唑·

芬苯达唑片 本品为白色或类白色片。

【药理作用】药效学 芬苯达唑为苯并咪唑类抗蠕虫药，其作用机理为与线虫的微管蛋白质结合发挥驱虫作用，抗虫谱不如阿苯达唑广，但作用略强。对牛的血矛线虫、奥斯特线虫、毛圆线虫、仰口线虫、细颈线虫、古柏线虫、食道口线虫、胎生网尾线虫成虫及幼虫均有高效。此外还能抑制多数胃肠线虫的产卵。

药动学 芬苯达唑内服给药后，反刍动物吸收缓慢，单胃动物稍快。吸收后的芬苯达唑代谢成为亚砜（具有活性的奥芬达唑）和砜。在牛，44%～50%的芬苯达唑以原形从粪便中排泄，不到1%从尿中排泄。

【作用与用途】 抗蠕虫药。用于畜禽线虫病和绦虫病。

【用法与用量】 以芬苯达唑计。内服：一次量，每1kg体重，牛5～7.5mg。

【不良反应】 按规定的用法与用量使用，一般不会产生不良反应。用于怀孕动物是安全的。由于死亡的寄生虫释放抗原，可继发产生过敏性反应，特别是在高剂量时。

【注意事项】 可能伴有致畸胎和胚胎毒性的作用，妊娠前期忌用。

【休药期】 牛21d。

芬苯达唑粉

【用法与用量】 以本品计。内服：一次量，每1kg体重，牛0.1～0.15g。

【作用与用途】【不良反应】 与**【注意事项】**同芬苯达唑片。

【休药期】 牛14d。

芬苯达唑伊维菌素片 本品为白色或类白色片。

【作用与用途】 抗寄生虫药。用于治疗牛的线虫病、绦虫病及螨病。

【用法与用量】以芬苯达唑计。内服：一次量，每 1kg 体重，牛 5～7.5mg。

【不良反应】按规定的用法与用量使用，一般不会产生不良反应。

【注意事项】(1) 伊维菌素对鱼、虾及水生生物有剧毒，残存药物的包装及容器切勿污染水源。

(2) 妊娠期前 45d 慎用。

【休药期】牛 35d。

·奥 芬 达 唑·

奥芬达唑片　本品为白色或类白色片。

【药理作用】本品为芬苯达唑体内代谢物芬苯达唑亚砜，其作用机理是与线虫的微管蛋白质结合发挥驱虫作用，抗虫谱不如阿苯达唑广，作用略强。与其他大多数苯并咪唑类药物不同，奥芬达唑较易从胃肠道吸收，吸收后的奥芬达唑被代谢成芬苯达唑砜，仍具有抗虫活性。

【作用与用途】抗蠕虫药。用于治疗家畜线虫病和绦虫病。

【用法与用量】以奥芬达唑计。内服：一次量，每 1kg 体重，牛 5mg。

【不良反应】可产生胚胎毒性和致畸作用。由于死亡的寄生虫释放抗原，可继发产生过敏性反应，特别是在高剂量时。

【注意事项】牛泌乳期禁用，不用于妊娠前期 45d。

【休药期】牛 7d。

奥芬达唑颗粒　本品为类白色颗粒。

【作用与用途】抗蠕虫药。用于治疗家畜线虫病和绦虫病。

【用法与用量】以奥芬达唑计。内服：一次量，每 1kg 体重，牛 50mg。

【不良反应】有胚胎毒性和致畸作用。

【注意事项】（1）妊娠早期动物慎用。

（2）敏感虫体对本品能产生耐药，甚至与其他苯并咪唑类产生交叉耐药现象。

【休药期】牛 7d。

·奥苯达唑·

奥苯达唑片 本品为白色片。

【作用与用途】抗蠕虫药。用于畜禽胃肠道线虫病。

【用法与用量】以奥苯达唑计。内服：一次量，每 1kg 体重，牛 10～15mg。

【注意事项】不用于妊娠前期 45d。

【休药期】28d。

2. 咪唑并噻唑类

·盐酸左旋咪唑·

盐酸左旋咪唑属咪唑并噻唑类抗线虫药，对牛的大多数线虫具有活性。本品除了具有驱虫活性外，还能明显提高免疫反应。它可恢复外周 T 淋巴细胞的细胞介导免疫功能，兴奋单核细胞的吞噬作用，对免疫功能受损的动物作用更明显。

药物相互作用 具有烟碱作用的药物如噻嘧啶、甲噻嘧啶、乙胺嗪，胆碱酯酶抑制药如有机磷、新斯的明可增加左旋咪唑的毒性，不宜联用；左旋咪唑可增强布鲁氏菌疫苗等的免疫反应和效果。

盐酸左旋咪唑片 本品为白色片。

【作用与用途】抗蠕虫药。用于畜禽胃肠道线虫病和肺线虫病。也可用于免疫功能低下动物的辅助治疗和提高疫苗的免疫效果。

【用法与用量】以左旋咪唑计。内服：一次量，每 1kg 体重，牛 7.5mg。

【不良反应】牛用本品可出现副交感神经兴奋症状，口鼻出现泡沫或流涎，兴奋或颤抖，舔唇和摇头等不良反应。症状一般在 2h 内减退。注射部位发生肿胀，通常在 7～14d 内减轻。

【注意事项】（1）极度衰弱或严重肝肾损伤患畜应慎用。疫苗接种、去角或去势等引起应激反应的牛应慎用或推迟使用。

（2）本品中毒时可用阿托品解毒和其他对症治疗。

【休药期】牛 2d。

盐酸左旋咪唑粉　本品为白色或类白色粉末。

【作用与用途】抗蠕虫药。用于胃肠道线虫病和肺线虫病。

【用法与用量】以左旋咪唑计。内服：一次量，每 1kg 体重，牛 7.5mg。

【不良反应】过量可引起副交感神经兴奋症状，流涎，兴奋或颤抖；胃肠道功能紊乱如呕吐、腹泻，呼吸困难。

【注意事项】牛在疫苗接种、去角或去势等应激状态下，以及动物极度衰弱或有明显的肝肾损伤时，慎用。

【休药期】牛 2d。

盐酸左旋咪唑注射液　本品为盐酸左旋咪唑的灭菌水溶液，为无色的澄明液体。

【作用与用途】抗蠕虫药。用于畜禽胃肠道线虫病和肺线虫病。

【用法与用量】以左旋咪唑计。皮下、肌内注射：一次量，每 1kg 体重，牛 7.5mg。

【不良反应】牛用本品可出现副交感神经兴奋症状，口鼻出现泡沫或流涎，兴奋或颤抖，舔唇和摇头等不良反应。症状一般在 2h 内减退。

【注意事项】（1）禁用于静脉注射。

（2）极度衰弱或严重肝肾损伤患畜应慎用。疫苗接种、去角或去势等引起应激反应的牛应慎用或推迟使用。

（3）本品中毒时可用阿托品解毒和其他对症治疗。

【休药期】牛 14d。

3. 哌嗪类

·枸橼酸哌嗪·

枸橼酸哌嗪片 本品为白色片。

【药理作用】**药效学** 哌嗪对敏感线虫产生箭毒样作用，其作用机制是通过使神经肌肉接头处的神经细胞膜超级化，阻断神经冲动传递，致使寄生虫的肌肉松弛麻痹、固定不动，继而使寄生虫从其寄生部位驱除，致虫体死亡。另外，哌嗪还可抑制虫体琥珀酸的合成，干扰虫体能量代谢。哌嗪对某些特定线虫有效，具有优良的驱虫效果。

药动学 哌嗪易经胃肠道吸收，然后被广泛代谢（60%～70%）。未代谢的原形药物在给药后 24h 内经尿液排出。用药后 30min 即可在尿中检出哌嗪。

药物相互作用 （1）与噻嘧啶或甲噻嘧啶产生颉颃作用，不应同时使用。

（2）泻药不宜与哌嗪同用，因为哌嗪在发挥作用前就会被排出。

（3）与氯丙嗪合用有可能会诱发癫痫发作。

【作用与用途】抗蠕虫药。主要用于牛食道口线虫病。

【用法与用量】以枸橼酸哌嗪计。内服：一次量，每 1kg 体重，牛 0.25g。

【不良反应】在推荐剂量时，罕见不良反应。

【注意事项】（1）慢性肝、肾疾病以及胃肠蠕动减弱的患畜慎用。

（2）一般情况下，哌嗪几乎无毒，安全范围较大。但是哌嗪大剂量内服可引起腹泻、共济失调。

（3）与噻嘧啶或甲噻嘧啶产生颉颃作用，不应同时使用。

（4）泻药不宜与哌嗪同用，因为哌嗪在发挥作用前就会被排出。

（5）与氯丙嗪合用有可能会诱发癫痫发作。

【休药期】牛 28d。

4. 抗生素类

·伊 维 菌 素·

伊维菌素属大环内酯类抗寄生虫药，主要对体内线虫和体表节肢动物（如蝇蛆、螨和虱等）具有良好的驱杀作用。对蜱以及粪便中繁殖的蝇也极有效，药物虽不能立即使蜱死亡，但能影响摄食、蜕皮和产卵，从而降低生殖能力。对血蝇的作用相似。对吸虫和绦虫无效。

药物相互作用 与乙胺嗪同时使用，可能产生严重的或致死性脑病。

伊维菌素注射液 本品为伊维菌素与适宜溶剂配制而成的无菌溶液，为无色或几乎无色的澄明液体，略黏稠。

【作用与用途】抗线虫药与抗外寄生虫药。用于防治家畜线虫病、螨病及其他寄生性昆虫病。

【用法与用量】以伊维菌素计。皮下注射：一次量，每 1kg 体重，牛 0.2mg。

【不良反应】（1）用于治疗牛皮蝇蚴病时，如果杀死的幼虫在关键部位，将会引起严重的不良反应。

（2）注射时，注射部位有不适或暂时性水肿。

【注意事项】（1）仅限于皮下注射，因肌内注射、静脉注射易引起中毒反应。每个皮下注射点，不宜超过 10mL。

（2）含甘油缩甲醛和丙二醇的伊维菌素注射剂，适用于牛。

（3）伊维菌素对虾、鱼及水生生物有剧毒，残存药物及包装切勿污染水源。

（4）与乙胺嗪同时使用，可能产生严重的或致死性脑病。

【休药期】牛 35d。

·阿 维 菌 素·

阿维菌素属大环内酯类抗寄生虫药，是一种广谱、高效的抗体外寄生虫药。抗虫谱与伊维菌素相似，其毒性较伊维菌素强。

药物相互作用 与乙胺嗪同时使用，可能产生严重的或致死性脑病。

阿维菌素透皮溶液 本品为阿维菌素与氮酮等配制而成，为无色至微黄色略黏稠的透明液体。

【作用与用途】抗线虫药和抗外寄生虫药。用于治疗家畜的线虫病、螨病和寄生性昆虫病。

【用法与用量】以本品计。浇注或涂擦：一次量，每 1kg 体重，0.1mL，牛由肩部向后，沿背中线浇注。

【注意事项】（1）阿维菌素的毒性较伊维菌素稍强，慎用。对虾、鱼及水生生物有剧毒，残存药物的包装品切勿污染水源。

（2）本品性质不太稳定，特别对光线敏感，可迅速氧化灭活，应注意贮存和使用条件。

【休药期】牛 42d。

乙酰氨基阿维菌素

乙酰氨基阿维菌素注射液 本品为乙酰氨基阿维菌素与适宜溶剂配制而成的灭菌溶液，为无色或淡黄色澄明液体，略黏稠。

【作用与用途】抗线虫药与抗外寄生虫药。主要用于驱杀牛体内寄生虫如胃肠道线虫、肺线虫，以及体外寄生虫如蜱、螨、虱、牛皮蝇蛆和纹皮蝇蛆等。

【用法与用量】以乙酰氨基阿维菌素计。皮下注射：一次量，每 1kg 体重，牛 0.2mg。

【注意事项】（1）本品只作为皮下注射，不用于肌内注射或静脉注射。

（2）乙酰氨基阿维菌素对虾、鱼及水生生物有剧毒，残存药物的包装切勿污染水源。

(3) 与乙胺嗪同时使用，可能产生严重的或致死性脑病。

(4) 使用本品时，操作人员不得进食或吸烟，操作后应洗手。

(5) 将本品置于儿童接触不到的地方。

【休药期】1d。

5. 其他

·精制敌百虫·

敌百虫属有机磷杀虫剂，是一种广谱、高效的抗体外寄生虫药。抗虫谱与伊维菌素相似，其毒性较伊维菌素强。

药物相互作用 在碱性溶液中可变成挥发性很强的敌敌畏，敌敌畏的毒性比敌百虫要大10倍以上。

精制敌百虫片 本品为白色片，在空气中易吸湿。

【作用与用途】驱虫药和杀虫药。用于驱除家畜胃肠道线虫、牛皮蝇蛆和蜱、螨、蚤、虱等。

【用法与用量】常用量。以敌百虫计。内服：一次量，每1kg体重，牛20~40mg。极量，内服：一次量，牛15g。外用：配成1%溶液（以敌百虫计）。

【不良反应】敌百虫安全范围较窄，治疗量可使动物出现轻度副交感神经兴奋反应，过量使用可出现中毒症状，主要表现为流涎、腹痛、缩瞳、呼吸困难、骨骼肌痉挛、昏迷直至死亡。其毒性有明显种属差异，反刍动物较敏感，常出现中毒反应，应慎用。

【注意事项】(1) 禁与碱性药物合用。

(2) 孕畜及心脏病、胃肠炎的患畜禁用。

(3) 中毒时，用阿托品与解磷定等解救。

【休药期】28d。

精制敌百虫粉 本品为白色或类白色粉末。

【作用与用途】驱虫药和杀虫药。用于驱除家畜多种胃肠道线虫、蜱、螨、蚤、虱等。

【用法与用量】常用量。以敌百虫计。内服：一次量，每 1kg 体重，牛 20～40mg。极量，内服：一次量，牛 15g。

【不良反应】敌百虫安全范围较窄，治疗量可使动物出现轻度副交感神经兴奋反应，过量使用可出现中毒症状，主要表现为流涎、腹痛、缩瞳、呼吸困难、骨骼肌痉挛、昏迷直至死亡。

【注意事项】（1）禁与碱性药物合用。

（2）孕畜及心脏病、胃肠炎的患畜禁用。

（3）中毒时，用阿托品与解磷定等解救。

（4）反刍动物较敏感，易出现不良反应，慎用。

（5）用完后的盛器应妥善处理，不得随意丢弃。

【休药期】28d。

· 枸橼酸乙胺嗪 ·

枸橼酸乙胺嗪片 本品为白色片。

【作用与用途】抗丝虫药。可用于家畜肺线虫病。

【用法与用量】以枸橼酸乙胺嗪计。内服：一次量，每 1kg 体重，牛 20mg。

【休药期】28d。

（二）抗绦虫药

· 氯 硝 柳 胺 ·

氯硝柳胺是一种杀绦虫药，对牛的莫尼茨绦虫、无卵黄腺绦虫和条纹绦虫有效，对绦虫头节和体节作用相同。

药物相互作用 （1）本品可以与左旋咪唑合用，治疗犊牛的绦虫与线虫混合感染。

（2）与普鲁卡因合用，可提高氯硝柳胺对小鼠绦虫的疗效。

氯硝柳胺片　本品为淡黄色片。

【作用与用途】抗蠕虫药。用于畜禽绦虫病、反刍动物前后盘吸虫感染。

【用法与用量】以氯硝柳胺计。内服：一次量，每 1kg 体重，牛 40～60mg。

【注意事项】（1）动物在给药前，应禁食 12h。

（2）本品可与左旋咪唑合用，用以治疗犊牛的绦虫与线虫混合感染。

（3）本品对鱼类毒性强，避免水体污染。

【休药期】牛 28d。

（三）抗吸虫药

·硝　氯　酚·

硝氯酚为抗蠕虫药，对牛的片形吸虫成虫具有杀灭作用，对某些发育未成熟的片形吸虫也有效，但所用剂量需增加，临床上不安全。本品内服后由肠道吸收，但在瘤胃内能逐渐降解失效。牛内服后，通常 24～48h 血药浓度达峰值，在用药后 5～8d，经乳汁排泄药物仍达 0.1mg/kg，因此，这些乳不能供人食用。硝氯酚从动物体内排泄较缓慢。

药物相互作用　①硝氯酚配成溶液给牛灌服前，若先灌服浓氯化钠溶液，能反射性使食道沟关闭，使药物直接进入皱胃，可增强驱虫效果。若采用此方法必须适当减少剂量，以免发生不良反应。②硝氯酚中毒时，静脉注射钙制剂可增强本品毒性。

硝氯酚片　本品为黄色片。

【作用与用途】抗蠕虫药。用于牛片形吸虫病。

【用法与用量】以硝氯酚计。内服：一次量，每 1kg 体重，黄牛 3～7mg；水牛 1～3mg。

【不良反应】过量用药后，动物可出现发热、呼吸急促和出汗症状，持续 2～3d，偶见死亡。

【注意事项】(1) 治疗量对动物比较安全，过量引起的中毒症状（如发热、呼吸困难、窒息）可根据症状选用尼可刹米、毒毛花苷 K、维生素 C 等对症治疗，但禁用钙剂静脉注射。

(2) 硝氯酚中毒时，静脉注射钙剂可增强本品毒性。

【休药期】28d。

硝氯酚伊维菌素片　本品为淡黄色片。

【作用与用途】抗蠕虫药。用于驱除和杀灭牛的线虫、吸虫、绦虫。

【用法与用量】以硝氯酚计。内服：一次量，每 1kg 体重，牛 3mg。

【不良反应】用药后动物可出现发热、呼吸急促和出汗等症状。

【注意事项】(1) 治疗量对动物比较安全，过量引起的中毒症状（如发热、呼吸困难、窒息）可根据症状选用尼可刹米、毒毛花苷 K、维生素 C 等对症治疗，但禁用钙剂静脉注射。

(2) 因伊维菌素对虾、鱼及水生生物有剧毒，残存药物的包装切勿污染水源。

【休药期】35d。

·碘 醚 柳 胺·

碘醚柳胺为抗寄生虫药，主要对肝片吸虫和大片形吸虫的成虫具有杀灭作用，对未成熟虫体也有很高的活性。此外，对牛血矛线虫、仰口线虫成虫有很高的有效率。

药物相互作用　与阿苯达唑合用，治疗牛的肝吸虫病和胃肠道线虫病，并不改变两者的安全指数。

碘醚柳胺混悬液 本品为灰白色混悬液；久置可分为两层，上层为无色液体，下层为灰白色至淡棕色沉淀。

【作用与用途】抗寄生虫药。用于治疗牛肝片吸虫病。

【用法与用量】以碘醚柳胺计。内服：一次量，每1kg体重，牛7～12mg。

【不良反应】按规定的用法与用量使用尚未见不良反应。超量（150～450mg/kg）时，可见失明、瞳孔散大。

【注意事项】不得超量使用。

【休药期】牛60d。

碘醚柳胺片 本品为白色或类白色片。

【作用与用途】【用法与用量】【不良反应】【注意事项】与【休药期】同碘醚柳胺混悬液。

碘醚柳胺粉 本品为灰白色至淡褐色粉末。

【用法与用量】以本品计。内服：一次量，每1kg体重，牛280～480mg。

【作用与用途】【不良反应】【注意事项】与【休药期】同碘醚柳胺片。

·氯氰碘柳胺钠·

氯氰碘柳胺钠对牛片形吸虫、捻转血矛线虫以及某些节肢动物均有驱除活性。对前后盘吸虫无效。对多数胃肠道线虫，如血矛线虫、仰口线虫、食道口线虫，驱除率均超过90%。对牛皮蝇三期幼虫亦有较好的驱杀效果。

药物相互作用 可与苯并咪唑类合用，也可与左旋咪唑合用。

氯氰碘柳胺钠注射液 本品为氯氰碘柳胺钠的丙二醇灭菌水溶液，为淡黄色或黄色的澄明液体。

【作用与用途】抗寄生虫药。用于防治牛肝片吸虫、胃肠道线虫病。

【用法与用量】以氯氰碘柳胺钠计。皮下或肌内注射：一次量，每 1kg 体重，牛 2.5～5mg。

【注意事项】对局部组织有一定的刺激性。

【休药期】牛 28d。

阿维菌素氯氰碘柳胺钠片　本品为淡黄色片。

【作用与用途】抗寄生虫药。用于驱除牛体内线虫、吸虫以及螨等体外寄生虫。

【用法与用量】以氯氰碘柳胺钠计。内服：一次量，每 1kg 体重，牛 5mg。

【不良反应】用于治疗牛皮蝇蛆病时，可能引起严重的不良反应。如在皮蝇季节后或皮蝇蛆移行期后，立即治疗，则可避免。

【注意事项】（1）使用本品后，牛的排泄物中因含有阿维菌素，对降解厩粪的有益昆虫有潜在损害作用。

（2）阿维菌素对虾、鱼及其他水生生物有剧毒，残存药物的包装品切勿污染水源。

【休药期】牛 35d。

氯氰碘柳胺钠混悬液　本品为微黄色混悬液。

【作用与用途】【用法与用量】与【休药期】同氯氰碘柳胺钠片。

· 三 氯 苯 达 唑 ·

三氯苯达唑属于苯并咪唑类药物，专用于抗片形吸虫，对各种日龄的肝片形吸虫均有明显驱杀效果，是较理想的杀肝片形吸虫药。

三氯苯达唑片　本品为类白色片。

【作用与用途】抗片形吸虫药。用于治疗牛肝片吸虫病。

【用法与用量】以三氯苯达唑计。内服：一次量，每 1kg 体重，牛 12mg。

【注意事项】（1）产奶期禁用。

（2）对鱼类毒性较大，残留药物容器切勿污染水源。

（3）治疗急性肝片吸虫病，应在 5 周后重复用药一次。

（4）对药物过敏者，使用时应避免皮肤直接接触和吸入，用药时应戴手套，禁止饮食和吸烟，用药后应洗手。

【休药期】牛 56d。

三氯苯达唑颗粒 本品为类白色颗粒。

【作用与用途】【用法与用量】【不良反应】【注意事项】与**【休药期】**同三氯苯达唑片。

三氯苯达唑混悬液 本品为三氯苯达唑加适量悬浮剂配制而成，为白色或类白色糊状混悬液，略有酚味。

【作用与用途】抗片形吸虫药。用于治疗牛肝片吸虫病。

【用法与用量】以三氯苯达唑计。内服：一次量，每 1kg 体重，牛 6～12mg。

【注意事项】（1）本品对鱼类毒性较大，残留药物及容器切勿污染水源。

（2）治疗急性肝片吸虫病，5 周后应重复用药 1 次。

【休药期】牛 56d。

（四）抗血吸虫药

·吡喹酮·

吡喹酮具有广谱抗血吸虫和抗绦虫作用。对各种绦虫的成虫具有极高的活性，对幼虫也具有良好的活性，对血吸虫有很好的驱杀作用。

药物相互作用 与阿苯达唑、地塞米松合用时，可降低吡喹酮的血药浓度。

吡喹酮片 本品为白色片。

【作用与用途】抗蠕虫药。主要用于动物血吸虫病，也用于绦虫病和囊尾蚴病。

【用法与用量】以吡喹酮计。内服：一次量，每1kg体重，牛10～35mg。

【不良反应】高剂量时，牛偶见血清谷丙转氨酶轻度升高，部分牛会出现体温升高、肌肉震颤、臌气等。

【注意事项】与阿苯达唑、地塞米松合用时，可降低吡喹酮的血药浓度。

【休药期】28d。

吡喹酮粉 本品为白色至淡黄色的颗粒状粉末。

【作用与用途】抗蠕虫药。主要用于动物血吸虫病，也用于绦虫病和囊尾蚴病。

【用法与用量】以本品计。内服：一次量，每1kg体重，牛20～70mg。

【不良反应】【注意事项】与**【休药期】**同吡喹酮片。

二、抗原虫药

（一）聚醚类离子载体抗球虫药

·莫能菌素·

莫能菌素为单价离子载体类抗生素，是较理想的抗球虫药。除了杀球虫作用外，对动物体内的产气荚膜梭菌亦有抑制作用，可预防坏死性肠炎的发生，对肉牛有促生长作用。

药物相互作用 与泰妙菌素同用，会影响代谢，使畜禽生长缓慢、运动失调、麻痹瘫痪，甚至死亡。

莫能菌素预混剂 本品为莫能菌素钠与脱脂米糠、玉米粉、稻壳粉、碳酸钙配制而成。

【作用与用途】抗球虫药。用于促进肉牛生长，辅助缓解奶牛酮病症状，提高产奶量。

【用法与用量】以莫能菌素计。混饲：肉牛，一日量，每头 0.2～0.36g。

【不良反应】对哺乳动物的毒性较大。

【注意事项】（1）禁止与泰妙菌素合用，否则有中毒的危险。

（2）搅拌配料时，防止与使用者的皮肤、眼睛接触。

【休药期】5d。

·盐霉素钠·

盐霉素钠预混剂

【作用与用途】抗球虫药。用于促进畜禽生长。

【用法与用量】以盐霉素计。混饲：每 1 000kg 饲料，牛 10～30g。

【注意事项】（1）本品安全范围较窄，应严格控制混饲浓度。

（2）禁与泰妙菌素及其他抗球虫药合用。

【休药期】牛 5d。

·拉沙洛西钠·

拉沙洛西钠预混剂　本品为拉沙洛西钠与玉米芯、豆油、卵磷脂等辅料配制而成。

【作用与用途】抗球虫药。用于提高肉牛的增重速度和饲料转化率。

【用法与用量】以拉沙洛西计。混饲：每 1 000kg 饲料，肉牛 10～30g（肉牛每头每日 100～300mg，草原放牧牛每头每日 60～300mg）。

【注意事项】（1）应根据球虫感染严重程度和疗效及时调整用药浓度。

（2）拌料时应注意防护，避免本品与眼、皮肤接触。

【休药期】肉牛 0d。

·托 曲 珠 利·

本品属三嗪酮广谱抗球虫药，其作用机理是干扰球虫细胞核分裂和线粒体，影响虫体的呼吸和代谢功能，使细胞内质网膨大，发生严重空泡化，从而对发育阶段的虫体（滋养体、裂殖体及配子体）有直接杀灭作用。不影响免疫力的产生。

托曲珠利混悬液　本品为白色至微黄色混悬液，静置分层。

【作用与用途】抗球虫药。用于预防犊牛球虫病。

【用法与用量】以托曲珠利计。内服：一次量，每1kg体重，犊牛15mg。

【注意事项】（1）使用前充分摇匀。

（2）勿用于体重超过80kg以上的牛和育肥期犊牛。

（3）处于儿童不可触及处。

（4）本品开盖后请于3个月内使用完毕。

（5）同栏犊牛建议同时全部用药。

（6）对因感染球虫已出现下痢的犊牛，应进行其他辅助性（对症性）治疗。

（7）托曲珠利的主要代谢产物为托曲珠利砜，该成分稳定（半衰期＞1年）而且能溶于土壤中，该成分对植物有毒性。对用药后牛的粪便，应用至少3倍重量的未用药牛粪进行稀释后才能排泄到土壤中。

【休药期】犊牛63d。

（二）抗锥虫药

·三 氮 脒·

三氮脒为抗原虫药，对家畜的锥虫、梨形虫及边虫（无形体）均有作用。用药后血中浓度高，但持续时间较短，故主要用于治疗，预防效果差。

注射用三氮脒　本品为三氮脒的无菌粉末，为黄色或橙色结晶性粉末。

【作用与用途】抗原虫药。用于家畜巴贝斯梨形虫病、泰勒梨形虫病、伊氏锥虫病和媾疫锥虫病。

【用法与用量】以本品计。肌内注射：一次量，每 1kg 体重，牛 3～5mg。临用前配成 5％～7％溶液。

【不良反应】（1）三氮脒毒性较大，可引起副交感神经兴奋样反应。用药后常出现不安、起卧、频繁排尿、肌肉震颤等反应。过量使用可引起死亡。

（2）本品对局部组织有较强刺激性。

【注意事项】（1）本品毒性大、安全范围较小。应严格掌握用药剂量，不得超量使用。

（2）超量应用可使乳牛产奶量减少。

（3）水牛不宜连用，一次即可；其他家畜必要时可连用，但须间隔 24h，不得超过 3 次。

（4）局部肌内注射有刺激性，可引起肿胀，应分点深层肌内注射。

【休药期】牛 28d。

· 喹 嘧 胺 ·

注射用喹嘧胺

本品为喹嘧氯胺与甲硫喹嘧胺（4∶3）混合的无菌粉末，为白色或微黄色结晶性粉末。

【作用与用途】抗锥虫药。用于家畜锥虫病。

【用法与用量】以本品计。肌内、皮下注射：一次量，每 1kg 体重，牛 4～5mg。临用前配成 10％水悬液。

【不良反应】肌内或皮下注射时可引起注射部位肿胀和硬结。

【休药期】牛 28d。

·青蒿琥酯·

青蒿琥酯片 本品为白色片。

【作用与用途】抗原虫药。主要用于牛泰勒梨形虫病。

【用法与用量】以青蒿琥酯计。内服：一次量，每 1kg 体重，牛 5mg。一日 2 次，首次剂量加倍。连用 2～4d。

【注意事项】本品对实验动物有明显的胚胎毒性作用，孕畜慎用。

【休药期】无需制定。

·盐酸吖啶黄·

盐酸吖啶黄注射液 本品为橙红色澄明液体。

【作用与用途】抗原虫药。用于梨形虫病。

【用法与用量】以盐酸吖啶黄计。静脉注射：一次量，每 1kg 体重，牛 3～4mg。极量，一次量，牛 2g。

【不良反应】(1) 毒性较强，注射后常出现心跳加速、不安、呼吸迫促、肠蠕动增强等不良反应。

(2) 对组织有强烈刺激性。

【注意事项】缓慢注射，勿漏出血管；重复使用，应间隔 24～48h。

【休药期】无需制定。

三、杀虫药

(一) 有机磷化合物

·二嗪农·

二嗪农为新型的有机磷杀虫、杀螨剂。具有触杀、胃毒、熏蒸和较弱的内吸作用。对各种螨类、虱、蜱、蝇均有良好的杀灭效果，喷洒后在皮肤、被毛上的附着力很强，能维持长期杀虫作用。

二嗪农溶液 本品为二嗪农加乳化剂和溶剂制成的溶液，为黄色或黄棕色澄明液体。

【作用与用途】有机磷杀虫药。用于驱杀家畜的体表寄生虫螨、蜱和虱等。

【用法与用量】以二嗪农计。药浴：每 1L 水，牛初液 0.6～0.625g，补充液 1.5g。

【不良反应】按推荐剂量使用，暂未见不良反应；过量使用后，动物可产生胆碱能神经兴奋症状的不良反应。

【注意事项】（1）中毒时可用阿托品解毒。

（2）药浴时必须精确计量药液浓度，动物全身浸泡时间以 1min 为宜。

（3）禁止与其他有机磷化合物及胆碱酯酶抑制剂合用。

【休药期】牛 14d。

·蝇 毒 磷·

蝇毒磷溶液 本品为蝇毒磷加乳化剂和溶剂配制而成，为黄褐色澄清液体。

【作用与用途】有机磷杀虫药。用于防治牛皮蝇蛆、蜱、螨、虱和蝇等外寄生虫病。

【用法与用量】以蝇毒磷计。外用：配成 0.02％～0.05％ 的乳剂。

【不良反应】过量使用后，动物可产生胆碱能神经兴奋症状。

【注意事项】禁止与其他有机磷化合物和胆碱酯酶抑制剂合用。

【休药期】28d。

（二）拟除虫菊酯类化合物

·溴氰菊酯·

溴氰菊酯是使用最广泛的一种拟菊酯类杀虫药，对虫体有胃毒和触毒，无内吸作用，具有广谱、高效、残效期长、低残留等优点。对有机磷、有机氯耐药的虫体仍有高效。

溴氰菊酯溶液 本品为溴氰菊酯加乳化剂与稳定剂配制而成的溶液，为黄色澄清黏稠液体。

【作用与用途】拟菊酯类杀虫药。用于防治牛体外寄生虫病。

【用法与用量】以溴氰菊酯计。药浴：每 1L 水，牛 5～15mg。

【注意事项】（1）本品对人、畜毒性小，但对皮肤、黏膜、眼睛、呼吸道有较强的刺激性，特别对大面积皮肤病或组织损伤者有严重影响，用时注意防护。

（2）本品急性中毒无特效解救药，主要以对症治疗为主，阿托品能阻止中毒时的流涎症状，镇静剂巴比妥能颉颃其中枢兴奋症状。误服中毒时可用 4% 碳酸氢钠溶液洗胃。

（3）本品对鱼类及其他冷血动物毒性较大，使用时切勿将残余药液倾入鱼塘。蜜蜂、家禽亦较敏感。

（4）对塑料制品有腐蚀性。

（5）0℃以下易析出结晶。

【休药期】28d

（三）其他

·双甲脒·

双甲脒为广谱杀虫药，对各种螨、蜱、蝇、虱等均有效，主要为接触毒，兼有胃毒和内吸毒作用。双甲脒的杀虫作用在某种程度上与其抑制单胺氧化酶有关，而后者是参与蜱、螨等虫体神经系统胺类神经递质的代谢酶。因双甲脒的作用，吸血节肢昆虫过度兴奋，以致不能吸附动物体表而掉落。本品产生杀虫作用较慢，一般在用药后24h才能使虱、蜱从体表脱落，48h可使螨从患部皮肤自行脱落。一次用药可维持药效6~8周，保护畜体不再受外寄生虫的侵袭。对人和畜安全。

双甲脒溶液 本品为双甲脒加适宜的乳化剂和溶剂等制成，为微黄色澄清液体。

【作用与用途】 脒类杀虫药。主要用于杀螨，亦用于杀灭蜱、虱等外寄生虫。

【用法与用量】 药浴、喷洒或涂擦：配成0.025%~0.05%的溶液。

【不良反应】（1）本品毒性较低，但马属动物敏感。

（2）对皮肤和黏膜有一定刺激性。

【注意事项】（1）本品对皮肤有刺激作用，使用时防止药液沾污皮肤和眼睛。

（2）对鱼有剧毒，禁用。勿使药液污染鱼塘、河流。

（3）产奶期禁用。

【休药期】 牛21d。

第三节 解热镇痛抗炎类药

一、解热镇痛药

解热镇痛抗炎药是一类具有退热、减轻局部钝痛和抗炎、抗风湿作用的药物。它们在化学结构上虽各有不同，但都具有抑制前列腺素合成的共同作用。本类药物与甾体类糖皮质激素抗炎药不同，不具甾体结构故又称为非甾体类抗炎药。

兽医临床上使用的解热镇痛抗炎药有近 20 种，按化学结构可分为苯胺类、吡唑酮类和有机酸类等。各类药物均有镇痛作用，对于炎性疼痛，吲哚类和芬那酸类的效果好，吡唑酮类和水杨酸类次之；在解热和抗炎作用上，苯胺类、吡唑酮类和水杨酸类解热作用较好；阿司匹林、吡唑酮类和吲哚类的抗炎、抗风湿作用较强，其中阿司匹林疗效确实、不良反应少，为抗风湿首选药。苯胺类几乎无抗风湿作用。

·阿司匹林·

阿司匹林片 本品为阿司匹林的白色片。

【作用与用途】解热镇痛药。用于发热性疾患、肌肉痛、关节痛。

【用法与用量】以阿司匹林计。内服，一次量，牛 15～30g。

【不良反应】(1) 本品能抑制凝血酶原合成，连续长期应用可引发出血倾向。

(2) 对胃肠道有刺激作用，剂量大时易导致食欲不振、恶心、呕吐乃至消化道出血，长期使用可引发胃肠溃疡。

【注意事项】(1) 胃炎、胃溃疡患畜慎用，与碳酸钙同服，可减少对胃的刺激。不宜空腹投药。发生出血倾向时，可用维生素 K 防治。

(2) 解热时，动物应多饮水，以利于排汗和降温，否则会因出汗过多而造成水和电解质平衡失调或虚脱。

(3) 老龄动物、体弱或体温过高患畜，解热时宜用小剂量，以免大量出汗而引起虚脱。

(4) 动物发生中毒时，可采取洗胃、导泻、内服碳酸氢钠及静脉注射 5% 葡萄糖和 0.9% 氯化钠等解救。

【休药期】无需制定。

·对乙酰氨基酚·

对乙酰氨基酚片 本品为白色片。

【作用与用途】解热镇痛药。用于发热、肌肉痛、关节痛和风湿症。

【用法与用量】以对乙酰氨基酚计。内服：一次量，牛 10～20g。肌内注射：一次量，牛 5～10g。

【不良反应】偶见厌食、呕吐、缺氧、发绀、红细胞溶解、黄疸和肝脏损害等症。

【注意事项】大剂量可引起肝、肾损害，在给药后 12h 内使用乙酰半胱氨酸或蛋氨酸可以预防肝损害。肝、肾功能不全的患畜及幼畜慎用。

【休药期】无需制定。

对乙酰氨基酚注射液　本品为对乙酰氨基酚无色或几乎无色略带黏稠的澄明液体。

【用法与用量】以对乙酰氨基酚计，肌内注射：一次量，牛 5～10g。

【作用与用途】【不良反应】【注意事项】与【休药期】同对乙酰氨基酚片。

·安 乃 近·

安乃近片　本品为白色或几乎白色片。

【作用与用途】解热镇痛药。用于肌肉痛、风湿症、发热性疾患和疝痛等。

【用法与用量】以安乃近计。内服：一次量，牛 4～12g。肌内注射：一次量，牛 3～10g。

【不良反应】长期应用可引起粒细胞减少。

【注意事项】可抑制凝血酶原的合成，加重出血倾向。

【休药期】牛 28d。

安乃近注射液　本品为无色至微黄色澄明液体。

【作用与用途】同安乃近片。

【用法与用量】以安乃近计。肌内注射：一次量，牛 3～10g。

【不良反应】同安乃近片。

【注意事项】不宜于穴位注射，尤其不适于关节部位注射，否则可能引起肌肉萎缩和关节机能障碍。

【休药期】牛 28d。

·安 替 比 林·

由于本品的疗效低、毒性强，目前很少单独使用，只在复方制剂（安痛定注射液）中作为组分的一种成分。

·氨 基 比 林·

【作用与用途】解热镇痛药。主要用于牛等动物的解热和抗风湿。

药物相互作用 与巴比妥配成复方制剂，能增强镇痛效果，有利于缓解疼痛症状。

安痛定注射液 本品为氨基比林、安替比林与巴比妥的灭菌水溶液，为无色至淡棕色的澄明液体。

【作用与用途】解热镇痛药。用于发热性疾患、关节痛、肌肉痛和风湿症等。

【用法与用量】以本品计。肌内或皮下注射：一次量，牛 20～50mL。

【不良反应】（1）剂量过大或长期应用，可引起虚脱、高铁血红蛋白血症、缺氧、发绀、粒细胞减少症等。

（2）可使药物代谢加速，降低药效。

【注意事项】可引起粒性白细胞减少症，长期应用时注意定期检查血象。

【休药期】牛 28d。

复方氨基比林注射液 本品为氨基比林与巴比妥混合制成的灭菌

水溶液，为无色至淡黄色的澄明液体。

【作用与用途】解热镇痛药。主要用于牛等动物的解热和抗风湿。

【用法与用量】以本品计。肌内、皮下注射：一次量，牛 20～50mL。

【不良反应】剂量过大或长期应用，可引起高铁血红蛋白血症、缺氧、发绀、粒细胞减少症等。

【注意事项】连续长期应用可引起粒性白细胞减少症，应定期检查血象。

【休药期】28d。

· 氟尼辛葡甲胺 ·

氟尼辛葡甲胺注射液 本品为氟尼辛葡甲胺的灭菌水溶液，为无色或淡黄色澄明液体。

【作用与用途】解热镇痛非甾体抗炎药。用于家畜及小动物发热性、炎症性疾患、肌肉痛和软组织痛等。

【用法与用量】以氟尼辛计。肌内、静脉注射：一次量，每 1kg 体重，牛 2mg；一日 1～2 次，连用不超过 5d。

【不良反应】肌内注射对局部有刺激作用。长期大剂量使用本品可能导致动物胃溃疡及肾功能损伤。

【注意事项】（1）消化道溃疡患畜慎用。

（2）不可与其他非甾体类抗炎药同时使用。

【休药期】牛 28d。

· 水 杨 酸 钠 ·

【作用与用途】解热镇痛药。用于风湿症等。

【用法与用量】内服：一次量，牛 15～75g。

【注意事项】内服时，应加适量碳酸氢钠或碳酸钙。

水杨酸钠注射液　本品为水杨酸钠的灭菌水溶液，为无色或微黄色的澄明液体。

【作用与用途】解热镇痛药。用于风湿症等。

【用法与用量】以水杨酸钠计。静脉注射：一次量，牛 10～30g。

【不良反应】（1）长期大剂量应用，可引起耳聋、肾炎等。

（2）因抑制凝血酶原合成而产生出血倾向。

【注意事项】（1）本品仅供静脉注射，不能漏出血管外。

（2）有出血倾向、肾炎及酸中毒的患畜禁用。

【休药期】牛 0d。

复方水杨酸钠注射液　本品为水杨酸钠（10％）、氨基比林（1.43％）、巴比妥（0.57％）和葡萄糖（10％）的灭菌水溶液，为无色或淡黄色的澄明液体。

【作用与用途】解热镇痛药。用于治疗风湿症、关节痛和肌肉痛等。

【用法与用量】以本品计。静脉注射：一次量，牛 100～200mL。

【不良反应】与**【注意事项】**同水杨酸钠注射液。

·盐酸哌替啶·

盐酸哌替啶注射液　本品为盐酸哌替啶的灭菌水溶液，为无色的澄明液体。

【作用与用途】镇痛药。用于缓解创伤性疼痛和某些内脏疾患的剧痛。

【用法与用量】以盐酸哌替啶计。皮下、肌内注射：一次量，每 1kg 体重，牛 2～4mg。

【不良反应】（1）具有心血管抑制作用，易致血压下降。

（2）过量中毒可致呼吸抑制、惊厥、心动过速、瞳孔散大等。

【注意事项】（1）禁用于患有慢性阻塞性肺部疾患、支气管哮喘、肺源性心脏病和严重肝功能减退的患畜。

（2）不宜用于妊娠动物、产科手术。

（3）对注射部位有较强刺激性。

（4）过量中毒时，除用纳洛酮对抗呼吸抑制外，尚须配合使用巴比妥类药物以对抗惊厥。

【休药期】无需制定。

二、糖皮质激素类药

肾上腺皮质激素是肾上腺皮质分泌的一类甾体化合物，在结构上与胆固醇类似，故又称皮质类固醇激素或皮质甾体类激素。根据生理功能可分为盐皮质激素、糖皮质激素和氮皮质激素。

糖皮质激素具有明显的药理作用，包括抗炎、抗过敏、抗毒素、抗休克和影响代谢等。临床上常用于严重的感染性疾病、过敏性疾病、休克、局部炎症、奶牛酮血症和羊妊娠毒血症、引产和预防手术后遗症等。

应用本类药物时，要严格掌握作用与用途，避免滥用，否则会发生不良反应和并发症。持续大剂量使用时，可引起类似肾上腺皮质功能亢进的症状，或者引起肾上腺功能低下，甚至萎缩。连续使用超过一周，切不可突然停药，应逐渐减量，以免疾病复发或出现肾上腺皮质功能不全。严重肝功能不良、骨质疏松、骨折治疗期、创伤修复期、角膜溃疡初期、疫苗接种期和缺乏有效抗菌药治疗的感染性疾病等，均应禁用。孕畜应慎用或禁用，妊娠期间（特别是妊娠早期）使用，可能影响胎儿的发育，甚至致畸。妊娠后期大剂量使用，会导致流产。

由于本类药物对病原微生物无抑制作用，但能抑制炎症和免疫反应，降低机体的防御功能，有可能使潜在的感染灶扩散。因此，本类药物仅限于危及生命或严重影响生产力的感染，一般感染不宜使用。用于感染性疾病时，需与足量、有效的抗菌药配合使用，同时要尽量使用小剂量，病情控制后应减量或停药，用药时间不宜长。

·氢化可的松·

氢化可的松注射液 本品为氢化可的松的灭菌稀乙醇溶液，为无色的澄明液体。

【作用与用途】糖皮质激素类药。有抗炎、抗过敏和影响糖代谢等作用。用于炎症性、过敏性疾病，牛酮血病等。

【用法与用量】以氢化可的松计。静脉注射：一次量，牛 0.2～0.5g。

【不良反应】长期大量应用引起的不良反应有：（1）诱发或加重感染。

（2）诱发或加重溃疡病。

（3）骨质疏松、肌肉萎缩、伤口愈合延缓。

（4）有较强的水钠潴留和排钾作用。

【注意事项】（1）严格掌握适应证，防止滥用。

（2）用于严重急性的细菌性感染应与足量有效的抗菌药合用。

（3）大剂量可增加钠的重吸收和钾、钙和磷的排除，长期使用可致水肿、骨质疏松等。

（4）严重肝功能不良、骨软症、骨折治疗期、创伤修复期、疫苗接种期动物禁用。

（5）妊娠后期大剂量使用可引起流产，因此妊娠早期及后期母畜禁用。

（6）长期用药不能突然停药，应逐渐减量，直至停药。

【休药期】无需制定。

·醋酸氢化可的松·

醋酸氢化可的松注射液 本品为醋酸氢化可的松的灭菌混悬液，

为微细颗粒的混悬液。静置后微细颗粒下沉，振摇后成均匀的乳白色混悬液。

【作用与用途】糖皮质激素类药。有抗炎、抗过敏和影响糖代谢等作用，用于炎症性、过敏性疾病和牛酮血病等。

【用法与用量】以醋酸氢化可的松计。肌内注射：一次量，牛250～750mg。

滑囊、腱鞘或关节囊内注射：一次量，牛50～250mg。

【不良反应】（1）有较强的水钠潴留和排钾作用。

（2）有较强的免疫抑制作用。

（3）妊娠后期大剂量使用可引起流产。

（4）大剂量或长期用药易引起肾上腺皮质功能低下。

【注意事项】（1）急性细菌性感染时，应与抗菌药物配伍使用。

（2）禁用于骨质疏松症和疫苗接种期。

（3）严重肝功能不良、骨折治疗期、创伤修复期动物禁用。

（4）妊娠早期及后期母畜禁用。

（5）长期用药不能突然停药，应逐渐减量，直至停药。

【休药期】0d。

· 醋 酸 可 的 松 ·

醋酸可的松注射液 本品为醋酸可的松的灭菌水混悬液，为微细颗粒的混悬液，静置后微细颗粒下沉，振摇后成均匀的乳白色混悬液。

【作用与用途】【用法与用量】【不良反应】【注意事项】与**【休药期】**同醋酸氢化可的松。

· 醋 酸 泼 尼 松 ·

醋酸泼尼松片 本品为含醋酸泼尼松的白色片。

【作用与用途】糖皮质激素类药。有抗炎、抗过敏和影响糖代谢等作用，用于炎症性、过敏性疾病和牛酮血病等。

【用法与用量】以醋酸泼尼松计。内服：一次量，牛 100～300mg。

【不良反应】（1）有较强的水钠潴留和排钾作用。

（2）有较强的免疫抑制作用。

（3）妊娠后期大剂量使用可引起流产。

（4）大剂量或长期用药易引起肾上腺皮质功能低下。

【注意事项】（1）急性细菌性感染时应与抗菌药物配伍使用。

（2）禁用于骨质疏松症和疫苗接种期。

（3）严重肝功能不良、骨折治疗期、创伤修复期动物禁用。

（4）妊娠早期及后期母畜禁用。

（5）长期用药不能突然停药，应逐渐减量，直至停药。

【休药期】0d。

醋酸泼尼松眼膏　本品为含醋酸泼尼松的淡黄色软膏。

【作用与用途】糖皮质激素类药。用于结膜炎、虹膜炎、角膜炎和巩膜炎等。

【用法与用量】眼部外用，一日 2～3 次。

【注意事项】（1）眼部细菌感染时，应与抗菌药物配伍使用。

（2）角膜溃疡忌用。

【休药期】无需制定。

·醋酸氟轻松·

醋酸氟轻松软膏　本品为含醋酸氟轻松的白色乳膏。

【作用与用途】糖皮质激素类药，用于过敏性皮炎等。

【用法与用量】外用，涂患处适量。

【注意事项】局部细菌感染时，应与抗菌药物配伍使用。

【休药期】无需制定。

·醋酸地塞米松·

醋酸地塞米松片 本品为含醋酸地塞米松的白色片。

【作用与用途】糖皮质激素类药。有抗炎、抗过敏和影响糖代谢等作用，用于炎症性、过敏性疾病和牛酮血病等。

【用法与用量】以醋酸地塞米松计。内服，一次量，牛 5～20mg。

【不良反应】（1）有较强的水钠潴留和排钾作用。

（2）有较强的免疫抑制作用。

（3）妊娠后期大剂量使用可引起流产。

（4）大剂量或长期用药易引起肾上腺皮质功能低下。

【注意事项】（1）易引起孕畜早产。

（2）急性细菌性感染时应与抗菌药物配伍使用。

（3）禁用于骨质疏松症和疫苗接种期。

【休药期】牛 0d。

·地塞米松磷酸钠·

地塞米松磷酸钠注射液 本品为地塞米松磷酸钠的灭菌水溶液，为无色的澄明液体。

【作用与用途】糖皮质激素类药。有抗炎、抗过敏和影响糖代谢等作用。用于炎症性、过敏性疾病和牛酮血病。

【用法与用量】以地塞米松磷酸钠计。肌内、静脉注射：一日量，牛 5～20mg。

【不良反应】（1）有较强的水钠潴留和排钾作用。

（2）有较强的免疫抑制作用。

（3）妊娠后期大剂量使用可引起流产。

（4）可导致动物迟钝，被毛干燥，体重增加，喘息，呕吐、腹泻，肝脏药物代谢酶升高，胰腺炎，胃肠溃疡，脂血症，引发或加剧糖尿病，肌肉萎缩，行为改变（沉郁、昏睡、富于攻击），可能需要终止给药。

（5）偶尔可见多饮、多食、多尿、体重增加、腹泻或精神沉郁。长期高剂量给药治疗可导致类库兴氏综合征。

【注意事项】（1）妊娠早期及后期母畜禁用。

（2）严重肝功能不良、骨软症、骨折治疗期、创伤修复期、疫苗接种期动物禁用。

（3）严格掌握适应证，防止滥用。

（4）对细菌性感染应与抗菌药合用。

（5）长期用药不能突然停药，应逐渐减量，直至停药。

【休药期】牛 21d。

· 促 皮 质 激 素 ·

注射用促皮质激素　本品为促皮质激素的灭菌粉末，为白色或淡黄色粉末或块状体。

【用法与用量】以本品计。肌内注射：一次量，牛 30～200IU。临用前，用 5% 葡萄糖注射液溶解。

【注意事项】（1）使用本品，必须有正常的肾上腺皮质机能。

（2）长期应用可引起水钠潴留、创伤愈合延缓、感染扩散等，还可引起过敏反应。

（3）严格掌握适应证，防止滥用。对细菌性感染应与抗菌药合用。

（4）严重肝功能不良、骨软症、骨折治疗期、创伤修复期、疫苗接种期患畜禁用。妊娠早期及后期母畜禁用。

（5）长期用药不能突然停药，应逐渐减量，直至停药。

第四节　调节组织代谢药

一、维生素类

·维生素 AD 油·

本品为黄色至橙红色的澄清油状液体，无败油臭或苦味。

【作用与用途】维生素类药。主要用于维生素 A、维生素 D 缺乏症；局部应用能促进创伤、溃疡愈合。

【用法与用量】以本品计。内服：一次量，牛 20～60mL。

【注意事项】（1）用时应注意补充钙剂。

（2）维生素 A 易因补充过量而中毒，中毒时应立即停用本品和钙剂。

【休药期】无需制定。

·维 生 素 B₁·

维生素 B₁ 片　　本品为白色片。

【作用与用途】维生素类药。主要用于维生素 B₁ 缺乏症，如多发性神经炎；也用于胃肠弛缓等。

【用法与用量】以维生素 B₁ 计。内服：一次量，牛 100～500mg。

【注意事项】（1）吡啶硫胺素、氨丙啉是维生素 B₁ 的颉颃物，饲料中此类物质添加过多会引起维生素 B₁ 缺乏。

（2）与其他 B 族维生素或维生素 C 合用，可对代谢发挥综合疗效。

【休药期】无需制定。

维生素 B₁ 注射液　　本品为无色的澄明液体。

【作用与用途】维生素类药。主要用于维生素 B₁ 缺乏症，如多发性神经炎；也用于胃肠弛缓等。

【用法与用量】以维生素 B_1 计。皮下、肌内注射：一次量，牛 $100\sim500mg$。

【不良反应】注射时偶见过敏反应，甚至休克。

【注意事项】（1）吡啶硫胺素、氨丙啉是维生素 B_1 的颉颃物，饲料中此类物质添加过多会引起维生素 B_1 缺乏。

（2）与其他 B 族维生素或维生素 C 合用，可对代谢发挥综合疗效。

【休药期】无需制定。

· 维 生 素 B_2 ·

维生素 B_2 片　本品为黄色至橙黄色片。

【作用与用途】维生素类药。主要用于维生素 B_2 缺乏症，如口炎、皮炎、角膜炎等。

【用法与用量】以维生素 B_2 计。内服：一次量，牛 $100\sim150mg$。

【注意事项】动物内服本品后，尿液呈黄色。

【休药期】无需制定。

维生素 B_2 注射液　本品为橙黄色的澄明液体，遇光易变质。

【作用与用途】维生素类药。主要用于维生素 B_2 缺乏症，如口炎、皮炎、角膜炎等。

【用法与用量】以维生素 B_2 计。皮下、肌内注射：一次量，牛 $100\sim150mg$。

【注意事项】动物内服本品后，尿液呈黄色；

【休药期】无需制定。

· 维 生 素 B_6 ·

维生素 B_6 片　本品为白色片。

【作用与用途】维生素类药。用于皮炎和周围神经炎等。

【用法与用量】以维生素 B_6 计。内服：一次量，牛 3～5g。

【注意事项】与维生素 B_{12} 合用，可促进维生素 B_{12} 的吸收。

【休药期】无需制定。

维生素 B_6 注射液 本品为无色至微黄色的澄明液体。

【作用与用途】维生素类药。用于皮炎和周围神经炎等。

【用法与用量】以维生素 B_6 计。内服：一次量，牛 3～5g。

【注意事项】与维生素 B_{12} 合用，可促进维生素 B_{12} 的吸收。

【休药期】无需制定。

· 维 生 素 B_{12} ·

维生素 B_{12} 注射液 本品为粉红色至红色的澄明液体。

【作用与用途】维生素类药。用于维生素 B_{12} 缺乏所致的贫血、幼畜生长迟缓等。

【用法与用量】以维生素 B_{12} 计。肌内注射：一次量，牛 1～2mg。

【不良反应】肌内注射偶可引起皮疹、瘙痒、腹泻以及过敏性哮喘。

【注意事项】在防治巨幼红细胞贫血症时，本品与叶酸配合应用可取得更好的效果。

【休药期】无需制定。

· 维 生 素 C ·

维生素 C 注射液 本品为无色至微黄色的澄明液体。

【作用与用途】维生素类药。主要用于维生素 C 缺乏症、发热、慢性消耗性疾病等。

【用法与用量】以维生素 C 计。肌内、静脉注射：一次量，牛 2～4g。

【不良反应】给予高剂量时，尿酸盐、草酸盐或胱氨酸结晶形成的风险增加。

【注意事项】（1）与水杨酸类和巴比妥合用能增加维生素 C 的排泄。

（2）与维生素 K_3、维生素 B_2、碱性药物和铁离子等溶液配伍，可影响药效，不宜配伍。

（3）大剂量应用时可酸化尿液，使某些有机碱类药物排泄增加。

（4）对氨基糖苷类、β-内酰胺类、四环素类等多种抗生素具有不同程度的灭活作用，因此不宜与这些抗生素混合注射。

【休药期】无需制定。

· 维 生 素 D_3 ·

维生素 D_3 注射液　本品为淡黄色的澄明油状液体。

【作用与用途】维生素类药。主要用于防治维生素 D 缺乏症，如佝偻病、骨软症等。

【用法与用量】以维生素 D_3 计。肌内注射：一次量，每 1kg 体重，家畜 1 500～3 000IU。

【不良反应】（1）过多的维生素 D 会直接影响钙和磷的代谢，减少骨的钙化作用，在软组织出现异位钙化，以及导致心律失常和神经功能紊乱等症状。

（2）维生素 D 过多还会间接干扰其他脂溶性维生素（如维生素 A、维生素 E 和维生素 K）的代谢。

【注意事项】用维生素 D 时应注意补充钙剂，中毒时应立即停用本品和钙制剂。

【休药期】无需制定。

· 维 生 素 E ·

维生素 E 注射液　本品为淡黄色的澄明油状液体。

【作用与用途】维生素类药。主要用于治疗因维生素 E 缺乏所致的不孕症、白肌病等。

【用法与用量】以维生素E计。皮下、肌内注射：一次量，犊 0.5～1.5g。

【不良反应】过高剂量可诱导凝血障碍。

【注意事项】（1）维生素E和硒同用具有协同作用。

（2）大剂量的维生素E可延迟抗缺铁性贫血药物的治疗效应。

（3）液状石蜡、新霉素能减少本品的吸收。

（4）偶尔可引起死亡、流产或早产等过敏反应，可立即注射肾上腺素或抗组胺药物治疗。

（5）注射体积超过5mL时应分点注射。

【休药期】无需制定。

· 维 生 素 K_1 ·

维生素 K_1 注射液 本品为黄色的液体。

【作用与用途】维生素类药。用于维生素K缺乏所致的出血。

【用法与用量】以维生素 K_1 计。肌内、静脉注射：一次量，每 1kg体重，犊 1mg。

【不良反应】肌内注射可引起局部红肿和疼痛。

【注意事项】静脉注射宜缓慢。

【休药期】无需制定。

二、矿物质类

· 葡 萄 糖 酸 钙 ·

葡萄糖酸钙注射液 本品为无色的澄明液体。

【作用与用途】钙补充药。用于钙缺乏症及过敏性疾病，亦可解除镁离子中毒引起的中枢抑制。

【用法与用量】以葡萄糖酸钙计。静脉注射：一次量，牛 20～60g。

【不良反应】心脏或肾脏疾病的患畜，可能产生高钙血症。

【注意事项】本品注射宜缓慢，应用强心苷期间禁用。有刺激性，不宜皮下或者肌内注射。注射液不可漏出血管外，否则会导致疼痛及组织坏死。

【休药期】无需制定。

硼葡萄糖酸钙注射液 本品为无色澄明液体。

【作用与用途】钙补充药。用于钙缺乏症。

【用法与用量】以钙计。静脉注射：一次量，每 100kg 体重，牛 1g。

【注意事项】缓慢注射，忌与强心苷并用。

【休药期】无需制定。

·氯 化 钙·

氯化钙注射液 本品为无色的澄明液体。

【作用与用途】钙补充药。用于低钙血症以及毛细血管通透性增加所致疾病。

【用法与用量】以氯化钙计。静脉注射：一次量，牛 5～15g。

【不良反应】（1）钙剂治疗可能诱发高钙血症，尤其是心、肾功能不良患畜。

（2）静脉注射钙剂速度过快可引起低血压、心律失常和心跳停止。

【注意事项】（1）本品刺激性强，不宜皮下或肌内注射，其 5% 溶液不可直接静脉注射，注射前应以 10～20 倍葡萄糖注射液稀释。

（2）静脉注射宜缓慢，快速静脉注射能引起低血压、心律失常，甚至心搏停止。

（3）勿漏出血管。若发生漏出，受影响局部可注射生理盐水、糖皮质激素和 1% 普鲁卡因。

（4）应用强心苷期间禁用本品。

【休药期】无需制定。

氯化钙葡萄糖注射液　本品为无色澄明液体。

【作用与用途】钙补充药。用于低钙血症、心脏衰竭、荨麻疹、血管神经性水肿和其他毛细血管通透性增加的过敏性疾病。

【用法与用量】以本品计。静脉注射：一次量，牛 100～300mL。

【不良反应】(1) 钙剂治疗可能诱发高钙血症，尤其在心、肾功能不良患畜。

(2) 静脉注射钙剂速度过快可引起低血压、心律失常和心跳停止。

【注意事项】(1) 本品刺激性强，不宜皮下或肌内注射，其5%溶液不可直接静脉注射，注射前应以 10～20 倍葡萄糖注射液稀释。

(2) 静脉注射宜缓慢，快速静脉注射能引起低血压、心律失常，甚至心搏停止。

(3) 勿漏出血管。若发生漏出，受影响局部可注射生理盐水、糖皮质激素和1%普鲁卡因。

(4) 应用强心苷期间禁用本品。

【休药期】无需制定。

·碳　酸　钙·

本品为白色极细微的结晶性粉末，无臭，无味。

【作用与用途】钙补充药。

【用法与用量】以本品计。内服：一次量，牛 30～120g。

【休药期】无需制定。

【贮藏】密封保存。

·亚　硒　酸　钠·

亚硒酸钠注射液　本品为无色的澄明液体。

【作用与用途】硒补充药。用于防治幼畜白肌病等。

【用法与用量】以亚硒酸钠计。肌内注射：一次量，牛 30～50mg。

【不良反应】硒毒性较大，病理损伤包括水肿、充血和坏死，可涉及许多系统。

【注意事项】（1）皮下或肌内注射时有局部刺激性。

（2）本品有较强毒性，中毒时表现为呕吐、呼吸抑制、虚弱、中枢抑制、昏迷等症状，严重可致死亡。

（3）补硒的同时添加维生素 E，则防治效果更好。

【休药期】无需制定。

亚硒酸钠维生素 E 注射液　本品为乳白色乳状液体。

【作用与用途】维生素及硒补充药。用于治疗幼畜白肌病。

【用法与用量】肌内注射：一次量，犊 5～8mL。

【不良反应】硒毒性较大，病理损伤包括水肿、充血和坏死，可涉及许多系统。

【注意事项】（1）皮下或肌内注射有局部刺激性。

（2）硒毒性较大，超量肌内注射易致动物中毒，中毒时表现为呕吐、呼吸抑制、虚弱、中枢抑制、昏迷等症状，严重可致死亡。

【休药期】无需制定。

三、其他

·葡　萄　糖·

葡萄糖注射液　本品为无色或几乎无色的澄明液体；味甜。

【作用与用途】体液补充药。5％等渗溶液用于补充营养和水分；10％高渗溶液用于提高血液渗透压和利尿脱水。

【用法与用量】以葡萄糖计。静脉注射：一次量，牛 50～250g。

【不良反应】长期单纯补给葡萄糖可出现低钾、低钠血症等电解质紊乱状态。

【注意事项】高渗注射液应缓慢注射，以免加重心脏负担，且勿漏出血管外。

【休药期】无需制定。

葡萄糖氯化钠注射液 本品为无色的澄明液体。

【作用与用途】体液补充药。用于脱水症。

【用法与用量】以本品计。静脉注射：一次量，牛 1 000～3 000mL。

【不良反应】输注过多、过快，可致水钠潴留，引起水肿、血压升高、心率加快、胸闷、呼吸困难，甚至急性左心衰竭。

【注意事项】（1）低钾血症患畜慎用。

（2）易致肝、肾功能不全患病动物水钠潴留，应注意控制剂量。

【休药期】无需制定。

·氯 化 钠·

氯化钠注射液 本品为无色的澄明液体；味微咸。

【作用与用途】体液补充药。用于脱水症。

【用法与用量】以本品计。静脉注射：一次量，牛 1 000～3 000mL。

【不良反应】（1）输注或内服过多、过快，可致水钠潴留，引起水肿、血压升高、心率加快。

（2）过多、过快给予低渗氯化钠可致溶血、脑水肿等。

【注意事项】（1）脑、肾、心脏功能不全及血浆蛋白过低患畜慎用。肺水肿患畜禁用。

（2）本品所含有的氯离子比血浆氯离子浓度高，已发生酸中毒动物，如大量应用，可引起高氯性酸中毒。此时可改用碳酸氢钠和生理盐水。

【休药期】无需制定。

复方氯化钠注射液 本品为无色的澄明液体；味微咸。

【作用与用途】体液补充剂。用于脱水症。

【用法与用量】以本品计。静脉注射：一次量，牛1 000～3 000mL。

【不良反应】（1）输注或内服过多、过快，可致水钠钾潴留，引起水肿，血压升高，心率加快。

（2）过多、过快给予低渗氯化钠可致溶血、脑水肿等。

【注意事项】（1）脑、肾、心脏功能不全及血浆蛋白过低患畜慎用。肺水肿患畜禁用。

（2）本品所含有的氯离子比血浆氯离子浓度高，已发生酸中毒动物，如大量应用，可引起高氯性酸中毒。此时可改用碳酸氢钠和生理盐水。

【休药期】无需制定。

·氯 化 钾·

氯化钾注射液 本品为无色的澄明液体。

【作用与用途】体液补充药。主要用于低钾血症，亦可用于强心苷中毒引起的阵发性心动过速等。

【用法与用量】以氯化钾计。静脉注射：一次量，牛2～5g。使用时必须用5%葡萄糖注射液稀释成0.3%以下的溶液。

【不良反应】应用过量或滴注过快易引起高血钾症。

【注意事项】（1）高浓度溶液或快速静脉注射可能会导致心搏骤停。

（2）肾功能严重减退或尿少时慎用，无尿或血钾过高时禁用。

（3）脱水病例一般先给不含钾的液体，等排尿后再补钾。

【休药期】无需制定。

·碳 酸 氢 钠·

碳酸氢钠片 本品为白色片。

【作用与用途】酸碱平衡调节药。用于酸血症、胃肠卡他，也用于碱化尿液。

【用法与用量】以碳酸氢钠计。内服：一次量，牛 30～100g。

【不良反应】(1) 剂量过大或肾功能不全患畜可出现水肿、肌肉疼痛等症状。

(2) 内服时可在胃内产生大量 CO_2，引起胃肠臌气。

【注意事项】充血性心力衰竭、肾功能不全和水肿或缺钾等患畜慎用。

【休药期】无需制定。

· 碳酸氢钠注射液 ·

【作用与用途】酸碱平衡调节药。用于酸血症。

【用法与用量】以碳酸氢钠计。静脉注射：一次量，牛 15～30g。

【不良反应】(1) 大量静脉注射时可引起代谢性碱中毒、低钾血症，易出现心律失常、肌肉痉挛。

(2) 剂量过大或肾功能不全患畜可出现水肿、肌肉疼痛等症状。

【注意事项】(1) 应避免与酸性药物、复方氯化钠、硫酸镁或盐酸氯丙嗪注射液等混合应用。

(2) 对组织有刺激性，静脉注射时勿漏出血管外。

(3) 用量要适当，纠正严重中毒时，应测定 CO_2 结合力作为用量依据。

(4) 患有充血性心力衰竭、肾功能不全和水肿或缺钾等患畜慎用。

【休药期】无需制定。

· 右旋糖酐 40 ·

右旋糖酐 40 葡萄糖注射液 本品为无色、稍带黏性的澄明液体，有时显轻微的乳光。

【作用与用途】血容量补充药。主要用于补充和维持血容量，治疗失血、创伤、烧伤及中毒性休克。

【用法与用量】以本品计。静脉注射：一次量，牛 500～1 000mL。

【不良反应】（1）偶见发热、荨麻疹等过敏反应。

（2）增加出血倾向。

（3）与氨基糖苷类药物（如卡那霉素或庆大霉素）合用可明显增加肾毒性。

【注意事项】（1）静脉注射宜缓慢，用量过大可致出血。如鼻出血、创面渗血、血尿等。有出血倾向的患畜忌用。

（2）充血性心力衰竭或有出血性疾病的患畜禁用。患有肝肾疾病的患畜慎用。

（3）发生发热、荨麻疹等过敏反应时，应立即停药，必要时注射苯海拉明或糖皮质激素类药物解救。

（4）失血量如超过 35％时应用本品可继发严重贫血，需采用输血疗法。

【休药期】无需制定。

右旋糖酐 40 氯化钠注射液　本品为无色、稍带黏性的澄明液体，有时显轻微的乳光。

【作用与用途】【用法与用量】【不良反应】【注意事项】与【休药期】参照右旋糖酐 40 葡萄糖注射液。

· 右旋糖酐 70 ·

右旋糖酐 70 葡萄糖注射液　本品为无色、稍带黏性的澄明液体，有时显轻微的乳光。

【作用与用途】【用法与用量】【不良反应】【注意事项】与【休药期】参照右旋糖酐 40 葡萄糖注射液。

右旋糖酐 70 氯化钠注射液

【作用与用途】【用法与用量】【不良反应】【注意事项】与【休药期】参照右旋糖酐 40 葡萄糖注射液。

第五节 机能调控类药物

一、中枢神经系统药物

(一) 中枢兴奋药

·咖 啡 因·

安钠咖注射液 本品为无水咖啡因与苯甲酸钠的灭菌水溶液。

【作用与用途】中枢兴奋药。能加强大脑皮质的兴奋过程，兴奋呼吸及血管运动中枢。用于中枢性呼吸、循环抑制和麻醉药中毒的解救。

【用法与用量】以有效成分计。静脉、肌内或皮下注射：一次量，牛 2~5g。

【不良反应】剂量过大可引起反射亢进、肌肉抽搐乃至惊厥。

【注意事项】(1) 忌与鞣酸、碘化物、盐酸四环素及盐酸土霉素等酸性药物配伍，以免发生沉淀。

(2) 大家畜心动过速（100 次/min 以上）或心律不齐时禁用。

(3) 剂量过大或给药过频易发生中毒，中毒时可用溴化物、水合氯醛或巴比妥类药物解救。

【休药期】牛 28d。

·尼 可 刹 米·

尼可刹米注射液 本品为尼可刹米的灭菌水溶液。

【作用与用途】中枢兴奋药。用于解救呼吸中枢抑制。

【用法与用量】以尼可刹米计。静脉、肌内或皮下注射：一次量，牛 2.5~5g。

【不良反应】本品不良反应少，但剂量过大可引起血压升高、出汗、心律失常，震颤及肌肉强直，过量亦可引起惊厥。

【注意事项】（1）本品静脉注射速度不宜过快。

（2）如出现惊厥，应及时静脉注射地西泮或小剂量硫喷妥钠。

（3）兴奋作用之后，常出现中枢抑制现象。

【休药期】无需制定。

·硝酸士的宁·

硝酸士的宁注射液　本品为硝酸士的宁的灭菌水溶液。

【作用与用途】中枢兴奋药。用于脊髓性不全麻痹。

【用法与用量】以硝酸士的宁计。皮下注射：一次量，牛 15～30mg。

【不良反应】本品毒性大，安全范围小，过量易出现肌肉震颤、脊髓兴奋性惊厥、角弓反张等。

【注意事项】（1）本品排泄缓慢，长期应用易蓄积中毒，故使用时间不宜太长，反复给药应酌情减量。

（2）因过量出现惊厥时应保持动物安静，避免外界刺激，并迅速肌内注射苯巴比妥钠等进行解救。

（3）孕畜及中枢神经系统兴奋症状的患畜忌用。

（4）肝肾功能不全、癫痫及破伤风患畜禁用。

【休药期】无需制定。

·樟脑磺酸钠·

樟脑磺酸钠注射液　本品为樟脑磺酸钠的灭菌水溶液。

【作用与用途】中枢兴奋药。用于心脏衰弱和呼吸抑制等辅助治疗。

【用法与用量】以樟脑磺酸钠计。静脉、肌内、皮下注射：一次量，牛1～2g。

【注意事项】（1）如出现结晶时，可加温溶解后使用。

（2）家畜宰前不宜使用。

（3）过量中毒时可静脉注射水合氯醛、硫酸镁和10％葡萄糖注射液解救。

【休药期】无需制定。

（二）镇静药与抗惊厥药

·盐酸氯丙嗪·

盐酸氯丙嗪注射液　本品为盐酸氯丙嗪的灭菌水溶液。

【作用与用途】镇静药。用于强化麻醉以及使动物安静等。

【用法与用量】以盐酸氯丙嗪计。肌内注射：一次量，每1kg体重，牛0.5～1mg。

【注意事项】（1）静脉注射前应进行稀释，注射速度宜慢。

（2）不可与pH 5.8以上的药液配伍，如青霉素钠（钾）、戊巴比妥钠、苯巴比妥钠、氨茶碱和碳酸氢钠等。

（3）过量引起的低血压禁用肾上腺素解救，但可选用去甲肾上腺素。

（4）有黄疸、肝炎和肾炎的患畜及年老体弱牛慎用。

【休药期】28d。

·地 西 泮·

地西泮注射液　本品为地西泮的灭菌水溶液。

【作用与用途】镇静药与抗惊厥药。用于肌肉痉挛、癫痫及惊厥等。

【用法与用量】以地西泮计。肌内、静脉注射：一次量，每1kg

体重，牛 0.5～1mg。

【注意事项】（1）食品动物禁止用作促生长剂。

（2）静脉注射宜缓慢，以防造成心血管和呼吸抑制。

（3）肝肾功能障碍患畜慎用，孕畜忌用。

（4）本品能增强其他中枢抑制药的作用，若同时应用应注意调整剂量。

【休药期】28d。

·硫 酸 镁·

硫酸镁注射液　本品为硫酸镁的灭菌水溶液。

【作用与用途】抗惊厥药。主要用于破伤风及其他痉挛性疾病。

【用法与用量】以硫酸镁计。静脉、肌内注射：一次量，牛 10～25g。

【不良反应】静脉注射速度过快或过量可导致血镁过高，可引起血压剧降，呼吸抑制，心动过缓，神经肌肉兴奋传导阻滞，甚至死亡。

【注意事项】（1）静脉注射宜缓慢，遇有呼吸麻痹等中毒现象时，应立即静脉注射钙剂解救。

（2）患有肾功能不全、严重心血管疾病、呼吸系统疾病的患畜慎用或不用。

（3）与硫酸黏菌素、硫酸链霉素、葡萄糖酸钙、盐酸普鲁卡因、四环素、青霉素等药物存在配伍禁忌。

【休药期】无需制定。

（三）麻醉性镇痛药

·盐 酸 哌 替 啶·

盐酸哌替啶注射液　本品为盐酸哌替啶的灭菌水溶液。

【作用与用途】镇痛药。用于缓解创伤性疼痛和某些内脏疾患的剧痛。

【用法与用量】以盐酸哌替啶计。皮下、肌内注射：一次量，每1kg体重，牛2～4mg。

【不良反应】(1) 具有心血管抑制作用，易致血压下降。

(2) 过量中毒可致呼吸抑制、惊厥、心动过速、瞳孔散大等。

【注意事项】(1) 对注射部位有较强刺激性。

(2) 不宜用于妊娠动物、产科手术。

(3) 禁用于患有慢性阻塞性肺部疾患、支气管哮喘、肺源性心脏病和严重肝功能减退的患畜。

(4) 过量中毒时，除用纳洛酮对抗呼吸抑制外，尚须配合使用巴比妥类药物以对抗惊厥。

【休药期】无需制定。

(四) 全身麻醉药

· 硫 喷 妥 钠 ·

注射用硫喷妥钠 本品为硫喷妥钠 100 份与无水碳酸钠 6 份混合的灭菌粉末。

【作用与用途】巴比妥类药。用于动物的基础麻醉。

【用法与用量】以硫喷妥钠计。静脉注射：一次量，每 1kg 体重，牛 10～15mg；犊 15～20mg；临用前配成 2.5%溶液。

【不良反应】一过性白细胞减少症、高血糖、窒息、心动过速和呼吸性酸中毒。

【注意事项】(1) 药液只供静脉注射，对巴比妥类药物有过敏史和心血管疾病患畜禁用。

(2) 肝、肾功能障碍，重病，衰弱，休克，腹部手术，支气管哮喘（可引起喉头痉挛、支气管水肿）等情况下禁用。

（3）因溶液碱性很强，因此静脉注射时不可漏出血管外，否则易引起静脉周围组织炎症；而快速静脉注射会引起明显的血管扩张和高血糖。

（4）反刍动物麻醉前注射阿托品，可减少腺体分泌。

（5）因本品可引起溶血，因此不得使用浓度小于 2% 的注射液。

（6）本品过量引起的呼吸与循环抑制，除采用支持性呼吸疗法和心血管支持药物（禁用肾上腺素类药物）外，还可用戊四氮等呼吸中枢兴奋药解救。

【休药期】无需制定。

· 盐 酸 氯 胺 酮 ·

盐酸氯胺酮注射液　本品为盐酸氯胺酮的灭菌水溶液。

【作用与用途】全身麻醉药。用于全身麻醉及化学保定。

【用法与用量】以盐酸氯胺酮计。静脉注射：一次量，每 1kg 体重，牛 2～3mg。

【不良反应】（1）本品可使动物血压升高、唾液分泌增多、呼吸抑制和呕吐等。

（2）高剂量可产生肌肉张力增加、惊厥、呼吸困难、痉挛、心搏暂停和苏醒期延长等。

【注意事项】（1）怀孕后期动物禁用。

（2）对咽喉或支气管的手术或操作，不宜单用本品，必须合用肌肉松弛剂。

（3）反刍动物应用时，麻醉前常需禁食 12～24h，并给予小剂量阿托品抑制腺体分泌；应用时，常用赛拉嗪等作麻醉前给药。

【休药期】无需制定。

（五）化学保定药

·赛 拉 嗪·

盐酸赛拉嗪注射液 本品为赛拉嗪加盐酸适量制成的灭菌水溶液。

【作用与用途】化学保定药。有镇静、镇痛和骨骼肌松弛作用，主要用于家畜和野生动物的化学保定和基础麻醉作用。

【用法与用量】以赛拉嗪计。肌内注射：一次量，每 1kg 体重，牛 0.1～0.3mg。

【不良反应】反刍动物对本品敏感，用药后表现唾液分泌增多、瘤胃弛缓、膨胀、逆呕、腹泻、心搏缓慢和运动失调等，妊娠后期的牛会出现早产或流产。

【注意事项】（1）产奶动物禁用。

（2）牛用本品前应禁食一定时间，并注射阿托品；手术时应采用伏卧姿势，并将头放低，以防异物性肺炎及减轻瘤胃胀气时压迫心肺。妊娠后期牛不宜应用。

（3）有呼吸抑制、心脏病、肾功能不全等症状的患畜慎用。

（4）中毒时，可用 α^2 受体阻断药及阿托品等解救。

【休药期】14d。

·赛 拉 唑·

盐酸赛拉唑注射液 本品为赛拉唑加盐酸适量制成的灭菌水溶液。

【作用与用途】化学保定药。有镇静、镇痛和骨骼肌松弛作用，主要用于家畜和野生动物的化学保定，也可用于基础麻醉。

【用法与用量】以盐酸赛拉唑计。肌内注射：一次量，每 1kg 体重黄牛、牦牛 0.2～0.6mg；水牛 0.4～1mg。

【不良反应】反刍动物对本品敏感，用药后表现唾液分泌增多、瘤胃弛缓、膨胀、逆呕、腹泻、心搏缓慢和运动失调等，妊娠后期的牛会出现早产或流产。

【注意事项】（1）牛用本品前应禁食一定时间，并注射阿托品；手术时应采用俯卧姿势，并将头放低，以防异物性肺炎及减轻瘤胃胀气时压迫心肺。妊娠后期牛不宜应用。

（2）有呼吸抑制、心脏病、肾功能不全等症状的患畜慎用。

（3）中毒时，可用 α^2 受体阻断药及阿托品等解救。

【休药期】28d。

· 氯化琥珀胆碱 ·

氯化琥珀胆碱注射液　本品为氯化琥珀胆碱的灭菌溶液。

【作用与用途】骨骼肌松弛药。主要用于动物的化学保定和外科辅助麻醉。

【用法与用量】以氯化琥珀胆碱计。肌内注射：一次量，每 1kg 体重，牛 0.01～0.016mg。

【不良反应】（1）本品过量易引起呼吸肌麻痹。

（2）本品使肌肉持久去极化而释放出钾离子，使血钾升高。

（3）本品使唾液腺、支气管腺和胃腺的分泌增加。

【注意事项】（1）水合氯醛、氯丙嗪、普鲁卡因和氨基糖苷类抗生素能增强本品的肌松作用和毒性，不可合用；本品与新斯的明、有机磷类化合物同时应用，可使作用和毒性增强；噻嗪类利尿药可增强本品的作用。

（2）反刍动物对本品敏感，用药前应停食半日，以防影响呼吸或造成异物性肺炎，用药前可注射阿托品以制止唾液腺和支气管腺的分泌。

（3）用药过程中如发现呼吸抑制或停止时，应立即将舌拉出，施以人工呼吸或输氧，同时静脉注射尼可刹米，但不可应用新斯的明解救。

（4）年老体弱、营养不良及妊娠动物忌用。高血钾、心肺疾患、电解质紊乱和使用抗胆碱酯酶药时慎用。

（5）琥珀胆碱在碱性溶液中可水解失效。

【休药期】无需制定。

二、外周神经系统药物

（一）拟胆碱药

·氯化氨甲酰甲胆碱·

氯化氨甲酰甲胆碱注射液　本品为氯化氨甲酰甲胆碱的灭菌水溶液。

【作用与用途】拟胆碱药。主要用于胃肠弛缓，也用于膀胱积尿、胎衣不下和子宫蓄脓等。

【用法与用量】以氯化氨甲酰甲胆碱计。皮下注射：一次量，每1kg体重，牛 0.05～0.1mg。

【不良反应】较大剂量可引起腹泻、气喘、呼吸困难。

【注意事项】（1）患有肠道完全阻塞或创伤性网胃炎的动物及孕畜禁用。

（2）过量中毒时可用阿托品解救。

【休药期】无需制定。

·新斯的明·

甲硫酸新斯的明注射液　本品为甲硫酸新斯的明的灭菌水溶液。

【作用与用途】抗胆碱酯酶药。主要用于胃肠弛缓、重症肌无力和胎衣不下等。

【用法与用量】以甲硫酸新斯的明计。肌内、皮下注射：一次量，牛 4～20mg。

【不良反应】治疗剂量副作用较小。过量可引起出汗、心动过缓、肌肉震颤或肌麻痹。

【注意事项】（1）机械性肠梗阻或支气管哮喘的患畜禁用。

（2）中毒时可用阿托品对抗其对 M 受体的兴奋作用。

（3）本品可延长和加强去极化型肌松药氯化琥珀胆碱的肌肉松弛作用；与非去极化性肌松药有颉颃作用。

【休药期】无需制定。

（二）抗胆碱药

·阿 托 品·

硫酸阿托品注射液 本品为硫酸阿托品的灭菌水溶液。

【作用与用途】抗胆碱药。具有解除平滑肌痉挛、抑制腺体分泌等作用。主要用于解救有机磷酸酯类药物中毒、颉颃胆碱神经兴奋症状和麻醉前给药。

【用法与用量】以硫酸阿托品计。肌内、皮下或静脉注射：一次量，每 1kg 体重，麻醉前给药，牛 0.02～0.05mg；解除有机磷酸酯类中毒，牛 0.5～1mg。

【不良反应】（1）本品不良反应与用药目的有关，其毒性作用往往是使用过大剂量所致。在麻醉前给药或治疗消化道疾病时，易致肠臌胀、瘤胃臌胀和便秘等。

（2）所有动物的中毒症状基本类似，即表现为口干、瞳孔扩大、脉搏快而弱、兴奋不安和肌肉震颤等，严重时则出现昏迷、呼吸浅表、运动麻痹等，最终可因惊厥、呼吸抑制及窒息而死亡。

【注意事项】（1）可增强噻嗪类利尿药、拟肾上腺素药物的作用。

（2）可加重双甲脒的某些毒性症状，引起肠蠕动的进一步抑制。

（3）肠梗阻、尿潴留等患畜禁用。

（4）中毒解救时宜采用对症性支持疗法，极度兴奋时可试用毒扁豆碱、短效巴比妥类、水合氯醛等药物对抗。禁用吩噻嗪类药物如氯丙嗪治疗。

【休药期】无需制定。

· 东 莨 菪 碱 ·

氢溴酸东莨菪碱注射液 本品为氢溴酸东莨菪碱的灭菌水溶液。

【作用与用途】抗胆碱药。有解除平滑肌痉挛、抑制腺体分泌、散大瞳孔等作用。用于动物兴奋不安、胃肠道平滑肌痉挛等。

【用法与用量】以氢溴酸东莨菪碱计。皮下注射：一次量，牛 1～3mg。

【不良反应】用药动物可出现胃肠蠕动减弱、腹胀、便秘、尿潴留或心动过速等不良反应。

【注意事项】心律失常患畜慎用。

【休药期】无需制定。

（三）拟肾上腺素药

· 去甲肾上腺素 ·

重酒石酸去甲肾上腺素注射液 本品为重酒石酸去甲肾上腺素加氯化钠适量使成等渗的灭菌水溶液。

【作用与用途】拟肾上腺素类药。具有强烈的收缩血管、升高血压作用。用于外周循环衰竭休克时的早期急救。

【用法与用量】以重酒石酸去甲肾上腺素计。静脉滴注：一次量，牛 8～12mg；临用前稀释成每 1mL 中含 4～8μg 的药液。

【不良反应】（1）静脉滴注时间过长、剂量过高或药液外漏，可引起局部缺血坏死。

（2）静脉滴注时间过长或剂量过大，可使肾脏血管剧烈收缩，导致急性肾衰竭。

【注意事项】（1）因静脉注射后在药物体内迅速被组织摄取，作用仅维持几分钟，故应采用静脉滴注，以维持有效血药浓度。

（2）限用于休克早期的应急抢救，并在短时间内小剂量静脉滴注。若长期大剂量应用可导致血管持续地强烈收缩，加重组织缺血、缺氧，使休克的微循环障碍恶化。

（3）静脉滴注时严防药液外漏，以免引起局部组织坏死。

（4）出血性休克禁用，器质性心脏病、少尿、无尿及严重微循环障碍等禁用。

【休药期】无需制定。

·肾 上 腺 素·

盐酸肾上腺素注射液　本品为肾上腺素加盐酸适量，并加氯化钠适量使成等渗的灭菌水溶液。

【作用与用途】拟肾上腺素类药。用于心脏骤停的急救；缓解严重过敏性疾患的症状；亦常与局部麻醉药配伍，以延长局部麻醉持续时间。

【用法与用量】以本品计。皮下注射：一次量，牛 2～5mL。

静脉注射：一次量，牛 1～3mL。

【不良反应】本品可诱发兴奋、不安、颤抖、呕吐、高血压（过量）、心律失常等。局部重复注射可引起注射部位组织坏死。

【注意事项】（1）本品如变色则不得使用。

（2）与全麻药如水合氯醛合用时，易发生心室颤动。亦不能与洋地黄、钙剂合用。

（3）器质性心脏疾患、甲状腺功能亢进、外伤性及出血性休克等患畜慎用。

【休药期】无需制定。

（四）局部麻醉药

·普 鲁 卡 因·

盐酸普鲁卡因注射液 本品为盐酸普鲁卡因加氯化钠适量使成等渗的灭菌水溶液。

【作用与用途】局部麻醉药。用于浸润麻醉、传导麻醉、硬膜外麻醉和封闭疗法。

【用法与用量】以盐酸普鲁卡因计。浸润麻醉、封闭疗法：0.25%～0.5%溶液。传导麻醉：2%～5%溶液，每个注射点，大动物 10～20mL。硬膜外麻醉：2%～5%溶液，牛 20～30mL。

【注意事项】（1）剂量过大易出现吸收作用，可引起中枢神经系统先兴奋后抑制的中毒症状，应进行对症治疗。

（2）本品应用时常加入 0.1%盐酸肾上腺素注射液，以减少普鲁卡因吸收，延长局麻时间。

【休药期】无需制定。

·利 多 卡 因·

盐酸利多卡因注射液 本品为盐酸利多卡因的灭菌水溶液。

【作用与用途】局部麻醉药。用于表面麻醉和传导麻醉。

【用法与用量】浸润麻醉：配成 0.25%～0.5%溶液。表面麻醉：配成 2%～5%溶液。传导麻醉：配成 2%溶液，每个注射点，牛 8～

12mL。硬膜外麻醉：配成 2%溶液，牛 8～12mL。

【不良反应】常用量不良反应很少见。过量的不良反应主要有嗜睡、共济失调、肌肉震颤等。大量吸收后可引起中枢兴奋如惊厥，甚至发生呼吸抑制。

【注意事项】（1）当本品用于硬膜外麻醉和静脉注射时，不可加肾上腺素。

（2）剂量过大易出现吸收作用，可引起中枢抑制、共济失调、肌肉震颤等。

【休药期】无需制定。

三、呼吸系统药物

（一）祛痰镇咳药

·氯 化 铵·

【作用与用途】祛痰药。祛痰镇咳，主要用于支气管炎初期。

【用法与用量】内服：一次量，牛 10～25g。

【注意事项】（1）肝脏、肾脏功能异常的患畜，内服氯化铵容易引起血氯过高性酸中毒和血氨升高，应慎用或禁用。

（2）忌与碱性药物、重金属盐、磺胺药等配伍应用。

【休药期】无需制定。

·碘 化 钾·

碘化钾片　本品为白色片。

【作用与用途】祛痰药。用于放线菌病和慢性支气管炎。

【用法与用量】以碘化钾计。内服：一次量，牛 5～10g。

【注意事项】（1）碘化钾在酸性溶液中能析出游离碘。

（2）肝、肾功能低下患畜慎用。

（3）不适于急性支气管炎症。

【休药期】无需制定。

（二）平喘药

·氨 茶 碱·

氨茶碱注射液 本品为氨茶碱的灭菌水溶液。

【作用与用途】平喘药。具有松弛支气管平滑肌、扩张血管、利尿等作用。用于缓解气喘症状。

【用法与用量】以氨茶碱计。肌内、静脉注射：一次量，牛1～2g。

【不良反应】引起中枢神经系统兴奋。

【注意事项】（1）静脉注射或静脉滴注如用量过大、浓度过高或速度过快，都可强烈兴奋心脏和中枢神经，故需稀释后注射并注意掌握速度和剂量。

（2）注射液碱性较强，可引起局部红肿、疼痛，应作深部肌内注射。

（3）肝功能低下，心衰患畜慎用。

【休药期】无需制定。

四、消化系统药物

（一）健胃药与助消化药

·碳 酸 氢 钠·

人工矿泉盐 由干燥硫酸钠（44%）、碳酸氢钠（36%）、氯化钠（18%）、硫酸钾（2%）混合制成的白色粉末。

【作用与用途】健胃药。小剂量用于消化不良、前胃弛缓和慢性胃肠卡他等；大剂量用于早期大肠便秘。

【用法与用量】以本品计。内服：健胃，一次量，牛 50～150g；缓泻，一次量，牛 200～400g。

【注意事项】(1) 与酸性药物同服可发生中和反应，使药效降低。禁与酸性药物配伍应用。

(2) 作泻药用时宜大量饮水。

【休药期】无需制定。

·胃蛋白酶·

本品系自猪、羊或牛的胃黏膜中提取制得的胃蛋白酶。

【作用与用途】助消化药。用于胃液分泌不足及幼畜胃蛋白酶缺乏所致的消化不良。

【用法与用量】以本品计。内服：一次量，牛 4 000～8 000IU。

【注意事项】(1) 当胃液分泌不足引起消化不良时，胃内盐酸也常分泌不足。因此使用本品时应同服稀盐酸。

(2) 忌与碱性药物、鞣酸、重金属盐等配合使用。

(3) 温度超过 70℃时迅速失效；剧烈搅拌可破坏其活性。

【休药期】无需制定。

·稀 盐 酸·

本品系取盐酸 234mL 加水稀释至 1 000mL 制得。

【作用与用途】助消化药。用于胃酸缺乏症。

【用法与用量】以本品计。内服：一次量，牛 15～30mL。

【注意事项】(1) 禁与碱类、盐类健胃药、有机酸、洋地黄及其制剂合用。

(2) 用药浓度和剂量不宜过大，否则因食糜酸度过高，反射性引起幽门括约肌痉挛，影响胃排空，产生腹痛。

【休药期】无需制定。

·干 酵 母 片·

本品为淡黄色至淡黄棕色片。

【作用与用途】助消化药和维生素类药。临床用于维生素 B_1 缺乏症和消化不良的辅助治疗。

【用法与用量】以本品计。内服：一次量，牛 120～150g。

【注意事项】（1）可颉颃磺胺类药物的抗菌作用，不宜合用。

（2）用量过大可发生轻度下泻。

【休药期】无需制定。

（二）瘤胃兴奋药

·浓氯化钠注射液·

本品为氯化钠的高渗灭菌水溶液。

【作用与用途】胃肠平滑肌兴奋药。用于反刍动物前胃弛缓。

【用法与用量】以氯化钠计。静脉注射：一次量，每 1kg 体重，家畜 0.1g。

【不良反应】（1）输注或内服过多、过快，可致水钠潴留，引起水肿，血压升高，心率加快。

（2）过量地给予可致高钠血症。

【注意事项】（1）脑、肾、心脏功能不全及血浆蛋白过低患畜慎用。肺水肿患畜禁用。

（2）本品所含有的氯离子比血浆氯离子浓度高，已发生酸中毒动物，如大量应用，可引起高氯性酸中毒。此时可改用碳酸氢钠和生理盐水。

【休药期】无需制定。

（三）制酵药与消沫药

·乳　酸·

本品为无色或几乎无色的澄清黏稠液体。

【作用与用途】消毒防腐药。用于牛前胃弛缓。

【用法与用量】以本品计。内服：一次量，牛 5～25mL。配成 2％溶液灌服。

【注意事项】禁与氧化剂、氢碘酸、蛋白质溶液及重金属盐配伍。

【休药期】无需制定。

·鱼　石　脂·

本品系植物油（豆油、桐油、玉米油等）经硫化、磺化，再与氨水反应后制得的混合物。

【作用与用途】消毒防腐药。用于胃肠道制酵。

【用法与用量】内服：一次量，牛 10～30g。先加倍量乙醇溶解，再加水稀释成 3％～5％溶液。

【注意事项】禁与酸性药物如稀盐酸、乳酸等混合使用。

【休药期】无需制定。

·二　甲　硅　油·

二甲硅油片　本品为白色或类白色片。

【作用与用途】消沫药。用于泡沫性臌胀病。

【用法与用量】以二甲硅油计。内服：一次量，牛 3～5g。

【注意事项】灌服前后宜灌注少量温水，以减少刺激性。

【休药期】无需制定。

（四）泻药与止泻药

·干 燥 硫 酸 钠·

本品为白色粉末。

【作用与用途】盐类泻药。用于导泻。

【用法与用量】内服：一次量，牛 200～500g。用时配成 3%～4%水溶液。

【注意事项】（1）治疗大肠便秘时，硫酸钠的适宜浓度为 4%～6%。

（2）因易继发胃扩张，不适用于小肠便秘的治疗。

（3）肠炎患畜不宜用本品。

【休药期】无需制定。

·硫 酸 钠·

本品为无色、透明的结晶或颗粒性粉末。

【作用与用途】【不良反应】【注意事项】与**【休药期】**同干燥硫酸钠。

【用法与用量】内服：一次量，牛 400～800g。用时加水配成 6%～8%溶液。

·硫 酸 镁·

本品为无色结晶。

【作用与用途】盐类泻药。用于导泻。

【用法与用量】内服：一次量，牛 300～800g。用时配成 6%～8%溶液。

【不良反应】导泻时如服用浓度过高的溶液，可从组织中吸取大量水分而致机体脱水。

【注意事项】（1）在某些情况（如机体脱水、肠炎等）下，镁离子吸收增多会产生毒副作用。

（2）因易继发胃扩张，不适用于小肠便秘的治疗。

（3）肠炎患畜不宜用本品。

【休药期】无需制定。

·液 状 石 蜡·

本品为无色澄清的油状液体。

【作用与用途】油类泻药。用于便秘。

【用法与用量】内服：一次量，牛 500～1500mL。

【不良反应】暂未见。

【注意事项】不宜多次服用，以免影响消化，阻碍脂溶性维生素及钙、磷的吸收。

【休药期】无需制定。

·碱 式 碳 酸 铋·

碱式碳酸铋片 本品为白色至微黄色片。

【作用与用途】止泻药。用于胃肠炎及腹泻等。

【用法与用量】以碱式碳酸铋计。内服：一次量，牛 15～30g。

【休药期】无需制定。

碱式硝酸铋 本品为白色粉末。

【作用与用途】止泻药。用于胃肠炎及腹泻等。

【用法与用量】内服：一次量，牛 15～30g。

【注意事项】（1）对病原菌引起的腹泻，应先用抗菌药控制其感染后再用本品。

（2）碱式硝酸铋在肠内溶解后，可形成亚硝酸盐，量大时能被吸收引起中毒。

【休药期】无需制定。

·药　用　炭·

本品为黑色粉末。

【作用与用途】止泻药。用于生物碱等中毒及腹泻、胃肠臌气等。

【用法与用量】内服：一次量，牛 20～200g。

【注意事项】能吸附其他药物和影响消化酶活性。

【休药期】无需制定。

·白　陶　土·

本品为类白色细粉，加水湿润后，有类似黏土的气味，颜色加深。

【作用与用途】止泻药。具有一定吸附作用，但吸附能力较药用炭差。兼有收敛作用。内服用于腹泻；外用可作敷剂和撒布剂的基质。

【用法与用量】内服：一次量，牛 50～150g。

【注意事项】能吸附其他药物和影响消化酶活性。

【休药期】无需制定。

·氧　化　镁·

本品为白色粉末。

【作用与用途】止泻药和消胀药。具有吸附、轻泻作用，可用于胃肠臌气。

【用法与用量】内服：一次量，牛 50～100g。

【注意事项】（1）氧化镁与口服抗凝血药合用可减弱抗凝血作用。

（2）与四环素类抗生素合用可减少四环素类的吸收而降低抗菌作用。

【休药期】无需制定。

五、泌尿系统药物

·呋 塞 米·

呋塞米又称速尿，属强效利尿药。

呋塞米片 本品为白色片。

【作用与用途】利尿药。用于各种水肿症。

【用法与用量】以本品计。内服：一次量，每10kg体重，牛1片（20mg规格）或0.4片（50mg规格）。

【不良反应】（1）可诱发低钠血症、低钾血症、低钙血症与低血镁等电解质平衡紊乱，另外，在脱水动物易出现氮血症。

（2）大剂量静脉注射可使听觉受损。

（3）还可引起胃肠道功能紊乱，贫血、白细胞减少和衰弱等症状。

【注意事项】（1）无尿患畜禁用，电解质紊乱或肝损害的患畜慎用。

（2）长期大量用药可出现低血钾、低血钙、低血镁及脱水，应补钾或保钾性利尿药配伍或交替使用，并定时检测水和电解质平衡状态。

（3）应避免与氨基糖苷类抗生素和糖皮质激素合用。

【休药期】无需制定。

呋塞米注射液 本品为无色或几乎无色的澄明液体。

【作用与用途】利尿药。用于各种水肿症。

【用法与用量】以本品计。肌内、静脉注射：一次量，每1kg体重，牛0.05~0.1mL。

【不良反应】（1）可诱发低钠血症、低钾血症、低钙血症与低血镁等电解质平衡紊乱，另外，在脱水动物易出现氮血症。

（2）大剂量静脉注射可损伤听觉。

（3）还可引起胃肠道功能紊乱，贫血、白细胞减少和衰弱等症状。

【注意事项】（1）无尿患畜禁用，电解质紊乱或肝损害的患畜慎用。

（2）长期大量用药可出现低血钾、低血钙、低血镁及脱水，应补钾或保钾性利尿药配伍或交替使用，并定时检测水和电解质平衡状态。

（3）应避免与氨基糖苷类抗生素和糖皮质激素合用。

【休药期】无需制定。

·氢氯噻嗪·

氢氯噻嗪片 本品为白色片。

【作用与用途】利尿药。用于各种水肿症。

【用法与用量】以氢氯噻嗪片计。内服：一次量，每 1kg 体重，牛 1～2mg。

【不良反应】（1）大量或长期应用可引起体液和电解质平衡紊乱，导致低钾性碱血症、低氯性碱血症。

（2）引起高尿酸血症、高钙血症。

（3）其他不良反应有胃肠道反应（呕吐、腹泻）等。

【注意事项】（1）严重肝、肾功能障碍和电解质平衡紊乱的及高尿酸血症等患畜慎用。

（2）宜与氯化钾合用，以免发生低钾血症。

【休药期】无需制定。

·甘露醇·

甘露醇注射液 本品为无色的澄明液体。

【作用与用途】脱水药。用于脑水肿、脑炎的辅助治疗。

【用法与用量】以本品计。静脉注射：一次量，牛 1 000～2 000mL。

【不良反应】（1）大剂量或长期应用可引起水和电解质平衡紊乱。

（2）静脉注射过快可能引起心血管反应，如肺水肿及心动过速等。

（3）静脉注射时药物漏出血管可使注射部位水肿，皮肤坏死。

【注意事项】（1）严重脱水、肺充血或肺水肿、充血性心力衰竭以及进行性肾衰竭患畜禁用。

（2）脱水动物在治疗前应补充适当体液。

（3）静脉注射时勿漏出血管外，以免引起局部肿胀、坏死。

【休药期】无需制定。

·山 梨 醇·

山梨醇注射液　本品为无色的澄明液体。

【作用与用途】脱水药。用于脑水肿、脑炎的辅助治疗。

【用法与用量】以本品计。静脉注射：一次量，牛1 000～2 000mL。

【不良反应】（1）大剂量或长期静脉注射应用可引起水和电解质平衡紊乱。

（2）静脉注射过快可引起心血管反应如肺水肿及心动过速等。

（3）静脉注射时药物漏出血管可使注射部位水肿，皮肤坏死。

【注意事项】（1）严重脱水、肺充血或肺水肿、充血性心力衰竭以及进行性肾衰竭患畜禁用。

（2）脱水动物在治疗前应补充适当体液。

（3）局部刺激性较大，静脉注射时勿漏出血管外。

【休药期】无需制定。

第六节　消毒防腐药物

消毒防腐药是杀灭病原微生物或抑制其生长繁殖的一类药物。其中，消毒药指能杀灭病原微生物的药物，主要用于环境、圈舍、排泄物、用具和器械等非生物物质表面的消毒；防腐药指能抑制病原微生物生长繁殖的药物，主要用于抑制局部皮肤、黏膜和创伤等生物体表微生物，也用于食品、生物制品的防腐。二者没有绝对的界限，高浓度的防腐药也具有杀菌作用，低浓度的消毒药也只有抑菌作用。

各类消毒防腐药的作用机理各不相同，可归纳为以下 3 种：①使菌体蛋白质变性、沉淀，故称为"一般原浆毒"，如酚类、醇类、醛类、重金属盐类。②改变菌体细胞膜通透性，如表面活性剂。③破坏或干扰生命必需的酶系统，如氧化剂、卤素类。

消毒防腐药的作用受病原微生物的种类、药物浓度和作用时间、环境温度和湿度、环境 pH、有机物以及水质等的影响，使用时应加以注意。

根据化学结构和药物作用，消毒防腐药主要分为酸类、酚类、醛类、醇类、表面活性剂、碱类、卤素类、氧化剂类、重金属盐类和染料类等。

一、酚类

·苯酚（酚或石炭酸）·

苯酚为原浆毒，使菌体蛋白凝固变性而呈现杀菌作用。$0.1\% \sim 1\%$溶液有抑菌作用，$1\% \sim 2\%$溶液有杀灭细菌和真菌作用，5%溶液可在 48h 内杀死炭疽芽孢，对病毒的作用较弱。碱性环境、脂类和皂类等能减弱其杀菌作用。

【作用与用途】消毒药。用于器械、用具和环境等消毒。

【用法与用量】配成 $2\% \sim 5\%$ 溶液。

【注意事项】（1）本品对皮肤和黏膜有腐蚀性，对动物和人有较强的毒性，不能用于创面和皮肤的消毒。

（2）忌与碘、溴、高锰酸钾、过氧化氢等配伍应用。

【休药期】无需制定。

·复 合 酚·

本品为酚、醋酸及十二烷基苯磺酸等配制而成。

【作用与用途】消毒药。能杀灭多种细菌和病毒，用于牛舍、器具、排泄物和车辆等消毒。

【用法与用量】喷洒：配成 0.3%～1% 水溶液。浸涤：配成 1.6% 水溶液。

【注意事项】（1）对皮肤、黏膜有刺激性和腐蚀性，对动物和人有较强的毒性，不能用于创面和皮肤的消毒。

（2）禁与碱性药物或其他消毒剂混用。

【休药期】无需制定。

· 甲 酚 皂 溶 液 ·

甲酚为原浆毒，使菌体蛋白凝固变性而呈现杀菌作用。抗菌作用比苯酚强 3～10 倍，毒性大致相等，但消毒作用比苯酚低，较苯酚安全。可杀灭一般繁殖型病原菌，对芽孢无效，对病毒作用较弱。

【作用与用途】消毒药。用于器械、肉牛舍或排泄物等消毒。

【用法与用量】喷洒或浸泡：配成 5%～10% 的水溶液。

【注意事项】（1）甲酚有特臭，不宜在肉联厂和食品加工厂等应用，以免影响食品质量。

（2）由于色泽污染，不宜用于棉、毛纤制品的消毒。

（3）对皮肤有刺激性，注意保护使用者的皮肤。

【休药期】无需制定。

· 氯 甲 酚 溶 液 ·

氯甲酚对细菌繁殖体、真菌和结核杆菌均有较强的杀灭作用，但不能杀灭细菌芽孢。有机碱可减弱其杀菌效果。pH 较低时，杀菌效果较好。

【作用与用途】消毒药。用于牛舍及环境消毒。

【用法与用量】喷洒消毒：1∶（33～100）倍稀释。

【注意事项】（1）本品对皮肤、黏膜有腐蚀性。

（2）现用现配，稀释后不宜久贮。

【休药期】无需制定。

二、醛类

·甲醛溶液·

通常称为福尔马林，含甲醛不少于 36.0%（g/g）。可与蛋白质中的氨基结合，使蛋白质凝固变性，其杀菌作用强，对细菌、芽孢、真菌、病毒都有效。

【作用与用途】用于牛舍熏蒸消毒。

【用法与用量】以本品计。空间熏蒸消毒：$15mL/m^3$。器械消毒：配成 2%溶液。

【注意事项】（1）对皮肤、黏膜有强刺激性。药液污染皮肤，应立即用肥皂和水清洗。

（2）甲醛气体有强致癌作用，尤其肺癌。

（3）消毒后在物体表面形成一层具腐蚀作用的薄膜。

【休药期】无需制定。

·复方甲醛溶液·

本品为甲醛、乙二醛、戊二醛和苯扎氯铵与适宜辅料配制而成。

【作用与用途】消毒药。用于牛舍及器具消毒。

【用法与用量】牛舍、物品、运输工具消毒：1∶（200～400）倍稀释，喷雾消毒；发生疫病时消毒：1∶（100～200）倍稀释，喷雾。

【注意事项】（1）对皮肤、黏膜有强刺激性。操作人员要做好防护措施。

(2) 温度低于5℃时，可适当提高使用浓度。

(3) 忌与肥皂及其他阴离子表面活性剂、盐类消毒剂、碘化物和过氧化物等合用。

【休药期】无需制定。

· 浓戊二醛溶液 ·

戊二醛为灭菌剂，具有广谱、高效和速效消毒作用。对革兰氏阳性菌和革兰氏阴性菌均具有迅速杀灭的作用，对细菌繁殖体、芽孢、病毒、结核杆菌和真菌等均有很好的杀灭作用。水溶液 pH 为 7.5～7.8 时，杀菌作用最佳。

【作用与用途】主要用于牛舍及器具的消毒。

【用法与用量】以戊二醛计。喷洒、浸泡消毒：配成 2% 溶液，消毒 15～20min 或放置至干。

【注意事项】(1) 避免接触皮肤和黏膜。如接触后应及时用水冲洗干净。

(2) 不应接触金属器具。

【休药期】无需制定。

· (稀) 戊二醛溶液 ·

【作用与用途】消毒药。用于牛舍及器具的消毒。

【用法与用量】以戊二醛计。喷洒使浸透：配成 0.78% 溶液，保持 5min 或放置至干。

【注意事项】避免接触皮肤和黏膜。

【休药期】无需制定。

· 复方戊二醛溶液 ·

本品为戊二醛和苯扎氯铵配制而成。

【作用与用途】消毒药。用于牛舍及器具的消毒。

【用法与用量】喷洒：1∶150 倍稀释，9mL/m²；涂刷：1∶150 倍稀释，无孔材料表面 100mL/m²，有孔材料表面 300mL/m²。

【注意事项】（1）易燃。为避免被灼烧，避免接触皮肤和黏膜，避免吸入，使用时需谨慎，应配备防护衣、手套、护面和护眼用具等。

（2）禁与阴离子表面活性剂及盐类消毒剂合用。

【休药期】无需制定。

·季铵盐戊二醛溶液·

本品为苯扎氯铵、癸甲溴铵和戊二醛配制而成。配有无水碳酸钠。

【作用与用途】消毒药。用于牛舍日常环境消毒。可杀灭细菌、病毒、芽孢。

【用法与用量】以本品计。临用前将消毒液碱化（每 100mL 消毒液加无水碳酸钠 2g，搅拌至无水碳酸钠完全溶解），再用自来水将碱化液稀释后喷雾或喷洒：200mL/m²，消毒 1h。日常消毒：1∶（250～500）稀释；杀灭病毒：1∶（100～200）稀释；杀灭芽孢：1∶（1～2）稀释。

【注意事项】（1）使用前将动物厩舍清理干净。

（2）对具有碳钢或铝设备的厩舍进行消毒时，需在消毒 1h 后及时清洗残留的消毒液。

（3）消毒液碱化后 3d 内用完。

（4）产品发生冻结时，用前进行解冻，并充分摇匀。

【休药期】无需制定。

三、季铵盐类

·辛氨乙甘酸溶液·

本品为两性离子表面活性剂。对化脓球菌、肠道杆菌等及真菌有良好的杀灭作用，对细菌芽孢无杀灭作用。具有低毒、无残留特点，有较好的渗透性。

【作用与用途】消毒药。用于牛舍、环境、器械和手的消毒。

【用法与用量】圈舍、环境、器械消毒：1∶（100～200）倍稀释；种蛋消毒：1∶500倍稀释；手消毒：1∶1 000倍稀释。

【注意事项】（1）忌与其他消毒药合用。

（2）不宜用于粪便、污秽物及污水的消毒。

【休药期】无需制定。

·苯扎溴铵溶液·

本品为阳离子表面活性剂，对细菌如化脓球菌、肠道杆菌等有较好的杀灭作用，对革兰氏阳性菌的杀灭能力强于革兰氏阴性菌。对病毒的作用较弱，对亲脂性病毒如流感有一定的杀灭作用，对亲水性病毒无效。对结核杆菌和真菌杀灭效果甚微。对细菌芽孢只能起到抑制作用。

【作用与用途】消毒药。用于手术器械、皮肤和创面消毒。

【用法与用量】以苯扎溴铵计。创面消毒：配成0.01%溶液；皮肤、手术器械消毒：配成0.1%溶液。

【注意事项】（1）禁与肥皂或其他阴离子表面活性剂、盐类消毒药、碘化物和过氧化物等合用，经肥皂洗手后，务必用水冲洗干净后再用本品。

（2）不宜用于眼科器械和合成橡胶制品的消毒。

（3）手术器械浸泡消毒时需加入 0.5% 亚硝酸钠以防止生锈，其水溶液不得贮存于聚乙烯制作的瓶内，以避免与增塑剂起反应而使药液失效。

（4）不适用于粪便、污水和皮革等消毒。

（5）可引起人的药物过敏。

【休药期】无需制定。

·癸甲溴铵溶液·

本品为阳离子表面活性剂，能吸附于细菌表面，改变菌体细胞膜的通透性，呈现杀菌作用。具有广谱、高效、无毒、抗硬水、抗有机物等特点，适用于环境、水体、器具等消毒。

【作用与用途】消毒药。用于牛舍、饲喂器具等消毒。

【用法与用量】以癸甲溴铵计。牛舍、器具消毒：配成 0.015%～0.05% 溶液。

【注意事项】（1）原液对皮肤和眼睛有轻微刺激，避免接触眼睛、皮肤和黏膜，如溅及眼睛和皮肤，立即以大量清水冲洗至少 15min。

（2）内服有毒性，如果误食立即用大量清水或牛奶洗胃。

【休药期】无需制定。

·度 米 芬·

本品为阳离子表面活性剂，可用作消毒剂、除臭剂和杀菌防霉剂。对革兰氏阳性菌和革兰氏阴性菌均有杀灭作用，但对阴性菌需较高浓度。对细菌芽孢、耐酸细菌和病毒效果不显著。有抗真菌作用。在中性或弱碱性溶液中效果更好，在酸性溶液中效果下降。

【作用与用途】消毒药。用于创面、黏膜、皮肤和器械消毒。

【用法与用量】创面、黏膜消毒：0.02%～0.05% 溶液；皮肤、器械消毒：0.05%～0.1% 溶液。

【不良反应】可引起人接触性皮炎。

【注意事项】（1）禁止与肥皂、盐类和其他合成洗涤剂、无机碱合用。避免使用铝制容器。

（2）消毒金属器械需加 0.5% 亚硝酸钠防锈。

【休药期】无需制定。

·醋酸氯己定·

本品为阳离子表面活性剂，对革兰氏阳性、阴性菌和真菌均有杀灭作用，但对结核杆菌、细菌芽孢及某些真菌仅有抑制作用。杀菌作用强于苯扎溴铵，迅速且持久，毒性低，无局部刺激作用。不易被有机物灭活，但易被硬水中的阴离子沉淀而失去活性。

【作用与用途】消毒药。用于皮肤、黏膜、手术创面、手及器械等消毒。

【用法与用量】皮肤消毒：配成 0.5% 醇溶液（以 70% 乙醇配制）；黏膜及创面消毒：配成 0.05% 溶液；手消毒：配成 0.02% 溶液；器械消毒：配成 0.1% 溶液。

【注意事项】（1）禁与肥皂、碱性物质和其他阳离子表面活性剂混合使用，金属器械消毒时加 0.5% 亚硝酸钠防锈。

（2）禁与汞、甲醛、碘酊、高锰酸钾等消毒剂配伍应用。

（3）本品遇硬水可形成不溶性盐，遇软木（塞）可失去药物活性。

【休药期】无需制定。

四、碱类

·氢氧化钠（苛性钠）·

氢氧化钠为一种高效消毒剂。属原浆毒，能杀灭细菌、芽孢和病毒。2%～4% 溶液可杀死病毒和细菌；30% 溶液 10min 可杀死芽孢；

4%溶液 45min 可杀死芽孢。

【作用与用途】消毒药。用于牛舍、仓库地面、墙壁、工作间、入口处、运输车船和饲饮具等消毒。

【用法与用量】消毒：配成 1%～2% 热溶液用于喷洒或洗刷消毒。2%～4%溶液用于病毒、细菌的消毒。5%溶液用于养殖场消毒池及对进出车辆的消毒。

【注意事项】(1) 遇有机物可使其杀灭病原微生物的能力降低。

(2) 消毒圈舍前应将牛驱出。

(3) 对组织有强腐蚀性，能损坏织物和铝制品等。

(4) 消毒时应注意防护，消毒后适时用清水冲洗。

【休药期】无需制定。

五、卤素类

· 含氯石灰（漂白粉）·

遇水生成次氯酸，释放活性氯和新生态氧而呈现杀菌作用。杀菌作用强但不持久。对细菌繁殖体、芽孢、病毒及真菌都有杀灭作用，并可破坏肉毒梭菌毒素。1%溶液作用 0.5～1min 即可抑制多数繁殖型细菌的生长，1～5min 可抑制葡萄球菌和链球菌的生长，但对结核杆菌和鼻疽杆菌效果较差。30%混悬液作用 7min，炭疽芽孢即停止生长。杀菌作用受有机物的影响，实际消毒时，与被消毒物的接触至少需 15～20min。含氯石灰中所含的氯可与氨和硫化氢发生反应，故有除臭作用。

【作用与用途】消毒药。用于饮水、厩舍、场地、车辆及排泄物的消毒。

【用法与用量】5%～20%混悬液用于厩舍、地面和排泄物的消毒。饮水消毒：每 50L 水加本品 1g，30min 后即可饮用。

【注意事项】（1）对皮肤和黏膜有刺激作用，消毒人员应注意防护。

（2）对金属有腐蚀作用，不能用于金属制品。

（3）可使有色棉织物褪色，不可用于有色衣物的消毒。

（4）现配现用，久贮易失效，保存于阴凉干燥处。

【休药期】无需制定。

· 次氯酸钠溶液 ·

【作用与用途】用于牛舍、器具及环境的消毒。

【用法与用量】以本品计。牛舍、器具消毒，1∶（50～100）倍稀释。病毒疫源地消毒，1∶10 倍稀释，常规消毒，1∶1 000 倍稀释。

【注意事项】（1）本品对金属有腐蚀性，对织物有漂白作用。

（2）可伤害皮肤，置于儿童不能触及处。

（3）包装物用后集中销毁。

【休药期】无需制定。

· 复合次氯酸钙粉 ·

由次氯酸钙和丁二酸配合而成。遇水生成次氯酸，释放活性氯和新生态氧而呈现杀菌作用。

【作用与用途】消毒药。用于空舍、周边环境喷雾消毒和带牛喷雾消毒，饲养器具的浸泡消毒和物体表面的擦洗消毒。

【用法与用量】（1）配制消毒母液：打开外包装后，先将 A 包内容物溶解到 10L 水中，待搅拌完全溶解后，再加入 B 包内容物，搅拌，至完全溶解。

（2）喷雾：空牛舍和环境消毒，1∶（15～20）倍稀释，每 1m³ 150～200mL 作用 30min。

（3）浸泡、擦洗饲养器具，1∶30 倍稀释，按实际需要量作用 20min。

（4）对特定病原体如大肠杆菌、金黄色葡萄球菌 1∶140 倍稀释，病毒 1∶2 100 倍稀释。

【注意事项】（1）配制消毒母液时，袋内的 A 包与 B 包必须按顺序一次性全部溶解，不得增减使用量。配制好的消毒液应在密封非金属容器中贮存。

（2）配制消毒液的水温不得超过 50℃和低于 25℃。

（3）若母液不能一次用完，应放于 10L 桶内，密闭，置凉暗处，可保存 60d。

（4）禁止内服。

【休药期】无需制定。

·复合亚氯酸钠·

本品与盐酸可生产二氧化氯而发挥杀菌作用。对细菌繁殖体、芽孢、病毒及真菌都有杀灭作用，并可破坏肉毒梭菌毒素。二氧化氯形成的多少与溶液的 pH 有关，pH 越低，二氧化氯形成越多，杀菌作用越强。

【作用与用途】消毒药。用于牛舍、饲喂器具及饮水等消毒，并有除臭作用。

【用法与用量】本品 1g 加水 10mL 溶解，加活化剂 1.5mL 活化后，加水至 150mL 备用。牛舍、饲喂器具消毒：15～20 倍稀释。

【注意事项】（1）避免与强还原剂及酸性物质接触。注意防爆。

（2）本品浓度为 0.01％时对铜、铝有轻度腐蚀性，对碳钢有中度腐蚀。

（3）现配现用。

【休药期】无需制定。

·二氯异氰尿酸钠粉（优氯净）·

含氯消毒剂。在水中分解为次氯酸和氯脲酸，次氯酸释放活性氯和新生态氧，对细菌原浆蛋白产生氯化和氧化反应而呈现杀菌作用。

【作用与用途】消毒药。主要用于牛舍、器具等消毒。

【用法与用量】以有效氯计。牛舍、运动场、器具消毒：每1L水加0.1～1g；疫源地消毒：每1L水加0.2g。

【注意事项】所需消毒溶液现配现用，对金属有轻微腐蚀，可使有色棉织品褪色。

【休药期】无需制定。

·三氯异氰脲酸粉·

含氯消毒剂。在水中分解为次氯酸和氯脲酸，次氯酸释放活性氯和新生态氧，对细菌原浆蛋白产生氯化和氧化反应而呈现杀菌作用。

【作用与用途】消毒剂。主要用于牛舍、器具等消毒。

【用法与用量】以有效氯计。喷洒、冲洗饲养场地的消毒，配成0.16%溶液；饲养用具消毒，配成0.04%溶液。

【注意事项】本品对人的皮肤与黏膜有刺激作用，对织物、金属有漂白或腐蚀作用，使用时注意防护。

【休药期】无需制定。

·溴氯海因粉·

本品为有机溴氯复合型消毒剂，能同时解离出溴和氯，分别形成次氯酸和次溴酸，有协调增效作用。溴氯海因具广谱杀菌作用，对细菌繁殖型芽孢、真菌和病毒有杀灭作用。

【作用与用途】消毒剂。用于牛舍、运输工具等消毒。

【用法与用量】以本品计。喷洒、擦洗或浸泡：环境或运载工具消毒，细菌繁殖体按1∶1 333倍稀释。

【注意事项】（1）本品对炭疽芽孢无效。

（2）禁用金属容器盛放。

【休药期】无需制定。

·碘·

碘能引起蛋白质变性而具有极强的杀菌力，能杀死细菌、芽孢、霉菌、病毒和部分原虫。碘难溶于水，在水中不易水解形成次碘酸。在碘水溶液中具有杀菌作用的成分为元素碘（I_2）、三碘化物的离子（I_3^-）和次碘酸（HIO），其中次碘酸的量较少，但作用最强，I_2 次之，解离的 I_3^- 杀菌作用极微弱。在酸性条件下，游离碘增多，杀菌作用较强；在碱性条件下则相反。商品化碘消毒剂较多。

药物相互作用　与含汞化合物相遇，产生碘化汞而呈现毒性作用。

【不良反应】使用时偶尔引起过敏反应。

【注意事项】（1）对碘过敏的动物禁用。

（2）禁与含汞化合物配伍。

（3）必须涂于干的皮肤上，如果涂于湿皮肤上不仅杀菌效力降低，且易引起发泡和皮炎。

（4）配制碘液时，若碘化物过量加入，可使游离碘变为碘化物，反而导致碘失去杀菌作用。配制的碘溶液应存放在密闭容器内。

（5）若存放时间过久，颜色变淡，应测定碘含量，并将碘浓度补足后再使用。

（6）碘可着色，沾有碘液的天然纤维织物不易洗除。

（7）长时间浸泡金属器械会产生腐蚀性。

【休药期】无需制定。

·碘　酊·

碘酊是常用最有效的皮肤消毒药。含碘 2%、碘化钾 1.5%，加水适量，以 50% 乙醇配制。

【作用与用途】消毒剂。用于手术前和注射前皮肤消毒和术野消毒。

【用法与用量】外用：涂擦皮肤。

【不良反应】与【注意事项】同碘。

【休药期】无需制定。

·碘 甘 油·

碘甘油刺激性较小。含碘 1%、碘化钾 1%，加甘油适量配制而成。

【作用与用途】消毒剂。用于黏膜表面消毒，治疗口腔、舌、齿龈、阴道等黏膜炎症与溃疡。

【用法与用量】涂擦皮肤。

【不良反应】【注意事项】与【休药期】同碘。

·碘 附·

碘附由碘、碘化钾、硫酸、磷酸等配制而成。

【作用与用途】消毒剂。用于手术部位和手术器械消毒，以及厩舍、饲喂器具消毒。

【用法与用量】以本品计。喷洒、冲洗、浸泡：手术部位和手术器械消毒，用水 1：（3～6）稀释；厩舍、饲喂器具、种蛋消毒，用水 1：（100～200）稀释。

【不良反应】【注意事项】与【休药期】同碘。

·碘酸混合溶液·

【作用与用途】用于牛舍、肉品加工场所、用具及饮水的消毒。

【用法与用量】病毒类消毒：配成 0.66%～2% 溶液；牛舍及用具消毒：配成 0.33%～0.50% 溶液；饮水消毒：配成 0.08% 溶液。

【不良反应】【注意事项】与【休药期】同碘。

·聚维酮碘溶液·

通过释放游离碘，破坏菌体新陈代谢，对细菌、病毒和真菌均有良好的杀灭作用。

【作用与用途】 消毒剂。常用于手术部位、皮肤和黏膜消毒。

【用法与用量】 以聚维酮碘计。皮肤消毒及治疗皮肤病：配成5%溶液；黏膜及创面冲洗：配成0.1%溶液。

【注意事项】（1）当溶液变为白色或淡黄色即失去消毒活性。

（2）勿用金属容器盛装。

（3）勿与强碱类物质及重金属物质混用。

【休药期】 无需制定。

·蛋氨酸碘溶液·

本品为蛋氨酸与碘的络合物。通过释放游离碘，破坏菌体新陈代谢，对细菌、病毒和真菌均有良好的杀灭作用。

【作用与用途】 消毒药。主要用于牛舍消毒。

【用法与用量】 以本品计。厩舍消毒：取本品稀释500～2 000倍后喷洒。

【注意事项】 勿与维生素C类强还原物同时使用。

【休药期】 无需制定。

六、氧化剂类

·过氧乙酸溶液·

本品为强氧化剂，遇有机物放出初生态氧产生氧化作用而杀灭病原微生物。

【作用与用途】 消毒药。用于杀灭牛舍、用具（食槽、水槽）、场地的喷雾消毒及牛舍内空气消毒。也可用于饲养人员手臂消毒。

【用法与用量】以本品计。喷雾消毒：牛舍 1：（200～400）倍稀释；浸泡消毒：器具等 1：500 倍稀释。

【注意事项】（1）使用前将 A、B 液混合反应 10h 生产过氧乙酸消毒液。

（2）本品腐蚀性强，操作时戴上防护手套，避免药液灼伤皮肤。

（3）稀释时避免使用金属器具。

（4）稀释液易分解，宜现用现配。

（5）配好的溶液应低温、避光、密闭保存，置玻璃瓶内或硬质塑料瓶内。

【休药期】无需制定。

·过硫酸氢钾复合物粉·

【作用与用途】用于牛舍、空气和饮水等消毒。

【用法与用量】浸泡、喷雾：牛舍环境、饮水设备及空气消毒、终末消毒、设备消毒、脚踏盆消毒：1：200 倍稀释；饮用水消毒：1：1 000 倍稀释。用于特定病原体，大肠杆菌、金黄色葡萄球菌：1：400 倍稀释；用于链球菌：1：800 倍稀释；用于病毒：1：1 600 倍稀释。

【注意事项】（1）不得与碱类物质混存或合并使用。

（2）产品用尽后，包装不得乱丢，应集中处理。

（3）现配现用。

【休药期】无需制定。

七、酸类

·醋　酸·

又名乙酸。对细菌、真菌、芽孢和病毒均有较强的杀灭作用。一般来说，对细菌繁殖体最强，依次为真菌、病毒、结核杆菌及芽孢。

【作用与用途】 消毒药。用于牛舍空气消毒等。

【用法与用量】 空气消毒：醋酸（36％～37％）溶液加热蒸发，每 $100m^3$ 20～40mL（加 5～10 倍水稀释）。

【注意事项】（1）避免与眼睛接触，若与高浓度醋酸接触，应立即用清水冲洗。

（2）避免接触金属器械，以免产生腐蚀作用。

（3）禁与碱性药物配伍。

【休药期】 无需制定。

第七节 中兽药制剂

·八 珍 散·

本品为灰褐色的粉末；气微香，味甘。

【处方】 党参 60g　白术（炒）60g　茯苓 60g　炙甘草 30g　熟地黄 45g　当归 45g　白芍 45g　川芎 30g

【功能与主治】 益气健脾，补血和血。用于脾胃虚弱、血虚体弱。

【用法与用量】 灌服。200～300g。

【休药期】 无需制定。

·大 承 气 散·

本品为棕褐色的粉末；气微辛香，味咸、微苦、涩。

【处方】 大黄 60g　厚朴 30g　枳实 30g　玄明粉 180g

【功能与主治】 攻下热结，通肠。用于结症、便秘。

【用法与用量】 灌服。300～500g。

【注意事项】 气虚阴亏或表证未解者慎用。

【休药期】无需制定。

·大 黄 末·

本品为大黄经加工制成的散剂，为黄棕色的粉末；气清香，味苦、微涩。

【功能与主治】健胃消食，泻热通肠，凉血解毒，破积行瘀。用于食欲不振、实热便秘、结症、疮黄疔毒、目赤肿痛、烧伤烫伤、跌打损伤。

【用法与用量】灌服。50～150g。

【休药期】无需制定。

·无 失 散·

本品为棕黄色的粉末；气香，味咸。

【处方】槟榔 20g　牵牛子 45g　郁李仁 60g　木香 25g　木通 20g　青皮 30g　三棱 25g　大黄 75g　玄明粉 200g

【功能与主治】泻下通肠。用于结症、便秘。

【用法与用量】灌服。250～500g。

【注意事项】老龄、幼年和体质虚弱者慎用。

【休药期】无需制定。

·木香槟榔散·

本品为灰棕色的粉末；气香，味苦、微咸。

【处方】木香 15g　槟榔 15g　枳壳（炒）15g　陈皮 15g　醋青皮 50g　醋香附 30g　三棱 15g　醋莪术 15g　黄连 15g　黄柏（酒炒）30g　大黄 30g　炒牵牛子 30g　玄明粉 60g

【功能与主治】行气导滞，泻热通便。用于痢疾腹泻、胃肠积滞、瘤胃臌气。

【用法与用量】灌服。300～450g。

【休药期】无需制定。

· 双黄连注射液 ·

本品为无色或微乳白色的澄明液体；气芳香。

【处方】金银花 375g　黄芩 375g　连翘 750g

【功能与主治】清热解毒，疏风解表。用于外感风热、肺热咳喘。

【用法与用量】以本品计。肌内注射，20～40mL。

【休药期】无需制定。

· 五味石榴皮散 ·

本品为棕褐色的粉末；气香，味辛、微酸。

【处方】石榴皮 30g　红花 25g　益智仁 35g　肉桂 30g　荜
菝 25g

【功能与主治】温脾暖胃。用于胃寒、冷痛。

【用法与用量】灌服。60～120g。

【休药期】无需制定。

· 止　咳　散 ·

本品为棕褐色的粉末；气清香，味甘、微苦。

【处方】知母 25g　枳壳 20g　麻黄 15g　桔梗 30g　苦杏仁 25g
葶苈子 25g　陈皮 25g　石膏 30g　前胡 25g　射干 25g　枇杷叶 20g
甘草 15g

【功能与主治】清肺化痰，止咳平喘。用于肺热咳喘。

【用法与用量】灌服。250～300g。

【休药期】无需制定。

·龙胆泻肝散·

本品为淡黄褐色的粉末;气清香,味苦、微甘。

【处方】龙胆45g 车前子30g 柴胡30g 当归30g 栀子30g 生地黄45g 甘草15g 黄芩30g 泽泻45g 木通20g

【功能与主治】泻肝胆实火,清三焦湿热。用于目赤肿痛、淋浊。

【用法与用量】灌服。250~350g。

【注意事项】脾胃虚寒者禁用。

【休药期】无需制定。

·平 胃 散·

本品为棕黄色的粉末;气香,味苦、微甘。

【处方】苍术80g 厚朴50g 陈皮50g 甘草30g

【功能与主治】燥湿健脾,理气开胃。用于湿困脾土、食少、粪稀软。

【用法与用量】灌服。200~250g。

【休药期】无需制定。

·四 君 子 散·

本品为灰黄色的粉末;气微香,味甘。

【处方】党参60g 白术(炒)60g 茯苓60g 甘草(炙)30g

【功能与主治】益气健脾。用于脾胃气虚、食少、体瘦。

【用法与用量】灌服。200~300g。

【休药期】无需制定。

·四 物 散·

本品为灰色的粉末;气清香,味微苦。

【处方】熟地黄 60g　当归 45g　白芍 45g　川芎 45g

【功能与主治】补血，调血。用于血虚、气滞血瘀。

【用法与用量】灌服。180～240g。

【休药期】无需制定。

·白 龙 散·

本品为浅棕黄色的粉末；气微，味苦。

【处方】白头翁 600g　龙胆 300g　黄连 100g

【功能与主治】清热燥湿，凉血止痢。用于湿热泻痢、热毒血痢。

【用法与用量】灌服。40～60g。

【注意事项】脾胃虚寒者忌用。

【休药期】无需制定。

·白头翁口服液·

本品为棕红色的液体；味苦。

【处方】白头翁 300g　黄连 150g　秦皮 300g　黄柏 225g

【功能与主治】清热解毒，凉血止痢。用于湿热泄泻、下痢脓血。

【用法与用量】灌服。150～200mL。

【注意事项】脾胃虚寒者禁用。

【休药期】无需制定。

·当 归 散·

本品为淡棕色的粉末；气清香，味辛、苦。

【处方】当归 30g　红花 25g　牡丹皮 20g　白芍 20g　醋没药 25g　大黄 30g　天花粉 25g　枇杷叶 20g　黄药子 25g　白药子 25g　桔梗 25g　甘草 15g

【功能与主治】活血止痛，宽胸利气。用于胸腹痛、束步难行。

【用法与用量】灌服。250～400g。

【休药期】无需制定。

·多味健胃散·

本品为灰黄至棕黄色的粉末；气香，味苦、咸。

【处方】木香 25g　槟榔 20g　白芍 25g　厚朴 20g　枳壳 30g
黄柏 30g　苍术 50g　大黄 50g　龙胆 30g　焦山楂 40g　香附 50g
陈皮 50g　大青盐（炒）40g　苦参 40g

【功能与主治】健胃理气，宽中除胀。用于食欲减退、消化不良、肚腹胀满。

【用法与用量】灌服。200～250g。

【休药期】无需制定。

·防腐生肌散·

本品为淡暗红色的粉末；气香，味辛、涩、微苦。

【处方】枯矾 30g　陈石灰 30g　血竭 15g　乳香 15g　没药 25g　煅石膏 25g　铅丹 3g　冰片 3g　轻粉 3g

【功能与主治】防腐生肌，收敛止血。用于痈疽溃烂、疮疡流脓、外伤出血。

【用法与用量】外用，适量撒布创面。

【休药期】无需制定。

·杨树花口服液·

本品为杨树花经提取制成的合剂，为红棕色的澄明液体。

【功能与主治】化湿止痢。用于痢疾，肠炎。

【用法与用量】灌服。50～100mL（每 1mL 相当于原生药 1g）。

【休药期】无需制定。

·补中益气散·

本品为淡黄棕色的粉末；气香，味辛、甘、微苦。

【处方】炙黄芪75g　党参60g　白术（炒）60g　炙甘草30g
当归30g　陈皮20g　升麻20g　柴胡20g

【功能与主治】补中益气，升阳举陷。用于脾胃气虚、久泻、脱肛。

【用法与用量】灌服。250～400g。

【休药期】无需制定。

·驱虫散·

本品为褐色的粉末；气香，味苦、涩。

【处方】鹤虱30g　使君子30g　槟榔30g　芜荑30g　雷丸
30g　绵马贯众60g　干姜（炒）15g　淡附片15g　乌梅30g　诃
子30g　大黄30g　百部30g　木香15g　榧子30g

【功能与主治】驱虫。用于治疗胃肠道寄生虫病。

【用法与用量】灌服。250～350g。

【休药期】无需制定。

·青黛散·

本品为灰绿色的粉末；气清香，味苦、微涩。

【处方】青黛200g　黄连200g　黄柏200g　薄荷200g　桔梗
200g　儿茶200g

【功能与主治】清热解毒，消肿止痛。用于口舌生疮、咽喉肿痛。

【用法与用量】将药粉适量装入纱布袋中，噙于牛口中。

【休药期】无需制定。

· 板 青 颗 粒 ·

本品为浅黄或黄褐色的颗粒；气香，味甜、微苦。

【处方】板蓝根 600g　大青叶 900g

【功能与主治】清热解毒，凉血。用于风热感冒、咽喉肿痛、热病发斑。

【用法与用量】灌服。50g。

【休药期】无需制定。

· 板蓝根注射液 ·

本品为板蓝根经加工制成的灭菌水溶液，橙色澄明灭菌溶液。

【功能与主治】抗菌药。用于流感、肺炎及某些发热症状。

【用法与用量】以本品计。肌内注射，40～80mL。

【注意事项】不可与碱性药物合用；少量沉淀，加热溶解后使用不影响疗效。

【休药期】无需制定。

· 郁 金 散 ·

本品为灰黄色的粉末；气清香，味苦。

【处方】郁金 30g　诃子 15g　黄芩 30g　大黄 60g　黄连 30g
黄柏 30g　栀子 30g　白芍 15g

【功能与主治】清热解毒，燥湿止泻。用于肠黄、湿热泻痢。

【用法与用量】灌服。250～350g。

【休药期】无需制定。

· 鱼腥草注射液 ·

本品为鱼腥草经加工制成的灭菌水溶液，无色澄明。

【功能与主治】清热解毒，消肿排脓，利尿通淋。用于肺痈、痢疾、淋浊。

【用法与用量】以本品计。肌内注射，20～40mL。

【休药期】无需制定。

· 定 喘 散 ·

本品为黄褐色的粉末；气微香，味甘、苦。

【处方】桑白皮 25g　炒苦杏仁 20g　莱菔子 30g　葶苈子 30g　紫苏子 20g　党参 30g　白术（炒）20g　关木通 20g　大黄 30g　郁金 25g　黄芩 25g　栀子 25g

【功能与主治】清肺，止咳，定喘。用于肺热咳嗽、气喘。

【用法与用量】灌服。200～350g。

【休药期】无需制定。

· 参 苓 白 术 散 ·

本品为浅棕色的粉末；气微香，味甘、淡。

【处方】党参 60g　茯苓 30g　白术（炒）60g　山药 60g　甘草 30g　炒白扁豆 60g　莲子 30g　薏苡仁（炒）30g　砂仁 15g　桔梗 30g　陈皮 30g

【功能与主治】补脾胃，益肺气。用于脾胃虚弱、肺气不足。

【用法与用量】灌服。250～350g。

【休药期】无需制定。

· 荆 防 败 毒 散 ·

本品为浅灰黄至浅灰棕色的粉末；气微香，味甘、苦、微辛。

【处方】荆芥 45g　防风 30g　羌活 25g　独活 25g　柴胡 30g　前胡 25g　枳壳 30g　茯苓 45g　桔梗 30g　川芎 25g　甘草 15g

薄荷 15g

【功能与主治】辛温解表，疏风祛湿。用于风寒感冒、流感。

【用法与用量】灌服。250～400g。

【休药期】无需制定。

· 厚 朴 散 ·

本品为深灰黄色的粉末；气香，味辛、微苦。

【处方】厚朴 30g　陈皮 30g　麦芽 30g　五味子 30g　肉桂 30g　砂仁 30g　牵牛子 15g　青皮 30g

【功能与主治】行气消食，温中散寒。用于脾虚气滞、胃寒食少。

【用法与用量】灌服。200～350g。

【休药期】无需制定。

· 促 反 刍 散 ·

本品为淡棕褐色的粉末；气香，味微苦、辛。

【处方】马钱子 35g　龙胆 271g　干姜 239g　碳酸氢钠 255g

【功能与主治】健胃，消食，促反刍。用于前胃弛缓、瘤胃积食、反刍减少。

【用法与用量】灌服。80～100g。

【休药期】无需制定。

· 柴 胡 注 射 液 ·

本品为北柴胡制成的注射液，为无色或微乳白色的澄明液体；气芳香。

【功能与主治】解热。用于感冒发热。

【用法与用量】以本品计。肌内注射，20～40mL。

【休药期】无需制定。

·穿心莲注射液·

本品为穿心莲经水提醇沉法制成的注射液，为黄色或黄棕色的澄明液体。

【**功能与主治**】清热解毒。用于肠炎、肺炎。

【**用法与用量**】以本品计。肌内注射，30～50mL。

【**不良反应**】过敏性休克、皮炎、过敏性心肌损伤等。

【**注意事项**】脾胃虚寒者慎用。

【**休药期**】无需制定。

·健 胃 散·

本品为淡棕黄色至淡棕色的粉末；气微香，味微苦。

【**处方**】山楂 15g　麦芽 15g　六神曲 15g　槟榔 3g

【**功能与主治**】消食下气，开胃宽肠。用于伤食积滞、消化不良。

【**用法与用量**】灌服。150～250g。

【**休药期**】无需制定。

·健 胃 消 积 散·

本品为黄棕色的粉末；气清香，味酸、甜。

【**处方**】枳实 250g　山楂 750g

【**功能与主治**】消食导滞。用于食积腹胀。

【**用法与用量**】灌服。200～250g。

【**休药期**】无需制定。

·健 脾 散·

本品为浅棕色的粉末；气香，味辛。

【**处方**】当归 20g　白术 30g　青皮 20g　陈皮 25g　厚朴 30g

肉桂 30g　干姜 30g　茯苓 30g　五味子 25g　石菖蒲 25g　砂仁 20g　泽泻 30g　甘草 20g

【功能与主治】温中健脾，利水止泻。用于胃寒草少、冷肠泄泻。

【用法与用量】灌服。250～350g。

【休药期】无需制定。

· 健 脾 止 泻 散 ·

本品为淡黄色的粉末；气微香，味甘、淡。

【处方】猪苓 30g　干姜 30g　青皮 30g　陈皮 30g　茯苓 30g 肉桂 20g　车前子 30g　厚朴 30g

【功能与主治】温中健脾，渗湿利水。用于寒湿泄泻。

【用法与用量】灌服。200～300g。

【休药期】无需制定。

· 消 食 平 胃 散 ·

本品为浅黄色至棕色的粉末；气香，味微甜。

【处方】槟榔 25g　山楂 60g　苍术 30g　陈皮 30g　厚朴 20g 甘草 15g

【功能与主治】消食开胃。用于寒湿困脾、胃肠积滞。

【用法与用量】灌服。150～250g。

【注意事项】脾胃素虚，或积滞日久，正气已伤者慎用。

【休药期】无需制定。

· 通 肠 芍 药 散 ·

本品为灰黄色至黄棕色的粉末；气微香，味酸、苦、微咸。

【处方】大黄 30g　槟榔 20g　山楂 45g　枳实 25g　赤芍 30g 木香 20g　黄芩 30g　黄连 25g　玄明粉 90g

【功能与主治】清热通肠，行气导滞。用于湿热积滞、肠黄泻痢。

【用法与用量】灌服。300～350g。

【休药期】无需制定。

· 通 肠 散 ·

本品为黄色至黄棕色的粉末；气香，味微咸、苦。

【处方】大黄 150g　枳实 60g　厚朴 60g　槟榔 30g　玄明粉 200g

【功能与主治】通肠泻热。用于便秘、结症。

【用法与用量】灌服。200～350g。

【休药期】无需制定。

· 理 中 散 ·

本品为淡黄色至黄色的粉末；气香，味辛、微甜。

【处方】党参 60g　干姜 30g　甘草 30g　白术 60g

【功能与主治】温中散寒，补气健脾。用于脾胃虚寒、食少、泄泻、腹痛。

【用法与用量】灌服。200～300g。

【休药期】无需制定。

· 理 肺 止 咳 散 ·

本品为浅黄色至黄色的粉末；气微香，味甘。

【处方】百合 45g　麦冬 30g　清半夏 25g　紫苑 30g　甘草 15g　远志 25g　知母 25g　北沙参 30g　陈皮 25g　茯苓 25g　浮石 20g

【功能与主治】润肺化痰，止咳。用于劳伤久咳、阴虚咳嗽。

【用法与用量】灌服。250～300g。

【休药期】无需制定。

·止 咳 散·

本品为浅黄褐色的粉末；气微香，味微苦。

【处方】蛤蚧1对　知母20g　浙贝母20g　秦艽20g　紫苏子20g　百合30g　山药20g　天冬20g　马兜铃25g　枇杷叶20g　防己20g　白药子20g　栀子20g　天花粉20g　麦冬25g　升麻20g

【功能与主治】润肺化痰，止咳定喘。用于劳伤咳喘、鼻流脓涕。

【用法与用量】灌服。250～300g。

【休药期】无需制定。

·黄 连 解 毒 散·

本品为黄褐色的粉末；味苦。

【处方】黄连30g　黄芩60g　黄柏60g　栀子45g

【功能与主治】泻火解毒。用于三焦实热、疮黄肿毒。

【用法与用量】灌服。150～250g。

【休药期】无需制定。

·银 翘 散·

本品为棕褐色的粉末；气香，味微甘、苦、辛。

【处方】金银花60g　连翘45g　薄荷30g　荆芥30g　淡豆豉30g　牛蒡子45g　桔梗25g　淡竹叶20g　甘草20g　芦根30g

【功能与主治】辛凉解表，清热解毒。用于风热感冒、咽喉肿痛、疮痈初起。

【用法与用量】灌服。250～400g。

【休药期】无需制定。

·麻杏石甘散·

本品为淡黄色的粉末；气微香，味辛、苦、涩。

【处方】麻黄30g　苦杏仁30g　石膏15g　甘草30g

【功能与主治】清热，宣肺，平喘。用于肺热咳喘。

【用法与用量】灌服。200～300g。

【休药期】无需制定。

·清肺止咳散·

本品为黄褐色的粉末；气微香，味苦、甘。

【处方】桑白皮30g　知母25g　苦杏仁25g　前胡30g　金银花60g　连翘30g　桔梗25g　甘草20g　橘红30g　黄芪45g

【功能与主治】清泻肺热，化痰止痛。用于肺热咳喘、咽喉肿痛。

【用法与用量】灌服。200～300g。

【休药期】无需制定。

·清热健胃散·

本品为黄棕色的粉末；气香，味苦。

【处方】龙胆30g　黄柏30g　知母20g　陈皮25g　厚朴20g　大黄20g　山楂20g　六神曲20g　麦芽30g　碳酸氢钠50g

【功能与主治】清热，燥湿，消食。用于胃热不食、宿食不化。

【用法与用量】灌服。200～300g。

【休药期】无需制定。

·清热解毒散·

本品为淡黄色的粉末；气微，味苦。

【处方】大黄60g　黄芩45g　黄连18g　黄柏30g　北豆根

30g　蒲公英 75g　甘草 60g　石膏 60g　黄药子 24g　茵陈 24g

四季青 18g　柴胡 21g　麻黄 20g

【功能与主治】清热解毒，消肿止痛。用于三焦热盛、肺热咳嗽、湿热黄疸、咽喉肿痛、口舌生疮。

【用法与用量】灌服。150～300g。

【休药期】无需制定。

·清暑散·

本品为黄棕色的粉末；气香窜，味辛、甘、微苦。

【处方】香薷 30g　白扁豆 30g　麦冬 25g　薄荷 30g　木通 25g　猪牙皂 20g　藿香 30g　茵陈 25g　菊花 30g　石菖蒲 25g　金银花 60g　茯苓 25g　甘草 15g

【功能与主治】清热祛暑。用于伤暑、中暑。

【用法与用量】灌服。250～350g。

【休药期】无需制定。

·清瘟败毒散·

本品为灰黄色的粉末；气微香，味苦、微甜。

【处方】石膏 120g　地黄 30g　水牛角 60g　黄连 20g　栀子 30g　牡丹皮 20g　黄芩 25g　赤芍 25g　玄参 25g　知母 30g　连翘 30g　桔梗 25g　甘草 15g　淡竹叶 25g

【功能与主治】泻火解毒，凉血。用于热毒发斑、高热神昏。

【用法与用量】灌服。300～450g。

【休药期】无需制定。

·跛行镇痛散·

本品为黄褐色的粉末；气香，味苦。

【处方】当归 80g　　红花 60g　　桃仁 70g　　丹参 80g　　桂枝 70g
牛膝 80g　　土鳖虫 20g　　醋乳香 20g　　醋没药 20g

【功能与主治】活血，散瘀，止痛。用于跌打损伤、腰肢疼痛。

【用法与用量】灌服。200～400g。

【休药期】无需制定。

·强　壮　散·

本品为浅灰黄色的粉末；气香，味微甘、微苦。

【处方】党参 200g　　六神曲 70g　　麦芽 70g　　山楂（炒）70g
黄芪 200g　　茯苓 150g　　白术 100g　　草豆蔻 140g

【功能与主治】益气健脾，消积化食。用于食欲不振、体瘦毛焦、
生长迟缓。

【用法与用量】灌服。250～400g。

【休药期】无需制定。

第八节　免疫调节药

一、治疗用抗体制剂

·破伤风抗毒素（TAT）·

【主要成分与含量】本品含破伤风抗毒素。每毫升不少于 2 400IU。

【性状】清亮液体。长期贮存后，可有微量能摇散的沉淀。

【作用与用途】用于预防和治疗家畜破伤风。

【用法与用量】以本品计。皮下、肌内或静脉注射。用量如下：
3 岁以上大动物预防 6 000～12 000IU；治疗 60 000～300 000IU；
3 岁以下大动物预防 3 000～6 000IU；治疗 50 000～100 000IU。

【注意事项】（1）应防止冻结。如有沉淀，用前应摇匀。

（2）注射时，应作局部消毒处理。

（3）用过的疫苗瓶、器具和未用完的抗体等应进行无害化处理。

（4）注射后，个别牛可能出现过敏反应，应注意观察，必要时采取注射肾上腺皮质激素类药物等脱敏措施抢救。

【规格】（1）1 500IU/安瓿；（2）10 000IU/安瓿。

【贮藏与有效期】2～8℃保存，有效期 24 个月。

二、免疫调节制剂

·万 乳 康·

【处方】盐酸左旋咪唑 4g　淫羊藿 50g　黄芪 50g

【性状】本品为绿黄色的粉末；气香，味甘，微苦。

【主治】免疫增强剂。防治牛隐性乳腺炎。

【用法与用量】以本品计。牛 130g，2～3 个月给药 1 次，连用 2 次。

【引用来源】《兽药质量标准》中药卷（2017 年版）。

第九节　生殖调控用药

一、子宫收缩药

·垂体后叶素·

垂体后叶注射液　本品为无色澄明或几乎澄明的无色液体。

【作用与用途】子宫收缩药。用于催产、产后子宫出血和胎衣不下等。

【用法与用量】皮下、肌内注射：一次量，牛 3～10mL。

【注意事项】（1）催产时，若产道异常、胎位不正、子宫颈尚未开放等禁用。

（2）用量大时可引起血压升高、少尿及腹痛。

【休药期】无需制定。

·缩 宫 素·

缩宫素注射液 本品为无色澄明或几乎澄明的液体。

【作用与用途】子宫收缩药。用于催产、产后子宫出血和胎衣不下等。

【用法与用量】以有效成分计。皮下、肌内注射：一次量，牛 30～100IU。

【注意事项】（1）临产时，若产道异常、胎位不正、子宫颈尚未开放等禁用。

（2）用量大时可引起血压升高、少尿及腹痛。

【休药期】无需制定。

·麦 角 新 碱·

马来酸麦角新碱注射液 本品为无色或几乎无色的澄明液体，微显蓝色荧光。

【作用与用途】子宫收缩药。临床上主要用于产后止血及加速子宫复原。

【用法与用量】以有效成分计。肌内、静脉注射：一次量，牛 5～15mg。

【注意事项】（1）胎儿未娩出前或胎衣未排出前均禁用。

（2）不宜与缩宫素及其他收缩子宫制剂联用。

【休药期】无需制定。

二、性激素

·丙酸睾酮·

丙酸睾酮注射液　本品为无色至淡黄色的澄明油状液体。

【作用与用途】性激素类药物。用于雄性激素缺乏时的辅助治疗。

【用法与用量】以有效成分计。以肌内、皮下注射：一次量，每1kg 体重，家畜 0.25～0.5mg。

【不良反应】注射部分可出现硬结、疼痛、感染及荨麻疹。

【注意事项】(1) 具有水钠潴留作用，肾、心或肝功能不全患畜慎用。

(2) 可以作治疗用，但不得在动物性食品中检出。

(3) 仅用于种畜。

【休药期】无需制定。

·苯丙酸诺龙·

苯丙酸诺龙注射液　本品为淡黄色的澄明油状液体。

【作用与用途】同化激素类药。用于营养不良、慢性消耗性疾病的恢复期。

【用法与用量】以有效成分计。皮下、肌内注射：一次量，每1kg 体重，家畜 0.2～1mg，每两周 1 次。

【不良反应】可引起钠、钙、钾、水、氯和磷潴留以及繁殖机能异常；亦可引起肝脏毒性。

【注意事项】(1) 可以作治疗用，但不得在动物性食品中检出。

(2) 禁止作促生长剂应用。

(3) 肝、肾功能不全时慎用。

【休药期】28d。

· 苯甲酸雌二醇 ·

苯甲酸雌二醇注射液 本品为淡黄色的澄明油状液体。

【作用与用途】性激素类药。用于发情不明显动物的催情及胎衣滞留、死胎排出。

【用法与用量】以有效成分计。肌内注射：一次量，牛 5～20mg。

【不良反应】（1）可引起囊性子宫内膜增生和子宫蓄脓。

（2）使牛发情期延长，泌乳减少。治疗后可出现早熟、卵泡囊肿。上述作用多因过量应用所致，调整剂量可减轻或消除这些不良反应。

【注意事项】（1）妊娠早期的动物禁用，以免引起流产或胎儿畸形。

（2）可以作治疗用，但不得在动物性食品中检出。

【休药期】28d。

· 黄 体 酮 ·

黄体酮注射液 本品为无色至淡黄色的澄明油状液体。

【作用与用途】性激素类药。用于预防流产。

【用法与用量】以有效成分计。肌内注射：一次量，牛 50～100mg。

【注意事项】（1）长期应用可使妊娠期延长。

（2）泌乳奶牛禁用。

【休药期】30d。

复方黄体酮缓释圈 本品为淡灰色螺旋形弹性橡胶圈，宽35mm，厚2mm，一端粘有一粒胶囊。

【作用与用途】性激素类药。用于控制母牛同期发情。

【用法与用量】阴道内放置：一次量，每头牛 1 个弹性橡胶圈。

【注意事项】12d 后取出残余胶圈，并在 48～72h 内配种。

【休药期】30d。

黄体酮阴道缓释剂 白色或类白色，翼形。

【作用与用途】性激素类药。用于控制母牛同期发情。

【用法与用量】阴道内放置：一次量，牛1个，5～8d后取出。

【注意事项】（1）使用本品时需戴橡胶手套。

（2）不适用于阴道畸形牛。若动物健康状况差，如疾病或营养缺乏时，可能无反应。

（3）勿让儿童接触。

（4）宰前取出缓释剂。

【休药期】30d。

·绒 促 性 素·

注射用绒促性素 本品为白色的冻干块状物或粉末。

【作用与用途】性激素类药。用于性功能障碍、习惯性流产及卵巢囊肿等。

【用法与用量】以本品计。肌内注射：一次量，牛1 000～5 000IU。

【注意事项】（1）不宜长期应用，以免产生抗体和抑制垂体促性腺功能。

（2）本品溶液极不稳定，且不耐热，应在短时间内用完。

【休药期】无需制定。

·血 促 性 素·

注射用血促性素 本品为白色冻干块状物或粉末。

【作用与用途】激素类药。主用于母畜催情和促进卵泡发育；也用于胚胎移植时的超数排卵。

【用法与用量】以本品计。皮下、肌内注射：一次量，催情，牛1 000～2 000IU；超排，母牛2 000～4 000IU。临用前，用灭菌生理盐水2～5mL稀释。

【注意事项】(1) 不宜长期应用，以免产生抗体和抑制垂体促性腺功能。

(2) 本品溶液极不稳定，且不耐热，应在短时间内用完。

【休药期】无需制定。

· 垂体促黄体素 ·

注射用垂体促黄体素 本品为白色或类白色的冻干块状物或粉末。

【作用与用途】激素类药。用于治疗排卵延迟、卵巢囊肿和习惯性流产等。

【用法与用量】以本品计。肌内注射：一次量，牛 100～200IU。

【注意事项】治疗卵巢囊肿时，剂量应加倍。

【休药期】无需制定。

三、前列腺素

· 前 列 腺 素 ·

甲基前列腺素 F2α 注射液 本品为无色澄明液体。

【作用与用途】前列腺素类药。主用于同期发情和同期分娩；也用于治疗持久性黄体、诱导分娩和排除死胎等。

【用法与用量】以有效成分计。肌内注射或宫颈内注入：一次量，每 1kg 体重，牛 1.67～3.33mg。

【不良反应】大剂量应用可产生腹泻、阵痛等不良反应。

【注意事项】(1) 妊娠母畜忌用，以免引起流产。

(2) 治疗持久黄体时用药前应仔细进行直肠检查，以便针对性治疗。

【休药期】牛 1d。

氨基丁三醇前列腺素 F2α 注射液 本品为无色澄明液体。

【作用与用途】前列腺素类药。用于控制母牛同期发情。

【用法与用量】以有效成分计。肌内注射：一次量，牛 25mg。

【不良反应】大剂量应用可产生腹泻、阵痛等不良反应。

【注意事项】患急性或亚急性心血管系统、胃肠道系统、呼吸系统疾病的动物禁用。

【休药期】牛 1d。

氯前列醇注射液　本品为无色澄明液体。

【作用与用途】前列腺素类药。有强大溶解黄体和直接兴奋子宫平滑肌作用，主要用于控制母牛同期发情。

【用法与用量】以本品计。肌内注射：牛 3～6mL；宫内注射：牛 1.5～3mL。

【不良反应】在妊娠 5 个月后应用本品，动物出现难产的风险将增加，且药效下降。

【注意事项】（1）不需要流产的妊娠动物禁用。

（2）因药物可诱导流产及急性支气管痉挛，因此妊娠妇女和患有哮喘及其他呼吸道疾病的人员操作时应特别小心，不应接触药物。

（3）氯前列醇易通过皮肤吸收，不慎接触后应立即用肥皂和水进行清洗。

（4）不能与非甾体类抗炎药同时应用。

【休药期】牛 1d。

氯前列醇钠注射液　本品为无色的澄明液体。

【作用与用途】前列腺素类药。有强大溶解黄体和直接兴奋子宫平滑肌作用，主用于控制母牛同期发情。

【用法与用量】以有效成分计。肌内注射：一次量，牛 0.2～0.3mg。

【不良反应】在妊娠后期应用本品，动物出现难产的风险将增加，且药效下降。

【注意事项】（1）本品应在预产期前 2d 使用，严禁过早使用；不需要流产的妊娠动物，禁用。

（2）本品可诱导流产或急性支气管痉挛，使用时要小心，妊娠妇女和患有哮喘及其他呼吸道疾病的人员操作时应特别小心。

（3）如果偶尔吸入或注射本品引起呼吸困难，建议吸入速效舒张支气管药。

（4）本品极易通过皮肤吸收，操作时应戴橡胶或一次性防护手套，操作完毕及在饮水或饭前，用肥皂和水彻底洗手。皮肤上粘溅本品，应立即用大量清水冲洗干净。

（5）本品不能与非甾体类抗炎药同时应用。

（6）本品用完后，空瓶应深埋或焚烧。本品产生的废弃物应在批准的废物处理设备中处理，严禁在现场处置未经稀释的本品。勿使本品污染饮水、饲料和食品。

【休药期】 无需制定。

注射用氯前列醇钠 本品为白色冻干块状物。

【作用与用途】 前列腺素类药。主用于控制母牛同期发情。

【用法与用量】 以有效成分计。肌内注射：一次量，牛 $0.4\sim$ $0.6mg$，$11d$ 后再用药一次。

【不良反应】【注意事项】 与 **【休药期】** 同氯前列醇钠注射液。

第十节　微生态制剂

微生态制剂属于活菌制剂或有利于活菌的物质，专门用于动物营养保健，分别称为微生物饲料添加剂（益生菌）、益生元、合生元三类制剂。主要通过对动物机体有益的益生菌及其代谢产物，改善动物机体的肠胃系统菌群和环境，提高动物机体生长发育、免疫应答和抵抗疾病的能力。其作用主要是抑制病原菌、产生消化酶、激活免疫系统等功能，既能减少胃肠道疾病的发病率、提高饲料转化率和畜禽健康水平，还有一定的催肥作用。

一、微生态制剂与应用

微生态制剂品种很多，但要根据肉牛年龄特点和控制目标，选择合适的品种。例如，幼龄牛常用乳酸菌、酵母菌、粪链球菌和芽孢杆菌制剂，而成年牛则应使用米曲霉、黑曲霉和啤酒酵母制剂；为加速消化道内纤维素的分解，应尽量选用曲霉菌制剂以及乳酸杆菌剂、双歧杆菌剂、枯草杆菌剂等。如果使用固体制剂，可加入精料中使用，可按每日饲料量的 $0.2\%\sim0.5\%$ 与饲料混合，或每头牛每天使用 $70\sim100g$；如果使用液体制剂，可按每日饮水量的 1% 直接加入饮水中，任肉牛自行饮用。使用微生态制剂时，一般不要与抗生素及其他抑菌、杀菌药物混合使用。

喷施微生态制剂，还可以分解饲养环境中的氨气、吲哚和粪臭素等，使臭味减弱，蚊蝇数量减少。

微生态制剂还可用于处理肉牛粪污。将牛粪经过微生物发酵处理后，一方面可提高蛋白质的消化利用率，另一方面还可以杀死一些致病菌，继续作为鱼类饲料或肥料资源。

使用于牛饲料的微生态制剂有产丙酸丙酸杆菌、布氏乳杆菌，在青贮饲料中使用布氏乳杆菌（属于异型发酵乳酸菌）可提高玉米青贮饲料的有氧稳定性。使用产丙酸丙酸杆菌是增加饲料中丙酸的一个方法。

养殖中使用的多为复合微生物制剂产品，按其说明应用。如枯草芽孢杆菌、乳酸菌、酵母菌、米曲霉培养物、黑曲霉培养物等各种组合的复合产品。

二、微生态制剂使用注意事项

1. 菌种的选择

动物消化道微生物具有多样性和特异性，不同动物种类对菌种的要求也不同。同一菌株用于不同的动物，往往产生的效果差异较大。使用时一定要了解菌种的性能和作用，选用合适的菌种。

2. 应用时间与对象

应用时间要早，幼龄牛使用更佳，且长时间连续饲喂效果更理想。当处于疾病，尤其是发生胃肠道疾病时，添加芽孢杆菌能起到较好的治疗作用，并改善动物的生产性能。动物的年龄、性别、种类也影响芽孢杆菌的作用效果。

3. 剂量与浓度

有效的活菌数是影响作用效果的关键因素之一。微生态制剂中必须含有相当数量的活菌数才能达到效果，但添加过量有时会适得其反，造成饲料成本上升。瑞典规定乳酸菌制剂活菌数要达到 2×10^{11} 个/g。我国在正式批准生产的制剂中，对含菌数量和用量也有规定，芽孢杆菌含量 $\geqslant 5 \times 10^8$ 个/g。

4. 注意保存条件和保存时间

微生态产品随着保存时间的延长，活菌数量不断减少，其速度因菌种和保存条件而异。厌氧菌暴露在空气中很容易死亡，可进行包被处理或者采用真空包装，制剂产品在打开包装后应在规定的时间内用完。微生态制剂需要在饲料中保持活性才能发挥作用。菌株存在易失活的特性，为保证菌株的活力和数量，产品在运输和储存中需要保持一定的温度和湿度，防止活性损失。同时，未经处理，微生物制剂不能与颉颃物质（维生素、矿物质和油脂等）混合使用。

5. 与抗生素药物等的配伍

由于益生菌制剂是活菌，抗生素和化学合成的抗菌剂对其有杀灭作用，因此一般都禁止与之敏感的抗生素如磺胺类或化学类药物同时使用。另外，动物在用抗生素治疗疾病后，用益生菌制剂快速恢复胃肠道功能效果很明显。

三、肉牛用微生态制剂

·枯草芽孢杆菌活菌制剂（TY7210 株）·

本品系用枯草芽孢杆菌 TY7210 株接种适宜培养基培养，收获培养物，经无菌分装制成。

【性状】为土黄色至黄褐色乳状液，久置后，有少量沉淀物。

【作用与用途】微生态制剂。用于预防和治疗细菌性腹泻和促进生长。

【用法与用量】灌服或与少量饲料混合饲喂。预防用量：犊牛，每头每次 30mL，每日 1 次，共服用 1～3 次。治疗量：犊牛，每头每次 60mL，每日 1 次，共服用 1～3 次。成年牛，每头每次 120mL，每日 1 次，共服用 1～3 次。

【注意事项】（1）本品严禁注射。

（2）本品不得与抗菌药物和抗菌药物添加剂同时使用。

（3）打开内包装后，限当日用完。

·蜡样芽孢杆菌活菌制剂（DM423 株）·

本品系用蜡样芽孢杆菌 DM423 菌株的培养液，加适宜赋形剂，经干燥制成的粉剂或片剂。

【性状】粉剂为灰白色或灰褐色干燥粗粉或颗粒状；片剂为外观光整光滑，类白色，色泽均匀。

【作用与用途】微生态制剂。用于牛腹泻的预防和治疗，并能促进生长。

【用法与用量】口服，与少量饲料混合饲喂，病重可逐只喂服。犊牛治疗用药按每头每次 3～6g，日服 2 次，连服 3～5d。

【注意事项】本品不得与抗菌药物和抗菌药物添加剂同时使用。

·蜡样芽孢杆菌活菌制剂（SA38 株）·

本品系用蜡样芽孢杆菌 SA38 菌株的培养液，加适宜赋形剂，经干燥制成的粉剂或片剂。

【性状】粉剂为灰白色或灰褐色的干燥粗粉；片剂为外观完整光滑、类白色或白色片。

【作用与用途】微生态制剂。主要用于预防和治疗犊牛腹泻，并能促进生长。

【用法与用量】口服。治疗用量，犊牛按每 1kg 体重 0.1～0.15g。预防用量减半，连服 7d。

【注意事项】本品不得与抗菌药和抗菌药物添加剂同时使用。

·乳酸菌复合活菌制剂·

本品系用嗜酸乳杆菌、粪链球菌和枯草杆菌的培养物，经冷冻真空干燥制成混合菌粉，加载体制成粉剂或颗粒剂和片剂。

【作用与用途】微生态制剂。本品对沙门氏菌及大肠杆菌引起的细菌性下痢（如犊牛的白痢、黄痢）均有疗效，并有调整肠道菌群失调、促进生长的作用。

【用法与用量】口服。用凉水溶解后作饮水或拌入饲料口服或灌服。治疗量：犊牛每次 3～5g；一般 3～5d 为 1 个疗程。

【注意事项】（1）本品严禁与抗菌类药物和抗菌药物添加剂同时服用。

（2）服用本制剂时，不得用含氯的自来水稀释，要用煮沸后的凉开水稀释，水温不得超过 30℃，稀释后限当日用完。

·双歧杆菌、乳酸杆菌、粪链球菌、酵母菌复合活菌制剂·

本品系用双歧杆菌、乳酸杆菌、粪链球菌和酵母菌分别接种适宜培养基培养，收获培养物，用羟甲基纤维素钠沉淀，加适宜稳定剂，经冷冻真空干燥后，与载体混合制成的粉剂。

【性状】乳黄色均匀细粉。

【作用与用途】微生态制剂。用于预防牛腹泻。

【用法与用量】将每次用药量拌入少量饲料、奶中饲喂或直接经口喂服，牛每 1kg 体重 0.1~0.15g，每日 2 次，连服 5~7d。

【注意事项】（1）用药时，应现配现用。

（2）服用本制剂时，应停止使用各类抗菌药物。

（3）饮用时，用煮沸后的凉开水稀释，水温不得超过 30℃，不得用含氯自来水稀释，稀释后限当日用完。

（4）犊牛出生后立即服用，效果更佳。

第三章

肉牛常见疾病临床用药

第一节　牛病防治原则

疾病可分为疫病和普通病。疫病包括传染病和寄生虫病，普通病则包括内科病、外科病和产科病，其中疫病和内科病中的中毒病、代谢病均为群发病。肉牛场尤其要重视群发病的防控。肉牛场的牛病防治原则如下：

1. 严格遵守《中华人民共和国动物防疫法》及其附属法规的相关条例。

2. 动物疾病防控是一个系统工程，应从建场选址设计开始考虑。

3. 坚持预防为主、防重于治的原则，加强饲养管理、卫生消毒、预防接种、检疫防疫等综合防控措施，提高动物的健康水平和抗病能力，控制和杜绝疾病的传播蔓延，降低发病率和死亡率。

牛场兽医的工作重点应放在疾病的预防控制方面，动物一旦发病，应该首先进行诊断，并对不同性质的疾病采取相应的防控措施。

（1）对重大动物疫病（是指突然发生，迅速传播，发病率或者死亡率高，给养殖业生产安全造成严重威胁、危害，以及可能对公众身体健康与生命安全造成危害的动物疫病）中的烈性传染病，主要是口蹄疫，预防控制的基本原则是加强肉牛场生物安全措施和发生疫情扑杀净化措施。口蹄疫主要防控措施是预防接种，对疫区或受威胁区内的健康易感家畜进行紧急预防接种。

（2）对重大动物疫病中的人畜共患病，主要是布鲁氏菌病、结核病和包虫病等，预防控制的基本原则是加强肉牛场生物安全措施，坚持自繁自养，对动物群体进行定期检疫和疾病监测，发生病情时应及时诊断、隔离、消毒和扑杀。其中，对布鲁氏菌病，建立定期检测，分区免疫，执行强制扑杀政策，强化动物卫生监督和无害化处理措施；对结核病，采取检疫扑杀、风险评估、移动控制相结合的综合防治措施，强化牛群健康管理；对包虫病，落实驱虫、免疫等预防措施，改进动物饲养条件，加强屠宰管理和检疫。

（3）对于非重大疫病和普通病，应立即隔离病畜并严格消毒其污染的场所，及时诊断，在严格隔离的条件下对病畜进行治疗。

4. 科学合理地使用抗感染药物。

5. 应避开兽医临床上使用抗感染用药常见的误区。

（1）选用抗菌药物满足于临床有效，而不是将抗菌药物最突出的药理学特性应用于临床。

（2）选用药物时只重视药物对细菌的抗菌作用，机械地照搬药物敏感试验结果，而不考虑药物在感染部位的浓度高低。

（3）较少考虑药物的毒副作用及患病动物的具体病理生理状态。

（4）较少考虑抗感染用药的效费比问题。

6. 遵守国家颁布的兽药使用方面的相关法规。主要是遵守休药期和兽药禁用方面的法规，减少动物食品的药物残留，以保障食品卫生安全和防止耐药菌的产生，从而保障公共卫生安全。

7. 重视疾病治疗过程中的支持疗法。

8. 注意牛抗菌用药的特殊禁忌。

断奶后的牛口服四环素类、酰胺醇类、大环内酯类、林可胺类、喹诺酮类或硝基咪唑类等抗菌药物后，常会引发消化不良、反刍停止、瘤胃鼓胀、贫血等毒副作用，与瘤胃酸中毒的症状完全相同，严重的会发生死亡。此外，由于抗菌药物对消化道正常菌群有干扰作用，会造成维生素 B 或维生素 K 缺乏症、诱发二重感染（若在用药期间出现腹泻、肺炎、肾盂肾炎或原因不明的发热时，则应考虑有发生二重感染的可能）、造成肝脏毒性等不良反应，临床上应予注意。

第二节 肉牛常见病毒病

一、口蹄疫

口蹄疫（Foot and mouth disease，FMD）是由口蹄疫病毒（Foot and mouth disease virus，FMDV）引起的一种急性、热性、高度接触性人兽共患传染病，俗称"口疮""蹄癀"，以在口腔黏膜、四肢下端及乳房等处皮肤形成水疱和烂斑为临床特征。口蹄疫主要侵害牛、羊、猪等偶蹄类动物，幼龄动物较成年动物更易感。成年动物病死率通常不超过 2%，而幼龄动物因发生心肌炎，其病死率可达 50% 以上。口蹄疫主要经呼吸道感染，可经多种途径传播，多呈流行或大流行。在老疫区，口蹄疫流行常表现周期性，每隔 3～5 年暴发一次，口蹄疫发生的季节性随地区而异，牧区常表现为秋开始、冬加剧、春减轻、夏平息的流行特点；农区季节性不明显。口蹄疫的典型症状为口腔黏膜、蹄部和乳房皮肤发生水疱和烂斑。病死牛剖检可见心肌松软，心脏内、外膜下的心肌表面及心肌切面可见灰白色或淡黄色斑块或条纹，称为"虎斑心"，该病变具有诊断意义。

【预防】

口蹄疫是我国强制免疫的动物传染病，流行区应坚持免疫接种，且选用与当地流行毒株同型的口蹄疫灭活疫苗接种牛群。目前国内牛口蹄疫疫苗以灭活疫苗为主，有牛 A 型口蹄疫灭活疫苗、牛 O 型口蹄疫灭活疫苗、牛 O 型-A 型二价灭活疫苗。此处以牛 O 型-A 型二价灭活疫苗为例介绍口蹄疫的免疫程序：犊牛 90 日龄时，每头肌内注射 O 型- A 型口蹄疫二价灭活疫苗 0.5 头份，间隔 1 个月后以相同剂量加强免疫；以后根据免疫抗体检测结果，每隔 4～6 个月免疫一次，配种前 1 个月再免疫一次，每次每头注射 1 头份；经产奶牛在配种前 1 个月和配种后第 5～6 个月时各注射一次；每次每头注射 1 头份。

【处置】

当动物群发生口蹄疫时，应立即上报疫情，确定诊断，划定疫点、疫区和受威胁区，实施严格的隔离封锁措施。口蹄疫发病牛必须扑杀。对疫区和受威胁区未发病动物进行紧急免疫接种，并按照"早、快、严、小"的原则，立即实施封锁、隔离、检疫、消毒等措施。

在口蹄疫流行季节，或受到口蹄疫疫情威胁时，为提高本场易感动物的抗病能力，在疫苗免疫的基础上，还可全场实施提高动物免疫力给药，建议选用黄芪多糖注射液、左旋咪唑片或左旋咪唑注射液，配合维生素 B_{12}、叶酸和复合维生素 B 制剂，口服或注射给药，可连用 5～7d。

二、牛流行热

牛流行热（Bovine ephemeral fever，BEF）又称暂时热（Ephemeral Fever，EF）或三日热（Three day fever，TDF），是由牛流行热病毒（Bovine ephemeral fever virus，BEFV）引起的一种急性热性传染病，常呈流行或大流行，一般呈良性经过，发病率高，病死率低，主要侵害奶牛和黄牛，以 3～5 岁青壮年牛多发，肥胖牛和高产奶牛发病率高，病情也最严重。牛流行热是虫媒病，疫情的发生与吸血昆虫的出没相一致，具有明显的季节性，高温、多雨、潮湿、蚊蝇滋生的 8—10 月份多发。牛流行热还呈周期性流行，每 6～8 年或 3～5 年流行一次。牛流行热潜伏期 3～7d，临床特征为突然高热、流泪、泡沫样流涎、鼻漏、呼吸迫促、消化器官严重卡他炎症和四肢关节水肿、疼痛，病牛跛行；孕母牛常发生流产、早产或死胎；少数严重者可于 1～3d 内死亡，但病死率一般不超过 1%。急性死亡的病例，剖检可见明显的肺间质气肿、肺充血或肺水肿。

【预防】

牛流行热的发生具有明显的季节性，因此可在流行季节到来前进行免疫接种，也可在疫情暴发时紧急接种。国内批准使用的商品化疫苗是牛流行热灭活疫苗。该疫苗颈部皮下注射 2 次，每次每头 4mL，间隔 21d；6 月龄以下的犊牛，注射剂量减半，免疫程序与成年牛相同。

【治疗】

牛流行热无特效药，预防继发细菌感染可酌情选用青霉素、氨苄青霉素、头孢噻呋、庆大霉素、卡那霉素、恩诺沙星等，慎用磺胺类等对机体免疫力有干扰作用的药物。可试用提高机体抵抗力的药物，如黄芪多糖、多种维生素等。

除疫苗免疫外，早发现、早隔离、早治疗，合理用药，大量输液，护理得当是防治牛流行热的重要原则。不同临床型的治疗方法如下：

（1）呼吸型　退热及缓解呼吸困难，防止肺部受损，可选用阿司匹林、安乃近、氨基比林、布洛芬等解热镇痛药；输氧可选用未启封的 3% 双氧水 50～80mL，按 1：10 的比例用 5% 葡萄糖氯化钠注射液稀释，缓慢静脉注射；补液可选用 5% 葡萄糖注射液或 5% 葡萄糖氯化钠注射液反复静脉注射，有利于排毒降温；抗感染可选用硫酸庆大霉素或硫酸卡那霉素等。

（2）胃肠型　针对不同症状可选用安钠咖、龙胆酊、陈皮酊、姜酊或硫酸镁等药物，一般经 1～5d 可治愈。

（3）瘫痪型　可静脉注射 0.9% 氯化钠注射液 1 000mL，10% 葡萄糖酸钙注射液 500mL，5％葡萄糖注射液 1 000mL，10％安钠咖注射液 40mL，维生素 C 10g，维生素 B₁ 1.5g；抗炎可选用氢化可的松、醋酸泼尼松、地塞米松或水杨酸钠等药物。此型同时要注意加强护理。

注意，牛流行热治疗期间切忌灌服给药，因病牛咽部肌肉麻痹，容易造成异物性肺炎。

三、牛病毒性腹泻-黏膜病

牛病毒性腹泻-黏膜病（Bovine viral diarrhea-mucosal disease, BVD-MD）是由牛病毒性腹泻病毒（Bovine viral diarrhea virus, BVDV）引起的一种急性、接触性传染病。牛、羊等反刍动物和猪是 BVDV 的自然宿主，各年龄的牛均可感染，但以 6～18 月龄的牛最易感，而其他年龄的牛多呈隐性感染，肉牛比乳牛更易感。牛病毒性腹泻黏膜病主要经消化道和呼吸道感染，也可通过胎盘感染，呈地方性流行，一年四季均可发生，但冬季和春季发病率明显增高。

牛病毒性腹泻黏膜病自然感染的潜伏期为 7～14d，人工感染的为 2～3d。常发病的牛群中仅少数感染牛表现临床症状，多数呈隐性感染经过。临床上以黏膜发炎、糜烂、坏死和腹泻为特征，可分为急性型和慢性型。

急性型的病牛表现突然发病，体温升高至 40～42℃，持续 4～7d，有的还有第二次升高（双相热型），2～3d 内可能有鼻镜及口腔黏膜表面糜烂，流涎增多，然后发生严重腹泻。有些病牛发生蹄叶炎导致跛行。急性型病牛很少恢复，多于发病后 1～2 周死亡。慢性型病牛最引人注意的症状是鼻镜上连成一片的糜烂，同时，由蹄叶炎及趾间皮肤糜烂坏死所致跛行也是其最明显的临床症状。多数慢性型患牛死于 2～6 个月内。妊娠母牛流产，或产下先天性缺陷犊牛（最常见的缺陷是小脑发育不全）。

主要病变在消化道和淋巴组织。鼻镜、鼻孔黏膜、齿龈、上腭、舌面两侧、颊部及胃肠黏膜出现糜烂及溃疡，严重者在喉头黏膜有溃疡及弥散性坏死。具有诊断意义的特征性病变是食道黏膜出现大小、形状不等且直线排列的糜烂。

【预防】

目前国家批准生产的有牛病毒性腹泻-黏膜病灭活疫苗，用于预防牛病毒性腹泻-黏膜病，免疫期为 12 个月以上。流行区和受威胁区要进行免疫接种，一般只对 6～24 月龄的牛进行预防接种。肉牛应在6～8 月龄进行预防接种，最好在断奶前后的数周内。对受威胁较大的牛群应每隔 3～5 年接种 1 次。育成母牛和种公牛于配种前再接种1 次。妊娠母牛一般不接种，以免流产。牛病毒性腹泻-黏膜病的灭活疫苗使用安全，但需要在每次免疫接种 21d 后再加强免疫一次。

此外，牛病毒性腹泻-黏膜病的一般性预防措施包括：

(1) 加强口岸检疫，从国外引进种牛时必须进行血清学检查，防止引入带毒牛。

(2) 国内在进行牛只调拨或交易时，要加强检疫，防止牛病毒性腹泻-黏膜病的扩大或蔓延。

(3) 近年来，猪对 BVDV 病毒的感染率日趋上升，不但增加了猪作为牛病毒性腹泻-黏膜病传染来源的重要性，而且由于 BVDV 与猪瘟病毒在分类上同属于瘟病毒属，有共同的抗原关系，使猪瘟的防制工作变得复杂化，因此在牛病毒性腹泻-黏膜病的防制计划中对猪的检疫也不容忽视。

(4) 一旦发生牛病毒性腹泻-黏膜病，对病牛要隔离治疗或急宰，消毒污染环境和用具，对未发病牛群实施保护性限制。

【治疗】

牛病毒性腹泻-黏膜病无特效药，可用抗生素（如青霉素、氨苄青霉素、阿莫西林、头孢噻呋、链霉素、庆大霉素）或氟喹诺酮类（如恩诺沙星等）药物防治继发细菌感染。

由于牛病毒性腹泻-黏膜病主要导致整个消化道出血溃疡或坏死，引起饮食困难和腹泻等症状，因此还应采取解热、补液、止泻、强心等措施。解热可选用解热镇痛药（如复方氨基比林注射液、安乃近注射液、对乙酰氨基酚注射液或氟尼辛葡甲胺注射液等）。补液可选用5%葡萄糖注射液、0.9%氯化钠注射液、10%葡萄糖注射液或5%葡萄糖氯化钠注射液等。止泻可选用活性炭。防止酸中毒可选用5%碳酸氢钠注射液。静脉注射维生素C注射液可促进黏膜上皮组织修复。采用上述辅助疗法可缩短恢复期。

四、牛传染性鼻气管炎

牛传染性鼻气管炎（Infectious bovine rhinotracheitis，IBR）又名红鼻病（Red nose disease，RND）、牛病毒性鼻气管炎（Bovine viral rhinotracheitis，BVR）、坏死性鼻炎（Necrotic rhinitis，NR），是由牛传染性鼻气管炎病毒（Infectious bovine rhinotracheitis virus，IBRV）引起的一种急性、热性、接触性传染病。不同年龄及品种的牛均能感染，肉牛发病率最高，其中以20～60日龄的犊牛最易感。牛传染性鼻气管炎主要通过空气、飞沫、精液和接触传播，病牛和带毒牛是主要传染源，流行具有一定的季节性，多发生于秋、冬寒冷季节。

牛传染性鼻气管炎自然感染潜伏期一般为1～6d，有时可达20d以上，根据临床表现可分为呼吸道型、生殖道型、脑膜脑炎型、眼炎型和流产型。

（1）呼吸道型 通常于每年较冷的月份出现，可侵害整个呼吸道。病初高热39.5～42℃，有多量黏液脓性鼻漏，鼻黏膜高度充血，出现浅溃疡，鼻窦及鼻镜因组织高度发炎而称为"红鼻子"。重型病例数小时即死亡，大多数病程10d以上。

（2）生殖道型 由配种传染，潜伏期1～3d，发热，尿频，阴户联合下流黏液线条，污染附近皮肤，阴门阴道发炎充血，黏膜上出现小的白色病灶，可发展成脓疱，多经 10～14d 痊愈。公牛感染时潜伏期 2～3d，生殖道黏膜充血，轻症 1～2d 后消退，继则恢复；严重的病例一般出现临床症状后 10～14d 开始恢复。

（3）脑膜脑炎型　主要发生于犊牛，体温升高达 40℃以上，共济失调，沉郁，随后兴奋、惊厥，口吐白沫，最终倒地，角弓反张，磨牙，四肢划动，病程短促，多归于死亡。

（4）眼炎型　一般无明显全身反应，有时也可伴随呼吸型一同出现，主要症状是结膜角膜炎，很少死亡。

（5）流产型　胎儿感染为急性经过，7～10d 后以死亡告终，再经 24～48h 排出体外。

【预防】

牛病毒性腹泻-黏膜病＋传染性鼻气管炎二联灭活疫苗用于预防牛病毒性腹泻-黏膜病和牛传染性鼻气管炎，免疫期为 4 个月。因为母源抗体最长可维持 6 个月，所以 6 月龄以上犊牛必须免疫，每头 2.0mL，肌内注射，首免后 21d 加强免疫一次。以后每隔 4 个月免疫一次，每头 2.0mL。

疫苗免疫可以起到预防临床发病的效果，但仍有可能无法阻止野毒感染及潜伏病毒的持续感染，防治牛传染性鼻气管炎最重要的措施是必须实行严格检疫，防止引入传染源和带入病毒（如带毒精液）。而抗体阳性牛实际上就是带毒牛。

其他预防措施：严禁从疫区引进种牛、胚胎和冻精；从国外引种必须隔离检疫，证明无此病后方准入境；强化冻精的检疫和管理；对引入动物或冻精的牛群进行血清学检疫；发生疫情时，应立即划区封锁、检疫、隔离、扑杀病牛和感染牛；严格消毒圈舍、用具等。

【治疗】

目前对牛传染性鼻气管炎尚缺乏有效的治疗药物和方法。

对从未发生过牛传染性鼻气管炎的地区，一般不做治疗。可采取封锁疫区，检疫、淘汰病牛和感染牛，严格消毒等综合措施扑灭牛传染性鼻气管炎。

老疫区可在严格消毒、隔离的条件下采取对症治疗的方法以减少死亡，缩短病程，促进病牛痊愈。主要措施是防止继发细菌感染，可酌情选用青霉素类（如青霉素、氨苄青霉素等）、头孢菌素类（如头孢噻呋）、氨基糖苷类（如链霉素、庆大霉素）抗生素或氟喹诺酮类抗菌药物（如恩诺沙星）。

五、恶性卡他热

恶性卡他热（Malignant catarrhal fever，MCF）又名恶性头卡他或坏疽性鼻卡他，是由狷羚疱疹病毒Ⅰ型（Alcelaphine herpesvirus-1，AH-1）引起的一种致死性淋巴增生性传染病，主要发生于黄牛和水牛，1～4岁的牛最易感，1岁以下犊牛和老龄牛很少发病，一年四季均可发生，更多见于冬季和早春，潜伏期一般为10～60d或更长，常呈散发，有时呈地方性流行，发病率低，而病死率高，病程可达60d，故无治疗价值。带毒绵羊是导致牛群暴发恶性卡他热的传染源。

恶性卡他热有最急性型、消化道型、头眼型、皮肤型、良性型及慢性型，这些型可能会相互混合。病牛最初症状有稽留热（41～42℃）、肌肉震颤、呼吸困难、心跳加速、鼻镜干燥、畏光流泪等症状。最急性病例可能在此期即行死亡。高热后病牛发生各部黏膜症状，口、鼻腔黏膜充血、坏死。数日后，鼻分泌物变黏稠，口腔由于黏膜广泛坏死和糜烂而流出恶臭涎液。典型病例几乎均有眼部症状，畏光、流泪、角膜炎等。病牛初便秘后腹泻。最急性型病程短至1～3d，无临床症状而死亡。消化道型及头眼型常预后不良，病程一般为4～14d，病情轻微时可以恢复，但常复发，病死率很高。病理变化多以呼吸道、消化道黏膜的出血性坏死性炎症为病变特征。皮肤型病牛在背部、颈部、腹下、乳房及大腿内侧皮肤发生丘疹或水疱样疹块，疹块在形成痂皮后消散。

【预防】

国内目前尚无预防恶性卡他热的疫苗产品，再因其散发，故免疫预防意义不大。

预防恶性卡他热最有效的措施是杜绝牛羊混养，避免牛羊接触，同时注意牛舍、运动场和用具的消毒。

【治疗】

恶性卡他热无特效药，可用抗生素预防继发细菌感染，可选用苯唑西林＋庆大霉素、氨苄西林＋恩诺沙星、氨苄青霉素、普鲁卡因青霉素、头孢噻呋钠、头孢喹肟等。

解热可选用解热镇痛药（如氨基比林、安乃近、对乙酰氨基酚或氟尼辛葡甲胺等）；抗炎可选用糖皮质激素类药物（如地塞米松、醋酸氢化可的松或醋酸可的松等）；保护心肺可选用维生素 C 和维生素 E 等；点眼药可选用阿托品溶液、硫酸新霉素滴眼液＋醋酸氢化可的松滴眼液等。

六、牛冠状病毒病

牛冠状病毒病（Bovine coronavirus infection，BCI）是由牛冠状病毒（Bovine coronavirus，BCV）引起的一种接触性传染病，各年龄段牛均可感染，犊牛更易感，其中以 7～10 日龄犊牛最易感。病牛为主要传染源，病原随粪便排出污染环境、饲草料、饮水等，经消化道传染，犊牛发病传播迅速，呈地方性流行，冬季多发。新生犊牛潜伏期 1～2d，成年牛潜伏期 2～3d。临床上以腹泻、排乳黄色或淡褐色粪便为主要特征。主要病变是小肠黏膜带状或弥漫性出血，严重的肠黏膜上皮坏死、脱落。

【预防】

国内目前尚无预防牛冠状病毒病的疫苗产品。

一般预防措施是保持牛舍清洁、干燥和温暖，加强饲养管理，特别是犊牛护理，及时给犊牛喂初乳。定期检查粪便，检出并淘汰阳性牛，以达到净化牛群的目的。

【治疗】

牛冠状病毒病尚无特效治疗药物。防止继发细菌感染可选用抗菌药物，如青霉素类、头孢菌素类或氨基糖苷类等抗生素，注射给药。

（1）止泻止血　止泻可选用活性炭；止血可选用安络血（肾上腺色腙）、酚磺乙胺或维生素 K 等。

（2）强心补液　可选用 5% 葡萄糖注射液、0.9% 生理盐水、复方氯化钠注射液、维生素 C 注射液、维生素 B_6 注射液、10% 葡萄糖注射液或 5% 葡萄糖氯化钠注射液等，静脉注射；安钠咖注射液、樟脑磺酸钠注射液，皮下或静脉注射。

（3）制止渗出　可选用钙制剂，如 10% 葡萄糖酸钙注射液或 5% 氯化钙注射液等。

（4）防止酸中毒　可选用 5% 碳酸氢钠注射液或乳酸钠注射液。

（5）增强机体抵抗力　可肌内注射黄芪多糖注射液，也可试用左旋咪唑。

七、牛疙瘩皮肤病

牛疙瘩皮肤病（Lumpy skin disease，LSD）是由牛疙瘩皮肤病毒（Lumpy skin disease virus，LSDV）引起牛的急性、亚急性或慢性传染病，是 OIE 规定必须报告的疫病。牛不分年龄和性别均易感。病牛和带毒牛是主要传染源，主要经直接接触感染或通过节肢动物蚊、蠓等传播，也可通过饮水、饲料传播，故多发生于蚊虫多的夏季，冬季也可发生。自然感染潜伏期为 2～5 周，临床上以发热，皮肤、黏膜、器官表面广泛性结节，消瘦，淋巴结肿大，皮肤水肿为特征，严重时会引起死亡。结节硬而突起，界限清楚，触摸有痛感，大小不等，直径 2～3cm，少者 1～2 个，多者可达百余个，常出现于头、颈、胸、背、会阴和乳房等部位，有时波及全身。结节可发生浆液性坏死、破溃、结痂，结痂脱落形成空洞，但硬固的皮肤病变可能存在几个月甚至几年。剖检可见皮下组织有灰红色浆液浸润；切开结节，腔内含有干酪样灰白色的坏死组织，有的有脓、血；体表肌肉、咽、气管、支气管、肺、瘤胃、皱胃、肾表面等都可能有类似结节分布。

【预防】

疫苗接种是预防牛疙瘩皮肤病的有效措施，但目前国内尚无预防疫苗。国外有牛疙瘩皮肤病鸡胚化弱毒疫苗，接种牛可产生良好的免疫保护作用。有疫区曾应用绵羊痘疫苗接种牛，也取得了不错的免疫效果，但因安全性问题，在无牛疙瘩皮肤病的地区不推荐该方法。

平时应加强饲养卫生管理，对动物、病尸、皮张、精液等严格检疫；一旦发病，应立即封锁疫区，隔离发病牛和可疑患病动物，并对发病牛舍、用具用碱性溶液、漂白粉、二氯异氰尿酸钠、苯酚等消毒；粪便堆积经生物发酵处理。

【治疗】

牛疙瘩皮肤病治疗无特效药，重点需要防止继发细菌感染，可选用头孢噻呋钠、青霉素、庆大霉素、恩诺沙星等抗菌药物。针对病毒，可试用提高机体免疫力的药物，如黄芪多糖、左旋咪唑等，同时还应补充维生素 B_{12}、维生素 B_6、叶酸等多种维生素。

破溃的结节可清创后用 0.1% 高锰酸钾冲洗，溃疡面涂擦碘甘油或抗菌药物软膏等。解热可选用解热镇痛药；抗炎可选用糖皮质激素类药物；防止渗出可选用维生素 C 和钙制剂（如 10% 葡萄糖酸钙注射液或 10%氯化钙注射液）等。

第三节 肉牛常见细菌病

一、炭疽

炭疽（anthrax）是由炭疽杆菌（*Bacillus anthracis*）引起的人畜共患的急性、热性、败血性传染病，对绵羊、山羊、马、牛等草食动物最易感，其中各年龄段的牛均可感染发病。炭疽主要通过采食污染炭疽杆菌芽孢的饲料、饲草或饮水经消化道感染，特别是对患病动物处理不当时，可使大量的病菌散播于周围环境，形成芽孢，污染土壤、水源或牧场，使之成为长久疫源地。此外，炭疽也可通过呼吸道、皮肤创口和吸血昆虫叮咬而感染。炭疽呈地方性流行，有一定的季节性，多发生在吸血昆虫多、雨水多、洪水泛滥的季节。临床上以高热、呼吸困难、可视黏膜发绀、急性败血死亡、天然孔出血、血液呈煤焦油样、凝固不良或形成痈肿为特征。

【预防】

目前我国批准生产的疫苗有：

（1）Ⅱ号炭疽芽孢疫苗，含炭疽杆菌Ⅱ号菌株（CVCC40202），甘油苗活菌浓度为 $1.3 \times 10^7 \sim 2.0 \times 10^7$ CFU/mL，氢氧化铝胶苗为 $2.0 \times 10^7 \sim 3.0 \times 10^7$ CFU/mL。每头牛皮内注射 0.2mL 或皮下注射 1.0mL。14d 后产生免疫力，免疫期为 1 年。

（2）无毒炭疽芽孢疫苗，皮下注射 1mL，接种 14d 后产生免疫力，免疫期为 1 年。

疫苗使用注意事项：使用前应将疫苗恢复至室温，充分摇匀；宜秋季使用，牲畜春乏或气候骤变时不宜使用；接种局部应做消毒处理；用过的疫苗瓶、器械和未用完的疫苗应做无害化处理。

【治疗】

炭疽作为人畜共患病，对人和动物都具有感染性，对公共卫生安全产生严重威胁，因此对已确诊的患病动物不予治疗，而应尽快扑杀，做无害化处理。

（1）发现患有或者疑似炭疽的动物，都应立即向当地动物防疫监督机构报告。

（2）当地动物防疫监督机构接到疫情报告后，按国家动物疫情报告管理的有关规定执行。

此外，严禁食用炭疽病动物尸体及其产品，对怀疑炭疽死亡的动物尸体要严禁在非生物安全条件下进行解剖，防止病原污染环境，形成永久性疫源地；被污染的土壤铲除 15～20cm 厚度的土层，并与 20%漂白粉液混合后深埋；圈舍及环境用 20%漂白粉液或 10%氢氧化钠喷洒；死尸天然孔及切开处，用 0.1%升汞浸泡的脱脂棉或纱布堵塞，连同粪便、垫草一起焚烧。

二、牛结核病

牛结核病（Bovine tuberculosis）是由牛型结核分支杆菌（*Mycobacterium tuberculosis*）引起的人和动物共患的一种慢性传染病，可感染多种动物，以奶牛最为易感，其次为黄牛、牦牛和水牛。各年龄阶段、各品种肉牛均可感染。牛结核病主要经呼吸道和消化道感染，也可通过交配感染，其中，以通过呼吸道引起的肺结核病最为常见。患病动物或带菌者是主要传染源，病菌随痰液、粪尿、乳汁等排出体外，污染饲料、食物、饮水、空气和周围环境。成年牛多因与病牛直接接触而感染；犊牛的感染主要是吸吮带菌奶而引起。饲养管理不良与牛结核病的传染有密切关系，特别是牛舍过于拥挤、通风不良、潮湿和光线不好，是造成牛结核病扩散的重要因素。牛结核病的临床特征是病程缓慢、渐进性消瘦、咳嗽、衰竭，并在多种组织器官形成特征性结核结节，继而结节中心干酪样坏死或钙化。临床上常见的有肺结核病、乳房结核病、淋巴结核病，有时可见生殖器结核病、肠结核病、脑结核病、浆膜结核病及全身结核病等，剖检可见肺及脏器有多个突起的白色结节，结节大小不一，切面干酪样坏死或钙化，有时坏死组织液化形成空洞。胸膜、肺膜及大网膜等浆膜可发生密集的结核结节，形如珍珠状，俗称"珍珠病"。乳房结核病可出现干酪样坏死或渗出性病变。

【预防】

牛结核病目前没有理想的预防疫苗。预防主要采取的措施是检疫、分群隔离、培育健康犊牛群，最终达到消灭、净化的目的。具体措施是：

（1）从异地引进种牛时，须经当地动物防疫监督机构的检疫，检疫合格并签发有效检疫证明后方可引进。入场后，隔离、观察 45d 以上，再经结核菌素皮内变态反应试验，结果阴性者，可混群饲养，而反应结果阳性的牛，应立即扑杀。

（2）牛结核病净化群在每年春秋各进行 1 次结核病监测，按种牛、奶牛 100%，规模场的肉牛 10%，其他牛 5%，疑似病牛 100% 的比例监测。如在牛结核病净化群中（包括犊牛群）检出阳性反应牛时，应及时扑杀阳性牛，其他牛按假定健康群处理。初生犊牛，应于 42 日龄时，用结核菌素皮内变态反应试验进行第 1 次监测。

（3）对牛场内工作人员，特别是奶牛场的职员，每年定期进行体格检查。对发现患结核病的工作人员，应及时调离岗位，隔离治疗。工作人员的工作服、用具要保持清洁，经常清洗消毒，不得带出牛舍。

（4）饲养场的金属设施、设备等可采取火焰、蒸熏等方式消毒；饲养场的圈舍、场地、车辆等可用 10% 漂白粉、10%～30% 石灰乳、1%～3% 来苏儿或 0.1%～0.5% 过氧乙酸等消毒药消毒；墙壁可用 20% 生石灰乳粉刷；对饲养用具、牛栏（床）等可用 3% 苛性钠溶液或 3%～5% 来苏儿溶液进行洗刷消毒；饲养场的饲料、垫料等可采取深埋发酵或焚烧处理；污染的粪便应堆积在距离牛舍较远的地方，采取堆积密封发酵的方式进行生物热消毒。

（5）牛饲养场生产区应与生活区隔离，场内不应饲养猫、犬、猪、鸡、鸭等动物，并应防止其他动物出入，消灭鼠、蝇等传播媒介。

（6）凡患结核病死亡或淘汰的牛，尸体应做焚烧、深埋等无害化处理；凡被确诊有结核病牛的牛群（场）即为牛结核病污染群（场），均应进行牛结核病净化。

【治疗】

结核病一般不予治疗（由于结核分支杆菌属于细胞内寄生菌，即使选用敏感的抗菌药物也很难根除本菌），而应采取"监测、检疫、扑杀、消毒和净化"为原则的综合防治措施。

三、牛肺炎链球菌病

牛肺炎链球菌病（Bovine streptococcus pneumonia）是由肺炎链球菌引起的一种急性败血性传染病，曾被称为"肺炎双球菌感染"，主要发生于犊牛，以 3 周龄以内的犊牛最易感。主要经呼吸道感染，呈散发或地方性流行。

牛肺炎链球菌病的最急性型病例病程短，发热，呼吸极度困难，眼结膜发绀，心脏衰弱，四肢抽搐、痉挛，常取急性败血性经过，多于发病几小时内死亡。部分病牛病程延长至 1～2d，鼻镜潮红，流脓性鼻液，结膜发炎，腹泻。有的发生支气管炎、肺炎，肺部听诊有啰音。剖检病死牛可见肺、肝和肾充血、出血，有脓肿，胸腔内渗出液增量带血。牛肺炎链球菌病的特征病理变化是"橡皮脾"，即脾脏呈充血性、增生性肿大，脾髓质色黑红，质韧如橡皮。

【预防】

国内目前尚无预防牛肺炎链球菌病的疫苗产品。

应建立健全饲养管理、引种和消毒隔离制度；发病时，对被污染的畜舍和用具要彻底消毒；对全群动物进行检疫，发现体温升高或有临床症状的动物，应立即进行隔离治疗；对发病牛群中的易感动物（假定健康犊牛）可应用抗菌药物做预防性治疗；严格禁止擅自宰杀和自行处理发病或病死牛。

【治疗】

发病后应尽早确诊，立即隔离发病牛，单独饲养，选用敏感的抗菌药物治疗。

在给药前可先采取病牛鼻咽内容物进行细菌学检查或咽拭子血液琼脂培养，分离病原菌后，可按药敏试验结果调整用药。

急性病例宜选青霉素类（如青霉素、氨苄西林、阿莫西林）或第一代头孢菌素（如头孢氨苄），对耐青霉素的链球菌宜选用第三代头孢菌素（头孢噻呋）、第四代头孢菌素（头孢喹肟）或大环内酯类抗生素（如乳糖酸红霉素、替米考星）等，为保证疗效，最好采用静脉注射给药。

慢性病例可选用普鲁卡因青霉素、苄星青霉素、磺胺类（如磺胺嘧啶、磺胺对甲氧嘧啶、磺胺间甲氧嘧啶等）及四环素类（如土霉素、四环素等，但注意妊娠期、哺乳期患牛禁用，成年牛不宜内服给药）等，肌内注射。

对症治疗：解热可选用解热镇痛药（如复方氨基比林、安乃近、对乙酰氨基酚或氟尼辛葡甲胺等）；抗炎可选用糖皮质激素类药物（如地塞米松、醋酸氢化可的松等）；防止渗出可选用维生素 C 和钙制剂（如 10％葡萄糖酸钙注射液或 10％氯化钙注射液）；补液可选用 5％葡萄糖注射液、10％葡萄糖注射液或 5％葡萄糖氯化钠注射液；调整酸碱平衡可选用 5％碳酸氢钠注射液或乳酸钠注射液；保护心肺可选用维生素 C 注射液和维生素 E 注射液等。

四、牛出血性败血症

牛出血性败血症（Hemorrhagic septicemia of cattle，HSC）是

由多杀性巴氏杆菌（*Pasteurellamultocida*，PM）引起的一种败血性传染病，亦称牛多杀性巴氏杆菌病，可感染各年龄和不同品种的牛，犊牛最易感，主要经呼吸道及消化道感染，散发或呈地方性流行，潜伏期一般为 2～5d，一年四季均可发生，但在秋冬季及早春气温下降、冷热交替、气候剧变时多发。

牛出血性败血症根据临床表现可分为急性败血型、浮肿型、肺炎型和慢性型。急性型多急性死亡，病程 12～24h，以败血症、出血性炎症、急性纤维素性胸膜肺炎或肺炎为主要临床特征。浮肿型，在颈部、咽喉部及胸前的皮下结缔组织出现迅速扩展的炎性水肿，呈浆液浸润，同时伴发舌及周围组织的高度肿胀伸出齿外，呈暗红色，咽淋巴结和前颈淋巴结急性肿胀，病畜呼吸高度困难，皮肤和黏膜发绀，病畜往往因窒息而死，病程多为 12～36h。肺炎型主要发生纤维素性胸膜肺炎，病畜便秘，有时下痢，粪中混有血液，病程较长的一般可到 3d 或 1 周左右，剖检见胸腔中有大量浆液性纤维素性渗出液，肺有不同程度的肝变，切面呈大理石状，并可见纤维素性心包炎和腹膜炎，心包与胸膜粘连。

【预防】

目前我国批准生产的疫苗有牛多杀性巴氏杆菌病灭活疫苗，含灭活的荚膜 B 群多杀性巴氏杆菌（CVCC44502 或/和 CVCC44602 或/和 CVCC44702）。该疫苗免疫期为 9 个月，每年免疫 1 次，体重100kg 以下的牛，皮下或肌内注射 4mL；体重 100kg 以上的牛注射6mL。该疫苗使用注意事项：切忌冻结，冻结过的疫苗不能使用；仅用于健康牛；用前应将疫苗恢复至室温并充分摇匀；接种局部应做消毒处理；接种后个别牛可能出现过敏反应，应注意观察，必要时可酌情使用肾上腺素、地塞米松或扑尔敏等过敏解救药物；用过的疫苗瓶、器械和未用完的疫苗应做无害化处理。

【治疗】

发病早期可用抗菌药物配合高免血清治疗，效果较好。最好是尽早进行细菌分离培养,用药物敏感试验的结果指导临床用药。通常对牛多杀性巴氏杆菌经验性治疗的最有效药物是氨基糖苷类抗生素(庆大霉素、链霉素、卡那霉素等),也可选用四环素类(如多西环素、土霉素、四环素)、第三代头孢菌素(头孢噻呋等)、氟喹诺酮类(恩诺沙星等)、增效磺胺(复方磺胺嘧啶注射液等)或酰胺醇类(氟苯尼考)等。

在治疗过程中缓解呼吸困难症状很重要,可选用糖皮质激素类抗炎药物(如地塞米松磷酸钠注射液、醋酸氢化可的松注射液或醋酸可的松注射液等);解热可选用解热镇痛药(如复方氨基比林注射液、安乃近注射液、对乙酰氨基酚注射液或氟尼辛葡甲胺注射液等);防止渗出可选用维生素C和钙制剂(如10%葡萄糖酸钙注射液或5%氯化钙注射液);止血可选用维生素K。

因牛出血性败血病发病急,往往来不及治疗,故控制此病应以预防为主,除了疫苗免疫外,还应采取以下预防措施:提高牛群的免疫力,加强饲养管理,避免拥挤、受寒、长途运输等不良因素导致的抵抗力下降;加强消毒,平时应定期对圈舍、围栏、器具等进行消毒,发病时,应对牛舍及用具进行严格消毒,可选用二氯异氰尿酸钠、三氯异氰尿酸、戊二醛、苯酚、聚维酮碘、来苏儿、漂白粉或石灰乳等消毒剂;被病牛污染的饲料或垫草要烧毁,病牛的粪便要堆积发酵处理;发病牛或可能被感染的牛均应立即隔离治疗,健康牛应立即接种疫苗或用抗菌药物预防,预防给药方法可选择肌内注射,犊牛也可口服,如口服盐酸多西环素片,2mg/kg,同时配合口服维生素C片,4mg/kg,2次/d,连用3d。

五、布鲁氏菌病

布鲁氏菌病(Brucellosis)又称布鲁氏杆菌病,简称布病,是由布鲁氏菌(*Brucella*)引起的牛生殖障碍的一种人畜共患传染病。多种动物对布鲁氏菌易感，其中羊、牛、猪的易感性最强。母畜比公畜、成年畜比幼年畜多发。布鲁氏菌病通过直接或间接接触感染的牛或含有病菌的污染物传播，其中消化道为最常见的感染途径，还可通过呼吸道、眼结膜、生殖道及损伤的皮肤、黏膜和吸血昆虫感染。显性感染和隐性感染的病牛是主要的传染源。患病动物自然交配或含细菌的精液进行人工授精时，可经生殖道感染。人的布鲁氏菌病的感染，与职业、饮食和生活习惯有关，但一般不会在人与人之间进行水平传播。布鲁氏菌病的临床特征是母牛发生流产、子宫内膜炎、胎衣不下和不孕，公牛发生睾丸炎、附睾炎、前列腺炎、不育、关节炎、淋巴结炎和滑液囊炎。流产以妊娠后 7～8 个月多见。主要病变为胎衣水肿，呈胶冻样浸润，有些部位覆盖纤维素絮片和脓液，有的伴出血点。流产胎儿第四胃中有淡黄色或白色黏液絮状物，胃肠和膀胱的浆膜下可见有点状或线状出血。

【预防】

针对布鲁氏菌病，实行非疫区县以监测为主，疫区县以免疫为主，控制区以监测、扑杀和免疫相结合，稳定控制区以监测净化为主的综合防治措施。目前，我国批准生产的疫苗主要有：羊种（马耳他）布鲁氏菌 5 号弱毒疫苗（M5）和猪布鲁氏菌 2 号弱毒疫苗（S2）。

推荐免疫程序为：

(1) 布鲁氏菌病活疫苗（A19 株）　含牛种布鲁氏菌 A19 株（CVCC70202），每头份含活菌数至少 6.0×10^{10} CFU，可用于牛布鲁氏菌病免疫，免疫期为 3～6 年。接种途径及剂量为：6～8 月龄犊牛，每头皮下注射 1 头份；必要时可在 18～20 月龄（第一次配种前）再接种 1/60 头份，以后可根据牛群布鲁氏菌病流行情况决定是否再进行接种。注意事项：不能用于怀孕牛、泌乳牛；疫苗开启后，限当日用完；接种局部须消毒；本品对人有一定的致病力，工作人员大量接触会引起感染，使用时要注意个人防护；用过的疫苗瓶、器械和未用完的疫苗应做无害化处理；具体事项详见疫苗说明书。

（2）布鲁氏菌病活疫苗（M5 株或 M5 - 90 株） 含羊种布鲁氏菌 M5 株（CVCC18）或 M5 - 90 株，每头份含活菌数至少 1.0×10^{10} CFU，可用于牛、羊布鲁氏菌病免疫，免疫期为 36 个月。接种方法：每头牛皮下注射 25 头份。注意事项：在配种前 1～2 个月接种较好，不能用于怀孕牛、种公牛，一般仅用于 3～8 月龄的奶牛，成年奶牛不用；疫苗开启后，限当日用完；接种局部须消毒；本品对人有一定的致病力，使用时要注意个人防护，避免感染和引起过敏反应；用过的疫苗瓶、器械和未用完的疫苗应做无害化处理；具体事项详见疫苗说明书。

（3）布鲁氏菌病活疫苗（S2 株） 含猪种布鲁氏菌 S2 株（CVCC70502），每头份含活菌数至少 1.0×10^{10} CFU，可用于羊、猪和牛布鲁氏菌病免疫，牛的免疫期为 24 个月。接种方法：每头牛口服 5 头份，妊娠母牛口服后不受影响，牛群每年口服接种 1 次。长期使用不会导致血清学的持续阳性反应。注意事项：注射接种不能用于牛；疫苗开启后，限当日用完；饮水接种或灌服时应使用凉水，如果拌料接种，则应避免使用含有抗菌药物的饲料、发酵饲料或热饲料；动物接种前后 3d，应避免使用抗菌药物、含有抗菌药物的饲料和发酵饲料；本品对人有一定的致病力，使用时要注意个人防护；用过的疫苗瓶、器械和未用完的疫苗应做无害化处理，用过的食槽或水槽可行日光消毒；具体事项详见疫苗说明书。

【处置】

（1）布鲁氏菌为胞内寄生菌，抗菌药物不易发挥作用，故家畜布鲁氏菌病尚无理想的治疗方法，采取检疫、淘汰病畜是防止布鲁氏菌病流行和扩散的有效方法。

（2）任何单位和个人发现患有或者疑似布鲁氏菌病的动物，都应当及时向当地动物防疫监督机构报告。当地动物防疫监督机构接到疫情报告后，按《动物疫情报告管理办法》及有关规定及时上报。

（3）发现疑似布鲁氏菌病病畜后，畜主应立即将其隔离，并限制其移动。当地动物防疫监督机构要及时派员到现场进行调查核实，确诊畜间布鲁氏菌病患畜后，必须按"划定疫点、疫区、受威胁区—封锁—隔离—扑杀—无害化处理—检（监）测—消毒—紧急免疫接种—封锁的解除"的程序进行处理。

六、犊牛沙门氏菌病

犊牛沙门氏菌病（Salmonellosis of calves）是由鼠伤寒沙门氏菌、都柏林沙门氏菌或纽波特沙门氏菌感染引起的传染病，又名犊牛副伤寒（Paratyphoid of calves），各年龄段牛均可发病，犊牛较成年牛更易感，以10日龄至6月龄的犊牛最常发病。病畜和带菌者是犊牛沙门氏菌病的主要传染源，主要经消化道感染，四季均可发生，成年牛发病呈散发性，而犊牛常呈流行性。临床上以肠炎和败血症为主要特征。

发病犊牛体温升高，排灰黄色混有黏液和血丝的稀便，多在1周内死亡，病死率可达50%；病程长时，可见腕和跗关节肿大。急性病死犊牛心壁、腹膜以及胃、小肠和膀胱黏膜有小出血点。病程长的肝脏颜色变淡；关节损伤时，腱鞘和关节腔有胶样液体。

【预防】

可选用国家批准生产的牛副伤寒灭活疫苗，含灭活的都柏林沙门氏菌和灭活的牛病沙门氏菌，用于预防牛副伤寒，免疫期6个月。使用方法：肌内注射，1岁以下牛，每头1.0mL；1岁以上牛，每头2.0mL。为提高免疫效果，对1岁以上牛可在第一次注射后10d再注射2.0mL。对已发生牛副伤寒的畜群中，可对2～10日龄的犊牛进行免疫，每头肌内注射1.0mL。妊娠母牛应在产前45～60d时接种，所产犊牛应在 30～45 日龄再注射疫苗。根据实际临床实践经验，应用来自本场（群）或当地分离的菌株制成单价灭活疫苗进行免疫注射，也可取得良好的预防效果。牛副伤寒灭活疫苗使用注意事项：切忌冻结，冻结过的疫苗严禁使用；使用前应将疫苗恢复至室温并充分摇匀；接种局部应消毒；瘦弱牛不宜接种；用过的疫苗瓶、器械和未用完的疫苗应行无害化处理。

【治疗】

犊牛沙门氏菌病的治疗可选用酰胺醇类（如氟苯尼考）、氨基青霉素类（如氨苄西林）、三代或四代头孢菌素类（如头孢噻呋、头孢喹肟等）、复方磺胺（如复方磺胺嘧啶钠注射液、复方磺胺甲噁唑片、复方磺胺对甲氧嘧啶片、复方磺胺对甲氧嘧啶钠注射液等）以及四环素类（如多西环素、四环素、土霉素等）等抗菌药物。氟喹诺酮类药物对沙门氏菌有良效，但因其可引起幼龄动物的软骨损害，故犊牛慎用。在对因治疗的同时，还应实施辅助治疗。

（1）脱水病牛可选用复方氯化钠注射液、0.9%生理盐水、5%或10%葡萄糖注射液等静脉注射，也可选择口服补液盐水供其自饮或灌服，在补液后或补液过程中，病畜开始排尿为脱水得以纠正的重要指征。注意在脱水纠正前慎用肾毒性大的药物，如磺胺类。

（2）腹泻病牛止泻排毒可灌服 0.1%高锰酸钾液；或用药用炭配制成 10%混悬液灌服；或用鞣酸蛋白 20g，次硝酸铋 10g，碳酸氢钠 40g，淀粉浆 1L，灌服。

（3）有酸中毒症状的病牛可静脉注射 5%碳酸氢钠注射液以纠正酸中毒，在使用磺胺类药物时尤其要注意同时纠正酸中毒。

（4）为恢复病牛胃肠功能可选用 10%氯化钠注射液、5%氯化钙注射液、维生素 B_6 注射液、维生素 C 注射液及安钠咖注射液等静脉注射。同时，可酌情选用健胃散、人工矿泉盐或大黄苏打片等健胃药口服给药。

七、犊牛大肠杆菌病

【病名及定义】

犊牛大肠杆菌病（Calf colibacillosis，CC）是由大肠杆菌（*Escherichia coli*，EC）引起的一种急性传染病。各年龄和品种牛均可发病，以1～2周龄犊牛最易感，主要经消化道感染，潜伏期很短，仅几个小时，一年四季均可发生，但以冬春季舍饲期间多见，呈地方流行性或散发性。

临床上犊牛大肠杆菌病可见败血型、肠毒血症型和肠型等不同病型，以败血症、突然死亡、肠毒血症或腹泻为临床特征。败血型病牛发热，间有腹泻，常于出现症状后数小时至1d内急性死亡，有时未见症状即死亡。肠毒血症型较少见，常突然死亡，病程稍长者可见神经症状，死前多出现腹泻。肠型病牛病初体温升高至40℃，数小时后开始剧烈下痢，体温降至正常；病程长者，可见肺炎及关节炎。肠型病牛如果及时治疗，一般预后良好。

【预防】

国内目前尚无预防犊牛大肠杆菌病的疫苗产品。

母牛应加强产前产后的饲养管理，出生犊牛及时吮吸初乳，注意保暖、圈舍卫生，避免穿堂风，断乳期饲料不要突然改变。

【治疗】

由于大肠杆菌耐药性普遍，因此治疗时可依据药敏试验结果选用抗菌药物。即尽早采取病死牛肝、肠系膜淋巴结等组织进行细菌培养，再按分离菌的药敏试验结果调整用药。

大肠杆菌的经验性用药选择是：β内酰胺环类抗生素＋β内酰胺酶抑制剂的复方制剂（如氨苄青霉素＋舒巴坦、阿莫西林＋克拉维酸钾），氨基糖苷类（庆大霉素、新霉素、卡那霉素等），头孢菌素类（头孢噻呋、头孢喹肟），四环素类（土霉素、四环素、多西环素等），以及磺胺类药物（磺胺嘧啶、磺胺六甲氧嘧啶等）。此外，使用活菌制剂，如促菌生、调痢生等治疗腹泻，可收良效。对于腹泻严重者，可考虑在注射抗菌药物的同时，口服难以吸收的氨基糖苷类抗生素，以取得更好的肠道抗菌效果。

治疗的同时应重视辅助治疗：调整胃肠机能可选用下述配方：葡萄糖 67.53%、氯化钠 14.34%、甘氨酸 10.30%、枸橼酸 0.81%、枸橼酸钾 0.21%、磷酸二氢钾 6.81%，取其混合物 64g，溶于 2L 水中即为等渗液，喂前停乳 2d，每次口服 1 000mL，2 次/d；解热镇痛可选复方氨基比林注射液、安乃近注射液、对乙酰氨基酚注射液或氟尼辛葡甲胺注射液等；止泻可选用活性炭；抗炎可选用糖皮质激素类药物（如地塞米松磷酸钠注射液、醋酸氢化可的松注射液等）；防止渗出可选用维生素 C 和钙制剂（如 10% 葡萄糖酸钙注射液或 10% 氯化钙注射液）；促进肠黏膜恢复，可选用维生素 B_{12} 注射液、肌苷注射液和腺苷三磷酸注射液，肌内注射；用补液的方法纠正脱水，可选用 5% 葡萄糖注射液、10% 葡萄糖注射液或 5% 葡萄糖氯化钠注射液。

注意：在犊牛脱水未得到纠正以前，慎用肾毒性大的药物如氨基糖苷类抗生素、磺胺类抗菌药物等，如果要选用上述药物，建议先纠正机体脱水。

八、李氏杆菌病

李氏杆菌病（Listeriosis）是由单核细胞增多性李氏杆菌引起的以患畜脑膜脑炎、败血症和妊娠母畜流产为主要特征的一种散发性传染病。各年龄段牛都可感染发病，以犊牛和妊娠母牛较易感。患病动物和带菌动物是李氏杆菌病的传染源，病菌可通过消化道、呼吸道、眼结膜以及皮肤损伤感染，主要的传播媒介是饲料和水，冬季和早春多发，天气骤变、体内寄生虫等均是此病的诱因。李氏杆菌病发病率低，但病死率高。病初患畜体温升高 1～2℃，不久降至常温。败血症主要见于幼畜。脑膜脑炎主要表现为偏瘫症状。妊娠母畜常发生流产。患畜外周血液中单核细胞明显增多。

【预防】

李氏杆菌病尚无预防的疫苗，预防的关键在于控制病原的污染，做好养殖场及圈舍的灭鼠工作，定期驱除外寄生虫，避免饲喂污染的青贮饲料，不从疫区引入动物。发病时应及时采取隔离、消毒、治疗等措施。

【治疗】

治疗李氏杆菌病可选用的敏感药物有：氨基青霉素类（如氨苄西林和阿莫西林），氨基糖苷类（如庆大霉素、链霉素和卡那霉素等），四环素类（如多西环素、土霉素和四环素等）、大环内酯类（如红霉素、泰乐菌素和替米考星等）以及增效磺胺等。青霉素一般无效。一般采用氨苄西林静脉给药，同时配合庆大霉素肌内注射，效果较好。因李氏杆菌病发病急，因此发病时应全群紧急预防性选用磺胺嘧啶钠注射给药，连用 3d。在给药的同时，要密切注意观察动物的临床表现。对于出现神经症状的病畜，抗菌治疗效果往往不佳，预后须慎重。

在对因治疗的同时要采取适当的辅助治疗措施，体温升高者，可酌情选用解热镇痛剂如对乙酰氨基酚注射液、安乃近注射液、安痛定注射液等。消化不良的，可静脉注射 10%氯化钠注射液、5%氯化钙注射液、维生素 B_6 注射液等，同时配合口服健胃药。防止脱水可选择 5%葡萄糖氯化钠注射液、复方氯化钠注射液等静脉注射补液，并提供口服补液盐供其自由饮用。出现酸中毒时，可静脉注射 5%碳酸氢钠注射液。

九、破伤风

破伤风（Tetanus）是由破伤风梭菌经伤口感染引起的一种急性、

创伤性、中毒性的人畜共患病，又称为强直症，俗称锁口风。各种家畜均易感，以单蹄动物最易感，猪、羊、牛次之。其中，幼龄动物比成年的更易感。破伤风梭菌广泛存在于自然界中，其感染常继发于各种创伤，如断脐、手术、去势、断尾、产后感染以及外伤等，部分病例检查不到伤口，可能是伤口已经愈合或经损伤的子宫、消化道黏膜感染。破伤风潜伏期通常为 7～14d，个别的可在伤后 1～2d 发病，多为散发，无明显季节性。临床上，破伤风以全身肌肉强直性痉挛和神经反射兴奋性增高为特征。患牛反刍、嗳气停止，流涎，伴瘤胃臌气；跛行，全身肌肉强直性痉挛，四肢因强直而外展，站立如木马状；头颈伸直，耳贴于后侧，尾根高举，鼻孔开张，牙关紧闭，开口极度困难。

【预防】

为预防破伤风，在有感染危险或在破伤风高发地区，可给牛接种破伤风类毒素。破伤风类毒素是国家批准生产的，每毫升含破伤风类毒素不低于 200 个 EC（结合力）。皮下注射，犊牛 0.5mL，6 个月后再注射一次。疫苗接种 1 个月后产生免疫力，免疫期为 12 个月。犊牛在阉割手术前一个月可注射破伤风类毒素，以达到预防的目的。破伤风类毒素使用注意事项：切忌冻结，冻结过的疫苗不能使用；用前应将疫苗恢复至室温并充分摇匀；接种局部应做消毒处理；接种后个别牛可能出现过敏反应，应注意观察，必要时可酌情使用肾上腺素、地塞米松或扑尔敏等过敏解救药物；用过的疫苗瓶、器械和未用完的疫苗应做无害化处理。

【治疗】

治疗破伤风的基本原则是清除病原、中和毒素、镇静解痉、对症治疗和加强护理。

（1）清除病原　找到感染部位，对感染的创部彻底消毒，清除创口内的异物、脓汁和坏死组织及痂皮等，对于外伤较深的创口，除常规外科处理外，还应用 3% 过氧化氢、2% 高锰酸钾或 5%~10% 碘酊消毒，并在创口周围注射青霉素。在局部治疗的同时要进行全身抗菌药物治疗，可选的药物有青霉素、甲硝唑或四环素类等。

（2）中和毒素　发病时应尽早静脉、皮下或肌内注射破伤风抗毒素（TAT），成年牛 40 万~80 万 IU，犊牛 20 万~40 万 IU，分 3 次注射，一天 1 次。同时应用 40% 乌洛托品溶液，成年牛 50mL，犊牛25mL。临床上 TAT 常与抗菌药物配合使用，如注射用青霉素钠＋TAT、注射用盐酸四环素＋TAT 等。

（3）镇静解痉　可用水合氯醛 20~40g 与淀粉浆 500~1 000mL混合灌肠；或静脉或肌内注射 25% 硫酸镁，成年牛 100mL，犊牛20mL。牙关紧闭的可用 1% 普鲁卡因溶液于开关、锁口穴位注射，每天 1 次，直至开口为止。

（4）对症治疗　为保护心、脑和肺的机能，可静脉注射 5% 葡萄糖、维生素 C、肌苷和三磷酸腺苷等；出现酸中毒者，可适量注射碳酸氢钠；对于不食者，或饮食甚少者，静脉注射 5% 葡萄糖或 25% 葡萄糖。

（5）加强护理　将病畜置于僻静、避光场所；不能正常采食和饮水的，可根据情况肠外补充营养和水；站立困难者，辅以吊起带。

十、犊牛梭菌性肠炎

犊牛梭菌性肠炎（Calf clostridial enteritis）是由 B 型魏氏梭菌（B 型产气荚膜梭菌）引起的犊牛急性传染病，又称犊牛出血性肠炎。7 日龄之内犊牛（即新生犊牛）最易感，其中 2~3 日龄发病最多，肥胖犊更易发病。该病主要通过消化道，也可通过脐带或创伤感染，多呈散发。临床上以急性死亡和出血性肠炎为特征。最急性型：犊牛未见任何症状而突然死亡。急性型：体温升高至 40℃，严重脱水，腹痛腹泻；粪便恶臭，稀薄如水或稠如面糊，呈黄绿色、黄白色或暗红色，最后卧地不起，虚弱死亡；另有部分病犊出现神经症状，头颈弯曲，磨牙，吼叫，痉挛死亡。剖检可见十二指肠和空肠出血性炎症，肾脏肿大、软化，被膜不易剥离，浆膜上见出血点。

【预防】

国内目前尚无预防犊牛梭菌性肠炎的疫苗产品。

应加强饲养管理、增强犊牛体质，注意保暖，合理哺乳；严格执行消毒隔离制度；在犊牛梭菌性肠炎常发地区，犊牛出生后可用抗菌药物进行预防性给药（如青霉素类或头孢菌素类等），也可试用羊梭菌三联四防（羔羊痢疾、羊快疫、羊肠毒血症、羊猝狙）灭活疫苗接种妊娠母牛，对幼犊有一定的保护作用；病死牛必须深埋或焚烧处理，污染物品和场地要彻底消毒（可选用苯酚、二氯异氰尿酸钠或三氯异氰尿酸、过氧乙酸等消毒剂，对芽孢用20%漂白粉或3%～5%氢氧化钠消毒效果较好）。

【治疗】

发病后应尽早确诊，立即隔离病牛，单独饲养，选用敏感的抗菌药物治疗。

对产气荚膜梭菌有效的抗菌药物有：青霉素类（如青霉素、氨苄西林）、甲硝唑、酰胺醇类（如氟苯尼考）和四环素类（如土霉素、四环素、多西环素等），可在国家农业农村部兽医药品合理使用的相关规定下酌情选用。此外，对于损伤的胃肠道可选用氨基糖苷类抗生素口服给药，以控制继发肠道菌感染。

解热可选用解热镇痛药（如对乙酰氨基酚注射液或氟尼辛葡甲胺注射液等），但对于肠道出血或有出血倾向者慎用；止血可选用安络血（肾上腺色腙）注射液或维生素K注射液（维生素K不仅可以止血，还具有良好的腹部镇痛作用，可大大减轻动物急腹症的腹痛症状）；补液可选用5%葡萄糖注射液、0.9%氯化钠注射液或5%葡萄糖氯化钠注射液；调整酸碱平衡可选用5%碳酸氢钠注射液或乳酸钠注射液；保护心脏可选用维生素 C、维生素 E 等。

十一、气肿疽

气肿疽（Gangraena emphysematosa）是由气肿疽梭菌引起牛的一种急性、热性、败血性传染病，又叫黑腿病（Black leg）或鸣疽，4 个月至 4 岁的牛易感，肥壮牛比瘦弱牛更易患病。主要通过消化道传播，也可通过皮肤创伤和吸血昆虫（蚊、蝇叮咬）传播，呈散发或地方性流行，有一定的地域性。放牧牛多发于炎热、多雨和蚊虫活动猖獗的夏季，低洼潮湿的山谷牧场及沼泽牧场易发生气肿疽；舍饲牛则一年四季均可发生。病畜不直接传染给易感动物。气肿疽发病多呈急性经过，病程 1~3d，也有 10d 者，特征性临床症状是肌肉丰满的腿上部、臀、腰、肩、胸或颈等部位发生局部炎性气性肿胀，初期热而痛，后中央变冷、疼痛不明显。患部皮肤干硬、黑红，按压肿胀部位有捻发音，叩诊有鼓音，有时形成坏疽。切开患部，从切口流出污红色带泡沫的酸臭液体。病畜常伴跛行。

【预防】

在气肿疽常发地区，免疫接种是预防气肿疽的有效措施，目前我国批准生产的疫苗有：

气肿疽灭活疫苗　含灭活的气肿疽梭状芽孢杆菌。每年春秋两季进行免疫接种，不论大小牛，一律皮下注射 5mL，免疫期 6 个月；6 月龄以下犊牛接种疫苗后，到 6 月龄时再接种 1 次。牛气肿疽灭活疫苗的使用注意事项：切忌冻结，冻结过的疫苗严禁使用；使用前应将疫苗恢复至室温并充分摇匀；接种局部应消毒；用过的疫苗瓶、器械和未用完的疫苗应行无害化处理。

【治疗】

早期可用抗气肿疽高免血清 150~200mL，静脉或腹腔注射，重症患牛 8~12h 后重复一次。

抗菌消炎可选用青霉素类（如青霉素、氨苄西林等）、四环素类（如土霉素、四环素等）等注射给药。对于肿胀局部，早期不宜切开，可用 0.25%～0.5%普鲁卡因配合青霉素或普鲁卡因青霉素注射液在患部周围分点注射（皮下或肌内注射）。在病的中后期，可将肿胀部切开，用 2%的高锰酸钾溶液充分冲洗。

除了抗菌治疗外，解热可选用解热镇痛药（如复方氨基比林注射液、安乃近注射液或氟尼辛葡甲胺注射液等）；抗休克可选用糖皮质激素类药物（如地塞米松磷酸钠注射液、醋酸氢化可的松注射液等）；抗组胺可选用马来酸氯苯那敏注射液（扑尔敏）以降低毛细血管的通透性，减轻肿胀、渗出症状；补液可选用 5%葡萄糖注射液、10%葡萄糖注射液或 5%葡萄糖氯化钠注射液；保护心肌可选用维生素 C 注射液等。

发生气肿疽时，应采取综合预防措施：患牛应立即隔离，对圈栏、用具、饲槽以及被污染的环境用 5%～10%氢氧化钠、5%福尔马林或 0.2%的升汞进行消毒；粪便、污染的饲料和垫草等应焚烧销毁；病死牛严禁随便解剖，更不能食用，应深埋（2m 以下，远离水源）或焚烧处理；受威胁的牛群紧急接种疫苗或注射抗气肿疽高免血清 150～200mL。

十二、恶性水肿

恶性水肿（Malignant edema）是以腐败梭菌为主的多种梭菌经创伤感染引起的多种动物共患的一种急性、热性、创伤性传染病。大多数温血动物均易感，牛多见，各年龄均可发生。主要经创伤传染，如断脐、刺伤、咬伤、分娩、骨折、去势等，呈散发性，夏季炎热天气多发。

恶性水肿临床上以创伤局部发生急剧气性、炎性水肿，并伴有发热和全身毒血症为特征。病初牛体温升高，伤口周围炎性水肿，迅速弥漫扩大，尤其是皮下组织疏松处更明显。病变部位初时坚实、热痛敏感，后柔软无热痛，按压有捻发音。切开肿胀部，流出大量棕黄色液体，混有气泡，腐臭。随肿胀发展，病牛高热稽留，呈败血症症状，多在1～3d内死亡，很少自愈。剖检可见发病局部的弥漫性水肿，皮下和肌肉间结缔组织有污黄色液体浸润，常含有少许气泡，气味酸臭。肌肉黑棕色至黑色，煮肉样，易于撕裂。血凝不良，心包、腹腔有多量积液。

【预防】

我国已研制成包括预防快疫等梭菌病多联苗。在梭菌病常发地区，常年注射，可有效预防恶性水肿。

【治疗】

恶性水肿经过急，发展快，全身中毒严重，治疗应从早从速，从局部和全身两方面同时着手。

（1）局部治疗　应尽早切开肿胀部，扩创清除异物和腐败组织，吸出水肿部渗出液，再用氧化剂（如0.1％高锰酸钾溶液或3％过氧化氢溶液）冲洗，然后撒布溶解的注射用青霉素，注意此处不宜直接撒布青霉素粉。

（2）全身治疗　早期使用足量抗菌药物，宜选青霉素类（如青霉素、氨苄西林等）或四环素类（如土霉素、四环素）注射给药。

解热可选用解热镇痛药（安乃近注射液、氟尼辛葡甲胺注射液等）；抗炎、抗休克可选用糖皮质激素类药物（如地塞米松磷酸钠注射、醋酸氢化可的松注射液等）；抗组胺可选用马来酸氯苯那敏注射液，减轻肿胀、渗出症状；补液可选用5％葡萄糖注射液、10％葡萄糖注射液或5％葡萄糖氯化钠注射液；保护心脏可选用10％安钠咖注射液、毒毛旋花苷K注射液、维生素C等。

此外，还应采取综合预防措施：平时注意防止外伤，一旦发病要及时进行清创和消毒，还要严格做好各种外科手术及注射的无菌操作，并做好术后护理工作。

发生恶性水肿后，要及时隔离病畜，对污染的场地、垫草、用具要及时全面消毒。病死动物不可利用，必须深埋或焚烧处理。

十三、莱姆病

莱姆病（Lyme borreliosis）是由若干不同基因型的伯氏疏螺旋体（又称莱姆病螺旋体）引起的一种人和多种动物蜱传自然疫源性疾病。牛、马、犬、羊、猫和野生动物均有易感性，感染后大多数动物呈隐性经过。莱姆病的发生有明显的季节性，高峰在 4—8 月份，其次是春季，这与蜱的种类、数量和活动的季节性相一致。我国莱姆病主要分布在东北和西北的林地，主要传播媒介为全沟硬蜱和嗜群血蜱。

急性病例体温升高（39℃左右），精神沉郁，四肢无力；口腔黏膜苍白；病初腹泻水样便；腹下和腿部背面皮肤出现肿胀，触摸敏感；关节肿胀疼痛，跛行。慢性病例乳房出现红色疹斑，向四周扩散，中央平整，四周隆起；进行性消瘦。有的病牛出现心肌炎、血管炎、肾炎和肺炎等症状，早期妊娠母牛感染可发生流产。皮肤病变特征为慢性、游走性红斑，为红色斑疹或丘疹。剖检可见心、肾表面有苍白色斑点，腕关节的关节囊显著变厚，含有较多的淡红色浸液，同时有绒毛增生性滑膜炎；有的病例胸、腹腔内有大量的液体和纤维素，全身淋巴结肿胀。

【预防】

目前尚无特异性的预防措施，在高发流行区，公共卫生教育是一个重要手段，使公众了解莱姆病，定期灭鼠灭蜱，注意防止蜱叮咬。受威胁的区域，要定期进行检疫，发现病例及时治疗，对感染病牛的肉应高温处理，杀灭病原体后方可食用。

【治疗】

早期应及时给予大剂量抗生素治疗，首选青霉素类（如青霉素、氨苄西林等）；头孢菌素类（如头孢噻呋），大环内酯类（如红霉素、替米考星）和四环素类（如土霉素、四环素等）亦有效，宜注射给药。

解热可选用解热镇痛药（如复方氨基比林注射液、安乃近注射液或氟尼辛葡甲胺注射液等）；抗休克可选用糖皮质激素类药物（如地塞米松磷酸钠注射、醋酸氢化可的松等）；补液可选用5％葡萄糖注射液或5％葡萄糖氯化钠注射液；强心可选用毒毛旋花苷 K 注射液；保肝解毒可酌情选用维生素 C、10％葡萄糖注射液或肌苷等。

十四、钩端螺旋体病

钩端螺旋体病（Leptospirosis）简称钩体病，是由致病性钩端螺旋体引起的一种自然疫源性人兽共患病，多发于温暖湿润多水地带，俗称"打谷黄"和"稻瘟病"。各年龄段的牛均可感染，但以犊牛最为易感，以鼠类为最主要的储存宿主，主要通过皮肤、黏膜和消化道感染，也可通过吸血昆虫传播，每年7—10月为流行的高峰期，其他月份散发。

急性型多见于犊牛，常表现突然高热，黏膜黄染，尿色暗黄，含大量白蛋白、血红蛋白和胆色素，皮肤干裂、坏死和溃疡，常于发病后3～7d 内死亡，病死率较高。亚急性型表现为肾炎、肝炎、脑膜炎和产后无乳等。慢性型表现为流产、死胎和不育等。总之，以发热、贫血、黄疸、血红蛋白尿、出血性素质、流产、皮肤黏膜坏死为主要临床特征。

【预防】

目前国内只有人和犬用商品化灭活疫苗，尚无牛用的疫苗。

加强饲养管理可提高动物的非特异性免疫力。另外，还要消除带菌排菌的各种动物（传染源），以及消毒并清理被污染的水源、牧场、饲料、场舍和用具等以切断疾病传播途径。

【治疗】

抗菌治疗是最主要的措施，可选用青霉素、四环素类（如土霉素、四环素、多西环素等），头孢菌素类（如头孢噻呋），大环内酯类（如红霉素、泰乐菌素、替米考星等）等。钩端螺旋体对上述药物敏感，但不能依赖这些抗生素清除病牛肾脏带菌的状况。临床实践已经证明，采用长效土霉素注射剂（20mg/kg）和头孢噻呋缓释剂可清除感染牛的排菌。

预防性给药可在饲料或饮水中添加多西环素、阿莫西林或泰妙菌素等。

对症治疗，可静脉注射葡萄糖注射液、维生素 C 和维生素 K。

还应注意防止在开始进行抗菌治疗时发生的赫氏反应（螺旋体病首剂使用饱和剂量青霉素后动物出现高热、大汗、血压下降等临床症状加剧的反应），可配合使用糖皮质激素类药物（如地塞米松磷酸钠注射液或醋酸氢化可的松注射液）或注意控制首次使用青霉素的剂量，然后逐渐加量至饱和剂量。

针对黄疸，可选用 10％葡萄糖注射液和茵栀黄注射液促进胆红素排泄，可有效地降低胆红素对实质器官的损害。

十五、传染性角膜结膜炎

传染性角膜结膜炎（Infectious keratoconjunctivitis，IK）又名红眼病（Pink eye，PE），是由莫拉菌引起的危害牛、羊等反刍动物的一种急性传染病，主要感染牛和绵羊，不分年龄和性别，山羊、骆驼和鹿等动物也易感，但 2 岁以下牛最易感。传染性角膜结膜炎主要通过直接接触、打喷嚏、咳嗽等方式传染，昆虫也可机械传播病原，传播迅速，多发生于天气炎热和湿度较高的夏、秋季，呈地方流行性或流行性。太阳紫外光照射、沙尘、昆虫活动等均可促进传染性角膜结膜炎的发生和流行。

传染性角膜结膜炎以眼结膜和角膜发生炎症，伴大量流泪，之后角膜混浊呈乳白色为临床特征。潜伏期一般为 3～7d，初期患眼羞明，流泪，眼睑肿胀，疼痛。其后角膜凸起，角膜周围血管充血，出现白色或灰色小点。严重病例角膜增厚，溃疡，形成角膜瘢痕及角膜翳。有的发生眼前房积脓或角膜破裂，晶状体脱出。多数病例起初一侧发病，然后波及双眼，病程 20～30d。

【预防】

禁止从疫区引进牛、饲料及动物产品；引进的牛在合群饲养前可局部或全身使用抗生素，对传染性角膜结膜炎预防有效；对病牛要立即隔离，早期治疗，避免强烈阳光直射，流行时封锁疫区；加强饲养管理，严格执行兽医卫生防疫制度，杀灭蝇类昆虫，防沙防尘等均是有效措施。

【治疗】

不同地区的莫拉菌对抗菌药物的敏感性不同，因此建议依据分离菌的药物敏感试验结果选择药物。

对传染性角膜结膜炎有效的常用抗菌治疗方法有：

（1）青霉素，球结膜下注射。

（2）长效土霉素针剂，20mg/kg，肌内或皮下注射，间隔 48～72h，连用 2 次，然后口服土霉素，2g/头，或多西环素，2mg/kg，连用 10d。

（3）用 2％～4％硼酸水溶液洗眼，擦干后再用 3％～5％的弱蛋白银溶液点眼，或复方妥布霉素眼药水或复方新霉素眼药水（含皮质激素，如地塞米松）点眼，或 5 000U/mL 的青霉素溶液点眼，或涂抹四环素软膏，2～3 次/d。角膜混浊时可涂拭 1％～2％的黄降汞软膏。

（4）酒石酸泰乐菌素，肌内注射。

（5）联合使用青霉素、链霉素和糖皮质激素类药物（如地塞米松或泼尼松等），肌内注射。

（6）红霉素眼膏、金霉素眼膏或四环素眼膏之一，点眼外用。

（7）庆大霉素、土霉素和多黏菌素B复方眼膏点眼外用。

（8）角膜溃疡时，用碘仿软膏点眼，2次/d，连用2～3d。

（9）角膜混浊的病牛可用50%葡萄糖注射液点眼，2～3次/d，有助于角膜透明。

（10）继发葡萄膜炎时，用1%阿托品眼膏点眼镇痛，1～3次/d；选用非甾体抗炎药物，如阿司匹林、对乙酰氨基酚、安乃近、复方氨基比林等可减轻葡萄膜炎的严重程度。

（11）醋酸氢化可的松滴眼液和醋酸泼尼松眼膏点眼可减轻炎症反应。

（12）施行第三眼睑遮盖术或局部睑缘缝合术，避免阳光直射角膜，可降低疾病严重程度。

（13）将眼罩粘于眼周毛发上，可防晒防蝇。

十六、牛放线菌病

牛放线菌病（Bovine actinomycosis）是由多种致病性放线菌引起的一种非接触性、慢性传染病，又称大颌病（Lumpy jaw），牛、猪、羊、马、鹿均可感染，人亦可感染，牛最易感，尤其多见于2～5岁的牛。患病动物排出的病原污染土壤、饲料和饮水，当易感动物黏膜和皮肤有损伤时就可发生感染。放牧动物到低洼潮湿处放牧，也常感染。牛放线菌病一年四季均可发生，散发，一些地区呈地方性流行。

牛放线菌病以患畜出现头、颈、颌下和舌部放线菌肿为主要临床特征。患牛常表现骨髓炎症状，可见上、下颌骨肿大，肿胀界线明显，肿胀进程缓慢，一般要经过6～18个月才出现小而坚实的硬块；肿胀初期疼痛，晚期痛觉消失；舌和咽部组织变硬时称为"木舌病"；肿胀部皮肤破溃，形成瘘管，流出含黄白色硫黄样颗粒的脓汁，经久不愈。乳房感染时，乳房整体肿大，局部有硬结，乳汁黏稠混有脓汁。

【预防】

目前尚无国家批准生产的用于预防牛放线菌病的疫苗产品。为防止牛放线菌病的发生，应加强饲养管理，放牧牛应减少到低洼潮湿的地方放牧，舍饲牛应将干草、谷糠等粗硬饲料泡软后再饲喂，避免损伤口腔黏膜。另外，及时处理皮肤、黏膜的损伤也可减少放线菌感染的概率。

【治疗】

（1）局部处理　对下颌局部硬结可外科手术切除，创腔以碘酊纱布填塞引流，每日或隔日更换一次，并对患部周围以10%碘仿醚或2%鲁戈氏液消毒。亦可用局部烧烙法进行治疗，对于顽固病例或肿胀部位面积较大的病例，可反复烧烙，每3~5d烧烙一次，效果较好。

（2）病因治疗　牛放线菌的治疗应首选青霉素类抗生素，其次可选四环素类、氨基糖苷类、磺胺类等药物。在选择使用抗菌药物治疗的同时，配合使用碘化钾内服或碘化钠静脉注射，有良好的效果。如链霉素与碘化钾同时应用，对软组织放线菌和木舌病效果较好。在用药过程中如果发现有碘中毒如流涎、食欲减退、皮肤红疹、脱毛等症状时，应立即停药5~6d或减小剂量。

（3）为增强机体修复能力，补充能量，提高抵抗力，可静脉注射5%葡萄糖注射液、维生素C注射液、维生素B_6注射液和三磷酸腺苷二钠注射液等，并加强补充维生素A、维生素D、维生素E等。

第四节　肉牛常见寄生虫病

一、消化道线虫病

消化道线虫病（Alimentary tract nematodiasis）是由寄生于消化道内各种线虫引起的寄生虫病的总称。消化道线虫种类多，寄生于消化道不同部位，一般情况下多呈混合感染。各品种各年龄阶段牛均可感染，对犊牛危害严重，牛、羊可以相互感染。牛消化道线虫病多为慢性疾病，通常在家畜抵抗力下降或营养不良时发病，一般以冬春枯草季节发病较多，多为散发。

消化道线虫大都是土源性寄生虫，虫卵都需在外界发育1～4周，才能发育为具有感染力的侵袭性幼虫或侵袭性虫卵，牛食入被污染的饲草和饮水后感染。

牛消化道线虫的临床特征是渐进性消瘦、贫血、胃肠炎、下痢、水肿等，严重感染可引起死亡。剖检可见病畜尸体极度消瘦，被毛枯焦无光泽，消化道内可见有大小和颜色不同、数量不等的线虫。

【预防】

（1）每年春、秋季各进行一次预防性驱虫，即在放牧转场前后进行驱虫。

（2）搞好环境卫生，处理好动物粪便，可进行堆积发酵处理。

（3）改善饲养管理，合理补充精料，全价饲养以增强机体的抗病能力。

（4）避免在低湿地放牧，不在清晨、傍晚或雨后放牧，避开感染性幼虫爬在草叶上的活跃期，减少感染机会。

（5）避免饮用低洼积水，尽量饮用自来水、井水或干净的流水。

（6）在牛消化道线虫病严重的地区，除开展对牛的驱虫工作外，还要对羊的寄生虫病同时进行防治，因为牛、羊寄生虫病可以相互传染。

【治疗】

主要采取药物驱虫，可选择如下药物：

（1）盐酸左旋咪唑注射液，7.5mg/kg，皮下注射。

（2）阿苯达唑片，15～20mg/kg，口服。

（3）伊维菌素片，0.2mg/kg，口服。

（4）乙酰氨基阿维菌素注射液，0.2mg/kg，皮下注射。

（5）芬苯达唑片，20mg/kg，口服。

（6）双羟萘酸噻嘧啶片，25～30mg/kg，口服。

一般给药 1 次即可，10～15d 后重复给药 1 次效果更好。

在驱虫的同时，还应采取适宜的对症治疗措施：

（1）消化道止血　可选用维生素 K、止血敏（酚磺乙胺）等。

（2）保护胃肠黏膜　可选用药用炭、鞣酸蛋白、次硝酸铋，亦可用炒面、浓茶水等。

（3）预防脱水　酌情静脉注射 5％葡萄糖注射液、10％葡萄糖注射液、0.9％氯化钠注射液或复方氯化钠注射液等。

二、犊新蛔虫病

犊新蛔虫病（Calves toxocariasis）是由弓首科的牛弓首蛔虫寄生于初生犊牛小肠内而引起的一种寄生虫病，主要发生于 5 月龄以内的犊牛，世界各地均有发生，在我国主要流行于南方各省。犊牛新蛔虫主要经过胎盘垂直传播，进入胎儿肠道中，牛出生后，幼虫在小肠内发育为成虫。此外，环境卫生不良，母畜感染，哺乳母牛的乳汁中含有幼虫，犊牛亦可因吃母乳而感染。

临床上犊新蛔虫病以下痢、腹痛和腹部膨胀为主要特征。感染早期犊牛咳嗽，口腔内有特殊酸臭味，粪便带有黏液或血液；随病情的发展，病犊表现消瘦，虚弱，吸吮无力或停止吸乳，后肢无力，贫血，腹泻，严重者造成肠道阻塞或穿孔而死亡。剖检可见犊牛肠道内虫体或由于幼虫的移行所造成的肠壁、肺、肝等脏器的损伤。

【预防】

（1）对 15～30 日龄犊牛进行预防性驱虫。

（2）保持牛舍干燥清洁，垫草和粪便要勤清扫并发酵处理，以杀死虫卵。

（3）将母牛和犊牛隔离饲养，减少母牛受感染的机会。

【治疗】

主要采取药物驱虫，可选择如下药物：

（1）盐酸左旋咪唑注射液，7.5mg/kg，皮下注射。

（2）阿苯达唑片，15～20mg/kg，口服。

（3）伊维菌素片，0.2mg/kg，口服。

（4）乙酰氨基阿维菌素注射液或伊维菌素注射液，0.2mg/kg，皮下注射。

一般给药 1 次即可，10～15d 后重复给药 1 次效果更好。

除了驱虫外，还应采取如下对症治疗措施：

（1）抗菌消炎　可选青霉素类（如氨苄西林）、头孢菌素类（如头孢噻呋）、氨基糖苷类（如庆大霉素、链霉素）等注射给药。

（2）止血镇痛　口服或注射维生素 K。

（3）补液　酌情静脉补充 5％葡萄糖注射液、0.9％氯化钠注射液或复方氯化钠注射液。

（4）保护胃肠黏膜　可选用药用炭、鞣酸蛋白、次硝酸铋，亦可用炒面、浓茶水。

三、牛肺线虫病

牛肺线虫病（Bovine pulmonary nematodiasis）是由寄生在牛肺脏气管内的胎生网尾线虫（Dictyocaulusviviparus）引起的一种寄生虫病。胎生网胃线虫主要感染牛、骆驼及多种野牛，对幼龄动物危害大，严重的可引起患畜大批死亡，多见于潮湿地区，广泛流行于我国的西北、西南地区，呈地方性流行。牦牛常在春季牧草枯黄时大量发病死亡，是牦牛春季死亡的重要原因之一。

虫体大量寄生可造成患牛体温升高、咳嗽、呼吸困难、食欲下降、消瘦、贫血，甚至死亡。牛感染后，首发症状为咳嗽；病初为干咳，后变为湿咳，咳嗽次数逐渐频繁，咳嗽常在运动后和傍晚时分加重。剖检可见局部肺组织膨胀不全和肺气肿，有的可见肺表面稍隆起，切开时常有虫体，支气管和细支气管内可见虫体堵塞。

【预防】

（1）避免在潮湿积水的牧场放牧，注意饮水清洁。

（2）成年牛与犊牛分群放牧，为犊牛设置专门的牧场。

（3）加强粪便管理，粪便堆积发酵。

（4）在牛肺线虫流行地区进行预防性驱虫。

【治疗】

主要采取药物驱虫治疗，可选用盐酸左旋咪唑注射液，7.5mg/kg，皮下注射；阿苯达唑片，10～15mg/kg，口服；伊维菌素片，0.2mg/kg，口服；伊维菌素注射液，0.2mg/kg，皮下注射。一般给药1次即可，10～15d后重复给药1次效果更好。

驱虫治疗的同时还应采取如下辅助措施：预防继发感染可选用青霉素药物（如青霉素、氨苄青霉素、阿莫西林），头孢菌素类（如头孢噻吩、头孢噻呋），氨基糖苷类（如庆大霉素）抗生素；祛痰镇咳可选用氯化铵；平喘可选用氨茶碱。

四、牛吸吮线虫病

牛吸吮线虫病（Bovine Thelaziasis）俗称牛眼虫病，又称寄生性结膜角膜炎，是由寄生在牛结膜囊、第三眼睑和泪管中的吸吮线虫引起的寄生虫病。病原主要有3种，分别为罗氏吸吮线虫、大口吸吮线虫和斯氏吸吮线虫。牛眼虫病可引起结膜炎和角膜炎，常可继发细菌感染造成角膜糜烂和溃疡。吸吮线虫可感染各年龄段牛，除了牛以外，还可感染绵羊、山羊和马，其流行与蝇的活动季节密切相关，在温暖地区可常年流行，但多流行于夏秋季节，在干燥而寒冷地区的冬季则很少发病。

吸吮线虫的致病作用主要表现为机械性损伤结膜和角膜，引起结膜角膜炎，临床表现为眼潮红、流泪、角膜混浊、糜烂和溃疡等症状，严重时发生角膜穿孔、水晶体损伤及睫状体炎，最后导致失明。

【预防】

（1）每年冬春季节，结合牛体内的其他寄生虫，进行预防性驱虫。

（2）根据当地气候情况之不同，在蝇类大量出现之前，再对牛进行一次预防性驱虫，以减少病原体的传播。

（3）注意环境卫生，做好灭蝇、灭蛆、灭蛹工作。

【治疗】

（1）驱虫　可选用阿苯达唑片，10～15mg/kg，口服；伊维菌素注射液，0.2mg/kg，皮下注射。

（2）可用2%～4%硼酸、0.06%碘溶液、0.2%的海群生或0.5%来苏儿强力冲洗眼结膜囊和第三眼睑，可杀死或冲出虫体。

（3）预防继发感染　宜选青霉素类（如氨苄西林）、头孢菌素类（如头孢噻呋）、氨基糖苷类（如庆大霉素）、喹诺酮类（如恩诺沙星）等注射给药。局部用药可选用复方新霉素眼药水（含皮质激素，如地塞米松）点眼，或5 000U/mL的青霉素溶液点眼，或涂抹四环素眼膏，2～3次/d；角膜混浊时可涂拭1%～2%的黄降汞软膏；角膜溃疡时，用碘仿软膏点眼，2次/d，连用2～3d。

（4）抗炎抗过敏可选用糖皮质激素类药物（如地塞米松或醋酸氢化可的松等），但角膜溃疡时禁用。

五、牛片形吸虫病

【病名及定义】

牛片形吸虫病（Bovine Fasciolosis）是由肝片吸虫（*Fasciola hepatica*）和大片吸虫（*F. gigantica*）寄生于牛胆管中引起的寄生虫病。各年龄段牛均可感染，但对犊牛危害较大。牛片形吸虫病呈地区性流行，多发生在低洼、潮湿和多沼泽的放牧地区，一般流行于夏末、秋季及初冬季节。

片形吸虫的终末宿主主要是反刍动物，中间宿主为椎实螺。片形吸虫病可造成动物肝炎和胆管炎，并伴有营养不良和全身性中毒现象。急性症状多发生于犊牛，表现体温升高、肝区疼痛、贫血、黄疸等。严重感染时，在童虫移行阶段犊牛可突然死亡。成年牛一般表现慢性经过，主要表现为贫血、黏膜苍白、眼睑及体躯下垂部位发生水肿。剖检特征性病变为肝肿大，有暗红色"虫道"，内有凝固血液和少量幼虫。慢性者胆管肥厚，扩张呈绳索样突出于肝表面，有钙镁盐类沉积，胆管内可见虫体和污浊液体。

【预防】

（1）夏季实行轮牧，在一块牧场放牧时间不要超过 1.5 个月。

（2）定期驱虫　秋末冬初和春季各驱虫 1 次，及时清理粪便，堆积发酵，杀死虫卵。

（3）保证饮水和饲料卫生。

（4）消灭中间宿主椎实螺，可用硫酸铜（1∶50 000）喷洒草场。

【治疗】

主要采取药物驱虫，可选择如下药物：

（1）三氯苯达唑片，10mg/kg，口服。

（2）硝氯酚片，4～8mg/kg，口服。

（3）阿苯达唑片，15～20mg/kg，口服。

（4）碘醚柳胺混悬液，7.5mg/kg，灌服。

以上各药给药 1 次，均宜 10～15d 后重复给药 1 次。除驱虫治疗外，还应采取如下辅助治疗措施：

（1）补液　可选用 5％葡萄糖注射液、10％葡萄糖注射液、0.9％生理盐水或复方氯化钠注射液，静脉注射，连用 3～5d；亦可选用口服补液盐。

（2）保护胃肠黏膜　可选用药用炭、鞣酸蛋白或次硝酸铋。亦可选用炒面或浓茶水灌。

（3）镇静　可用氯丙嗪或水合氯醛；抽搐的可肌内注射苯巴比妥。

（4）止血镇痛　可选用维生素 K_3（亚硫酸氢钠甲萘醌）片或注射液。

六、牛双腔吸虫病

牛双腔吸虫病（Bovine Dicrocoeliosis）是由寄生在牛胆管及胆囊内的双腔吸虫引起的寄生虫病。病原主要有 2 种，矛形双腔吸虫和咽状双腔吸虫，主要感染牛、羊、骆驼和鹿，也可感染马属动物、猪、犬、兔等，多呈地方性流行。北方及西南地区较常见，尤其西北诸省区和内蒙古地区流行严重。一般流行于冬春季节。

双腔吸虫在发育过程中需要两个中间宿主，第一中间宿主为多种陆地螺（包括蜗牛），第二中间宿主为蚂蚁。

双腔吸虫寄生在胆管内，可引起胆管炎和管壁增厚，肝肿大，肝硬变，并导致代谢障碍和营养不良。病牛多表现为慢性消耗性疾病的临床症状，如渐进性消瘦、可视黏膜黄染、贫血、颌下水肿等。严重病例可导致死亡。

【预防】

（1）流行地区　每年秋末和冬季对所有在同一牧场上放牧的牛羊同时驱虫。

（2）改良草场　除去杂草、灌木丛等以消灭中间宿主-陆地螺；危害严重地区，可人工捕捉或在草地养鸡灭螺。

【治疗】

治疗双腔吸虫病可选用下列药物：

（1）阿苯达唑片，10～15mg/kg，口服。

（2）吡喹酮片，40mg/kg，口服。

（3）氯氰碘柳胺钠注射液，2.5mg/kg，皮下注射。

七、牛前后盘吸虫病

牛前后盘吸虫病（Bovine Paramphistomosis）是由前后盘吸虫引起的寄生虫病，其成虫寄生于牛的瘤胃和胆管壁上，当幼虫移行寄生于真胃、小肠、胆管、胆囊时，可引起严重的临床症状，甚至死亡。各品种及年龄的牛均易感，对犊牛危害最为严重，也可感染羊。我国南方可常年发病，北方主要在5～10月份发病，多雨年份易造成前后盘吸虫病的流行。

童虫的移行和寄生会引起急性、严重的临床症状，如顽固性下痢，病牛消瘦、贫血、黏膜苍白、体温升高；最后病牛极度瘦弱，卧地不起，衰竭死亡。大量成虫寄生时，往往表现为慢性消耗性症状。急性病例多见于犊牛。剖检可见瘤胃壁上有成虫寄生，童虫移行可造成"虫道"，使胃肠黏膜和其他脏器受损，可见出血点，病变各处均可见童虫。

【预防】

定期驱虫；消灭中间宿主——淡水螺；加强饲养管理和环境卫生管理。

【治疗】

治疗前后盘吸虫可选用如下药物：

（1）硝氯酚片，4～8mg/kg，口服。

（2）阿苯达唑片，15～20mg/kg，口服。

（3）吡喹酮片，40mg/kg，口服。

（4）三氯苯达唑片，10mg/kg，口服。

（5）芬苯达唑片，20mg/kg，口服。

（6）氯氰碘柳胺钠注射液，2.5mg/kg，皮下注射。

以上各药均给药1次，10～15d后宜重复给药1次。

八、牛阔盘吸虫病

牛阔盘吸虫病（Bovine Eurytrematosis）是由阔盘吸虫引起的寄生虫病，大多寄生于牛、羊等反刍动物的胰管，少见于胆管及十二指肠。病原主要有胰阔盘吸虫、腔阔盘吸虫和枝睾阔盘吸虫。除了牛、羊等反刍兽外，兔、猪及人亦可感染。各品种各年龄阶段的牛均易感。阔盘吸虫病的流行与其中间宿主陆地螺、草螽的分布密切相关。在我国，主要流行于东北和西北地区，以及内蒙古自治区，冬春季多发。

阔盘吸虫病以营养障碍、腹泻、消瘦、贫血和颌下与胸前水肿为主要临床特征，严重的可引起病畜大批死亡。寄生数量少时，不表现临床症状；严重感染时出现临床症状，最终可因恶病质而死亡。剖检可见胰脏肿大，切开内有紫色的斑块或条索，可见多量红色虫体。

【预防】

定期驱虫，消灭病原体；消灭中间宿主，切断其生活史；实行轮牧，净化草场；加强饲养管理，搞好环境卫生。

【治疗】

治疗阔盘吸虫病可选择如下药物：

（1）吡喹酮片，40mg/kg，口服。

（2）芬苯达唑片，20mg/kg，口服。

（3）阿苯达唑片，15～20mg/kg，口服。

以上各药均给药1次，10～15d后宜重复给药1次。

在驱虫治疗的同时可酌情采取如下辅助治疗措施。

（1）补液　可静脉注射5%葡萄糖注射液、0.9%氯化钠注射液或复方氯化钠注射液，连用3～5d。

（2）保护胃肠黏膜　可选用药用炭、鞣酸蛋白或次硝酸铋。

（3）制止渗出，消除水肿　可选用维生素C和钙制剂（如10%葡萄糖酸钙注射液或10%氯化钙注射液）。

（4）止血镇痛　可选用维生素 K_3 注射液。

九、棘球蚴病

棘球蚴病（Echinococcosis）又称包虫病（Hydatidosis，Hyda-tiddisease），是由寄生于犬、狼、狐狸等动物小肠的棘球绦虫（Echinococcus）的中绦期棘球蚴感染中间宿主而引起的一种严重的人畜共患寄生虫病。各年龄阶段的牛均可发病，以成年牛病情较重，犊牛症状较轻。棘球蚴病呈世界性分布，导致全球性的公共卫生和经济问题，国内主要有细粒棘球绦虫和多房棘球绦虫。

初期轻度感染时无症状。严重感染时，常见消瘦、衰弱、呼吸困难或轻度咳嗽等肺炎症状；肝脏受侵害时肿大，触诊时有疼痛感。剖检可见受感染的肝、肺等器官有棘球蚴寄生。棘球蚴为一个近似球形的囊，由粟粒大至足球大，囊内充满囊液。

【预防】

国内目前尚无预防棘球蚴病的疫苗产品，预防措施如下。

（1）保持圈舍、饲草料和饮水卫生，防止被犬粪污染。

（2）犬应定期驱虫，可用吡喹酮片 5mg/kg、甲苯咪唑 8mg/kg 或氢溴酸槟榔碱 2mg/kg，一次口服。

（3）驱虫后的犬粪应深埋或堆肥发酵做无害化处理。

（4）捕杀野犬。

（5）妥善处理病牛脏器。

【治疗】

（1）要在早期诊断的基础上尽早用药，可选用吡喹酮片 20～30mg/kg，1 次/d，连用 3～5d；或阿苯达唑片 20mg/kg，1 次/d，连用 7d。

（2）棘球蚴病目前无特效治疗药物，确诊后可手术摘除。手术摘除时不可弄破囊壁，以免造成患牛过敏或引发新的囊体形成。

十、牛螨病

牛螨病（Bovine acariasis；Bovine acarinosis）是由疥螨和痒螨寄生于牛皮肤表面或皮内引起的一种体外寄生虫病，多发于秋冬季节，健牛主要通过直接接触病牛或间接接触螨虫污染的栏、圈、用具而感染发病。各品种各年龄段的牛均可感染，以犊牛最易感。疥螨离体后可在圈舍生存 3 周，痒螨可生存 2 个月。疥螨的宿主特异性不强，可在人、畜之间和牲畜之间相互感染。

螨病临床上以剧痒、皮炎、脱毛、患部逐渐向周围扩展和具有高度传染性为特征。

【预防】

国内目前尚无预防螨病的疫苗产品，应采取以下针对性的预防措施。

（1）牛舍要宽敞、透光、干燥，通风良好，经常清扫，定期消毒。

（2）经常注意牛群中有无瘙痒、掉毛现象，一旦发现，及时隔离治疗。

（3）治愈的病牛应继续观察 20d，如未再发，再一次用杀虫药处理后方可合群。

（4）每年夏季给牛药浴；饲养管理人员要注意消毒，以免通过手、衣服和用具等传播病原。

【治疗】

治疗方法有全身给药、局部用药和药浴疗法。

（1）全身给药　可选用伊维菌素注射液或阿维菌素注射液，0.2mg/kg，皮下注射，也可选用伊维菌素片或阿维菌素片，0.2mg/kg，口服，每周 1 次，连用 2～3 次。

（2）局部用药　可选用 3% 敌百虫溶液、双甲醚溶液（浓度为 500mg/kg）、溴氰菊酯溶液（浓度为 500mg/kg）等杀虫剂。

（3）药浴　常选用双甲醚（500mg/kg）、溴氰菊酯（500mg/kg）、辛硫磷（500mg/kg）、巴胺磷（200mg/kg）等。用药后防牛舔食，以免中毒。

除杀虫治疗外，还应采取相应的对症治疗措施：

（1）止痒抗过敏　可选用糖皮质激素类药物（如地塞米松、醋酸氢化可的松等）或抗组胺药（马来酸氯苯那敏或盐酸苯海拉明），皮下注射或静脉注射。

（2）防止继发细菌感染　可选用青霉素类（如青霉素、氨苄西林）、头孢菌素类（如头孢噻呋）、氨基糖苷类（如庆大霉素、链霉素）、喹诺酮类（如恩诺沙星）等抗菌药物，注射给药。

十一、虱病

牛虱病（Bovine pediculosis）是由寄生在牛体表的虱类引起的一种体外寄生虫病，病原主要有牛血虱（短鼻牛虱）、牛颚虱（长鼻牛虱或蓝牛虱）和牛毛虱，多发于冬春季节，主要通过直接接触传播。各年龄段的牛均可感染。

牛血虱和牛毛虱均寄生在牛体上，牛颚虱多寄生在患牛颈部、肩部、背部及尾根等处，临床上以皮肤瘙痒、不安、脱毛、皮炎为特征。

【预防】

（1）加强饲养管理，经常刷梳牛体，保持清洁卫生。

（2）圈舍要保持通风、干燥、卫生、饲养密度合理，垫草要勤换、常晒，护理用具要定期消毒。

（3）定期检查牛群，发现有虱病牛，要及时隔离，对牛体喷洒杀虫剂，并对环境及圈舍进行杀虫消毒处理。

【治疗】

（1）全身给药　皮下注射伊维菌素注射液或肌内注射氯氰柳胺钠

注射液。

（2）外用杀虫药　可选用 3％敌百虫溶液、双甲醚 500mg/kg、溴氰菊酯 500mg/kg 等喷洒牛体。

除杀虫治疗外，还需采取对症治疗措施，可参考螨病。

十二、蜱病

牛蜱病（Bovine ixodiasis）分为牛硬蜱（Hard tick）病和牛软蜱（Soft tick）病。牛硬蜱病，是由寄生在牛体表的硬蜱科主要 6 个属的几十种硬蜱所引起的外寄生虫病，有明显的季节性，一般出现在 1 月底至 6 月中旬，在此期间，有饥饿成蜱、幼蜱和若蜱等不同发育期的虫体；硬蜱寿命一般为 1～3 年。牛软蜱病，是由寄生在牛体表的软蜱引起的外寄生虫病，最常见的为拉合尔钝缘蜱，出现在 6—8 月，成蜱夜间吸血 1～2h，幼蜱和若蜱吸血时间长，达 5～6d；软蜱可活 10～25 年。各年龄阶段牛都可感染。

患牛表现瘙痒、不安，经常用嘴啃咬患部皮肤或在硬物上摩擦，严重时患牛贫血、消瘦、发育不良；毛皮质量下降，产奶量下降。蜱虫大量寄生于患牛后肢时，可引起后肢麻痹，同时，蜱还可传播巴贝斯虫病、泰勒焦虫病、布鲁氏菌病、炭疽、土拉杆菌病等，可引起牛大群发病死亡。

【预防】

在发病季节中，可定期对牛体或牛舍喷洒杀虫剂（如敌百虫、溴氰菊酯、氯氰菊酯、辛硫磷或螨净等）进行预防，可防止蜱虫的侵袭。

【治疗】

（1）人工除蜱法　用煤油、食用油、液体石蜡、凡士林等涂于蜱虫表面，使其窒息死亡，然后垂直从畜体表面拔出，注意防止蜱的口器断入皮内。本法适用于小群或个体饲养的牛。

（2）化学药物灭蜱法　用敌百虫、二嗪农、溴氰菊酯等杀虫剂的溶液喷洒畜体，杀灭蜱虫或预防蜱虫的侵袭。

牛蜱病的对症辅助治疗可参考螨病。

十三、牛皮蝇蛆病

牛皮蝇蛆病（Bovine hypodermiasis）是由狂蝇科皮蝇属的牛皮蝇和纹皮蝇的幼虫皮蝇蛆寄生在牛或牦牛的背部皮下组织内所引起的一种慢性寄生虫病。在我国西北、东北和内蒙古牧区流行甚为严重。各年龄段牛都可感染，以成年牛感染居多。

临床上以消瘦、贫血、皮肤损伤、犊牛发育不良为特征。

幼虫钻入皮肤时，引起皮肤痛痒，患牛精神不安，患部生痂；幼虫移行到背部皮下时，可引起皮下结缔组织增生，在寄生部位发生瘤状隆起和皮下蜂窝组织炎；病初皮肤稍为隆起，继而皮肤穿孔，如果有细菌感染，可引起化脓，形成瘘管，直到成熟幼虫脱落后，瘘管逐渐愈合，形成瘢痕。皮蝇幼虫的毒素，对牛的血液和血管壁有损害作用，可引起贫血和肌肉稀血症。有时皮蝇幼虫钻入延脑或大脑脚，可引起神经症状，如作后退运动、突然倒地、麻痹或晕厥等，重者可造成死亡。

【预防】

目前尚无有效疫苗产品。预防可采取以下措施：

在牛皮蝇蛆病流行的地区，年底前进行冬季驱虫，可杀死体内的1～2 期幼虫。

【治疗】

（1）药物治疗　可选用伊维菌素注射液或阿维菌素注射液，0.2mg/kg，皮下注射，也可选用伊维菌素片或阿维菌素片，0.2mg/kg，口服，均每周1次，连用2～3次。

（2）在成蝇飞翔产幼虫的季节，可对牛体喷洒溴氰菊酯/氯氰菊酯、敌百虫或二嗪农等杀虫剂溶液，可驱避牛皮蝇成蝇。

除杀虫治疗外，还需采取对症治疗措施。

（1）防止继发细菌感染 可选用青霉素类（如青霉素、氨苄西林）、头孢菌素类（如头孢噻吩）、磺胺类（如磺胺嘧啶、磺胺对甲氧嘧啶、磺胺间甲氧嘧啶等）等抗菌药物，注射给药。

（2）镇静 可选用氯丙嗪或水合氯醛。

（3）止痒抗过敏 可选用糖皮质激素类药物（如地塞米松、醋酸氢化可的松等）或抗组胺药（马来酸氯苯那敏或盐酸苯海拉明）等，皮下注射。

十四、伊氏锥虫病

伊氏锥虫病（Trypanosomosis）是由伊氏锥虫引起的一种牛血液原虫病，又名苏拉病（Surra）。马、驴、骡、犬易感性最强，牛易感性较弱。伊氏锥虫病的发病季节和流行区与吸血昆虫的出现时间和活动范围相一致，主要通过虻和吸血昆虫在吸血过程中传播，以夏、秋季节多发。各种带虫而不发病及临床治愈的病畜均可作为传染源，还可通过注射用具感染。此外，带虫孕畜可传染胎儿。

伊氏锥虫病以体温升高、食欲减退、水肿、皮肤坏死、末梢坏死脱落为主要临床特征。急性型病例少见，发病突然，弛张热型，多在2～4d内死亡。多数病例呈慢性型表现，病牛起初体温升高，数日后体温恢复正常，经过一段时间后，体温再度升高；眼睛流浆液性或脓性分泌物，结膜和瞬膜有出血点或出血斑；皮肤龟裂，全身体表淋巴结肿大；肢体浮肿，浮肿由胸腹下垂部延伸到四肢下部，以四肢下部浮肿最为显著。病牛日渐消瘦，有的皮肤有坏死斑，耳尖和尾根干枯坏死，易脱落。剖检可见血液稀薄且凝固不良；全身皮下水肿呈胶样浸润；心脏肥大，内、外膜有明显的出血斑；瓣胃、真胃有出血点或出血斑；体表淋巴结肿大充血。

【预防】

（1）加强饲养管理，尽可能的消灭虻、吸血昆虫等传播媒介。

（2）在伊氏锥虫病流行地区，可用萘磺苯酰脲或安锥塞来预防。使用萘磺苯酰脲时，要注意现配现用。安锥塞刺激性大，局部难吸收，应多点注射。

【治疗】

治疗要及早，给药剂量要充足。可选择以下药物治疗。

（1）注射用喹嘧胺，4～5mg/kg，临用前配成10%的溶液，皮下注射。

（2）注射用三氮脒，即贝尼尔或血虫净，治疗剂量为3.5～3.8mg/kg，配成5%～7%溶液，深部肌内注射。

对治疗后复发的病例，应更换另一种药物治疗，防止产生抗药性。

驱虫治疗的同时应采取相应的对症治疗措施：

（1）恢复胃肠功能　可选用10%氯化钠注射液、维生素B注射液、5%氯化钙注射液等静脉注射，同时配合口服健胃散、大黄苏打片等。

（2）强心、保肝、补液　可选用5%葡萄糖氯化钠注射液、10%葡萄糖注射液、肌苷注射液、三磷酸腺苷二钠注射液、维生素C注射液、安钠咖注射液等静脉注射。

（3）止血可选用维生素K和酚磺乙胺，注射给药。

（4）降温可选用对乙酰氨基酚或安乃近等，注射给药。

十五、牛巴贝斯虫病

牛巴贝斯虫病（Bovine Babesiosis）是由寄生于红细胞内的牛巴贝斯虫引起的一种血液原虫病。各年龄段的牛均可感染，2岁以内的犊牛易感，其中1～7月龄犊牛最易感。成年牛发病率低，但病死率高。巴贝斯虫病是蜱传寄生虫病，发病与微小牛蜱的活动季节相关，所以常发于夏、秋季节，其中以每年的5月、7月、9月为高峰期。

临床上以高热、贫血、黄疸和血尿为主要特征。后期患牛极度衰弱，食欲废绝，黏膜苍白或黄染，排尿数增多，尿色可由淡红色变为棕红色乃至黑红色。尸体消瘦，尸僵明显，血液稀薄如水。剖检最明显的病变是黄疸。

【预防】

（1）预防的关键在于消灭动物体和周围环境中的蜱。根据当地蜱的活动规律，有计划地采取有效措施进行灭蜱。

（2）牛的调动最好选择无蜱活动的季节进行，加强检疫和隔离，在调入、调出前应用药物做好灭蜱工作。

（3）国外一些地区（如澳大利亚）已应用"抗巴贝斯虫弱毒苗和分泌性抗原疫苗"进行免疫预防接种。一次免疫接种后，3～4周内可产生免疫保护力，并能维持数年。

【治疗】

应尽量做到早确诊，早治疗。常用的药物有：

（1）注射用三氮脒，即贝尼尔或血虫净，剂量为 3.5～3.8mg/kg，配成 5%～7%溶液，深部肌内注射。用药后黄牛偶尔出现起卧不安、肌肉震颤等不良反应，但很快消失，水牛对本药较敏感。

（2）咪唑苯脲，又名双苯脲或咪唑啉卡普，对各种巴贝斯虫均有较好的治疗效果，治疗剂量为 1～3mg/kg，配成 10%溶液肌内或皮下注射；1～2次/d，连用 3～4次。

（3）硫酸喹啉脲，又名阿卡普林，治疗剂量为 0.6～1mg/kg，配成 5%溶液皮下注射。用药前或同时注射硫酸阿托品，可减少或防止不良反应的发生。

（4）锥黄素，又名黄色素或吖啶黄，治疗剂量为 3～4mg/kg，配成 0.5%～1%溶液静脉注射，注射前药物要加温至 37℃，症状未减轻时，24h 后再注射 1 次，连用 2 次。病牛在治疗的数天内，要避免强光照射，防止发生光敏反应。

驱虫治疗的同时应采取相应的对症治疗措施。

（1）排黄除湿　可选用茵栀黄注射液，用10%葡萄糖注射液稀释后静脉滴注。注意控制滴注速度，连用3～5d。

（2）解热　可选用对乙酰氨基酚注射液、安乃近注射液、复方氨基比林注射液等。

（3）保肝　可选用5%葡萄糖注射液、10%葡萄糖注射液、肌苷注射液、注射用葡萄糖醛酸内酯和维生素C注射液等。

十六、牛环形泰勒虫病

牛环形泰勒虫病（Bovine Theileriosis annulata）是由环形泰勒虫引起，寄生于牛的红细胞和淋巴细胞的一种血液原虫病。各品种、各年龄段的牛均可感染。1～3岁牛易发病，外地牛、土种牛易感性高且发病严重。带虫牛和痊愈牛是主要传染源，蜱虫为传播媒介，因此，牛环形泰勒虫病的发生和流行具有明显的季节性，在内蒙古及西北地区，于6月份开始发生，7月份达高峰，8月份逐渐平息。

牛环形泰勒虫病临床上以高热、贫血、出血、黄疸、消瘦、水肿和体表淋巴结肿大为特征。多数病牛取急性经过，病初体温高热、稽留热，少数病牛呈弛张热或间歇热；脉搏快而弱，心音亢进、有杂音。病死牛剖检可见皱胃黏膜肿胀、充血，有针尖大至黄豆大、暗红色或黄白色的结节；结节部形成糜烂或溃疡，溃疡大小不一，其中央凹陷，呈暗红色或褐红色；溃疡边缘不齐，稍微隆起，周边黏膜充血、出血，形成细窄的暗红色带；皱胃病变具有临床诊断意义。

【预防】

（1）预防的关键是消灭牛舍内和牛体上的璃眼蜱。

（2）根据流行区蜱的活动规律，选择药物对牛体上、牛舍内和环境中的蜱进行驱杀。

（3）在流行区，可应用"牛环形泰勒虫裂殖体胶冻细胞虫苗"进行预防接种，接种 20d 后产生免疫力，免疫持续期为 1 年以上。该虫苗对瑟氏泰勒虫病无交叉免疫保护作用。

【治疗】

目前尚无针对环形泰勒虫病的特效治疗药物。及早选择合适的杀虫药物，并配合对症治疗等其他措施，可有效提高治愈率。

（1）注射用三氮脒，剂量为 7mg/kg，配成 7% 溶液，分点做深部肌内注射，1 次/d，连用 3d。如果红细胞染虫率不下降，还可继续治疗 2 次。

（2）磷酸伯氨喹啉，剂量为 0.75～1.5mg/kg，口服，1 次/d，连用 3d。该药具有良好的杀灭环形泰勒虫配子体的作用。

（3）布帕伐醌对环形泰勒虫和瑟氏泰勒虫都有良好的杀灭作用，2.5mg/kg，肌内注射。

（4）硫酸喹啉脲，又名阿卡普林，治疗剂量为 0.6～1mg/kg，配成 5% 溶液皮下注射。用药前或同时注射硫酸阿托品，可减轻或防止不良反应的发生。

为了缓解临床症状，还应酌情给予强心、补液、止血、健胃、缓泻、舒肝、利胆等相应的对症治疗以及预防继发感染用药。

（1）强心、补液　可静脉注射 5% 葡萄糖注射液、维生素 C 注射液、肌苷注射液或三磷酸腺苷二钠注射液等。

（2）止血　可选用酚磺乙胺注射液、维生素 K 注射液等。

（3）健胃　静脉注射 10% 氯化钠注射液、5% 氯化钙注射液、维生素 B_6 注射液等，同时配合口服健胃药：健胃散或大黄苏打片等。

（4）缓泻　8% 硫酸镁溶液、6% 硫酸钠溶液口服。

（5）保肝利胆　针对黄疸，可选用茵栀黄注射液，用 10% 葡萄糖注射液稀释，静脉滴注，促进胆红素排泄，可有效地降低胆红素对肝、脑、肾等实质器官的损害。

（6）预防继发感染　可选青霉素类（如青霉素、氨苄西林）、头孢菌素类（如头孢噻呋钠）、氨基糖苷类（如链霉素、庆大霉素）等注射给药。

（7）贫血　对红细胞数和血红蛋白浓度显著下降的牛可给予输血治疗。

十七、牛球虫病

牛球虫病（Bovine coccidiosis）是由寄生在牛小肠下段和整个大肠的上皮细胞内的孢子虫纲球虫目艾美耳科的十几种原虫所引起的一种原虫病，其中以邱氏艾美耳球虫和牛艾美耳球虫致病性最强。各品种的牛都易感，2岁以内的犊牛发病率较高，病死率亦高，老龄牛多为带虫者。球虫病多发于放牧期，特别是放牧在潮湿、多沼泽的牧场上时最易发病。冬季舍饲期间也可能发病。由舍饲改为放牧，或由放牧转为舍饲时，易发病。患某种传染病时（如口蹄疫等）也容易发病。犊牛的肠道线虫有诱发球虫病的作用。

球虫病以出血性肠炎为临床特征，多为急性型，病初患牛被毛松乱，体温略高或正常，粪便稀，稍带血液；约1周后，病牛身体消瘦，体温升至40~41℃，瘤胃蠕动和反刍停止，肠蠕动增强，排带血的稀粪；后期，粪便呈黑色，几乎全为血液，病畜体温下降，在极度贫血和衰弱的情况下死亡。慢性型的病牛一般在发病后3~5d逐渐好转，但下痢和贫血症状仍持续存在，病程可缠绵数月。剖检主要可见变化为贫血、直肠黏膜肥厚和出血、淋巴滤胞肿大突出，有白色和灰色的小病灶；同时在这些部位出现直径4~15mm的溃疡，其表面覆有凝乳样薄膜。

【预防】

目前尚无有效的疫苗产品，预防可采取以下措施。

（1）保持牧场清洁干燥，防止潮湿积水，注意饮水清洁。

（2）成年牛与犊牛分群放牧，为犊牛设置专门的牧场。

（3）加强粪便管理，粪便堆积发酵进行生物热处理，以消灭病原。

（4）在球虫病流行地区进行药物预防性驱虫。

【治疗】

治疗牛球虫病可选用的药物：

（1）磺胺类药物，如磺胺二甲嘧啶，140mg/kg，2 次/d，连用 3d，口服。

（2）拉沙洛西钠，每千克饲料 10～30mg，拌料；或肉牛每头 100～300mg/d，口服，连用 7d。

（3）莫能菌素钠，每千克饲料 16～33mg，拌料；或肉牛每头 200～360mg/d，口服，连用 7d。

（4）盐霉素钠，每千克饲料 10～30mg，拌料，连用 7d。

（5）氨丙啉，20～25mg/kg，连用 4～5d，口服。

在驱虫治疗的同时还需采取对症治疗措施：

（1）消化道止血　可选用维生素 K、止血敏（酚磺乙胺）等。

（2）止泻　可选用药用炭、鞣酸蛋白、次硝酸铋。

（3）补液　酌情静脉补充 5%葡萄糖注射液、10%葡萄糖注射液、0.9%氯化钠注射液或复方氯化钠注射液。

（4）解热　可选用解热镇痛药（如复方氨基比林注射液、安乃近注射液、对乙酰氨基酚注射液等）。

（5）驱除肠道线虫　可选用阿苯达唑片、伊维菌素片、双羟萘酸噻嘧啶片等口服。

（6）严重贫血　应考虑输血，健康牛血 1 500～2 000mL。

（7）促进红细胞再生　可选用维生素 B_{12}、牲血素等。

十八、牛住肉孢子虫病

牛住肉孢子虫病（Bovine sarcocystidosis）是由住肉孢子虫科

（Sarcocystidae）、肉孢子属（*Sarcocystis*）的多种住肉孢子虫寄生在牛的肌肉组织内而引起的一种原虫病。住肉孢子虫寄主广泛，有家畜（马、牛、羊、猪、兔等）、鼠类、鸟类、爬行类和鱼类，偶尔也感染人，水牛和黄牛最易感。我国南方的水牛和黄牛，北方的绵羊和山羊常有发病。人、犬、猫都是住肉孢子虫的终末宿主，其粪便中的住肉孢子虫卵囊都可以感染牛。

牛住肉孢子虫病在临床上以贫血、厌食、消瘦、水肿、淋巴结肿大、腹泻、肌肉无力和颤抖、尾端脱毛坏死等为特征。家畜感染住肉孢子虫病时，通常不显临床症状，但胴体则因大量虫体寄生，致使局部肌肉变性、变色而不能食用。

病理变化主要在心肌和骨骼肌，特别是后肢、侧腹和腰部肌肉容易发现病变。显微镜检查时可见到肌肉中有完整的包囊而不伴有炎性反应。

【预防】

牛住肉孢子虫病应采取以下综合防治措施：

（1）禁止在牛场内养犬、猫等肉食动物。

（2）加强对牛草料的卫生管理，防止被犬、猫粪便污染。

（3）不要用患病牛肉喂犬、猫等肉食动物。

（4）及时清理牛场内，尤其是牛圈内的犬、猫、人粪便。

【治疗】

目前尚无特效的治疗药物，但用抗球虫药进行预防性投服，可缓解疫情。

（1）氨丙啉，20～25mg/kg，口服，连用4～5d。

（2）莫能菌素钠，每千克饲料16～33mg，拌料，连用7d。

抗虫治疗的同时，还需对症处理，具体如下：

（1）防止继发细菌感染　可选青霉素类（如氨苄西林），头孢菌素类（如头孢噻呋），氨基糖苷类（如庆大霉素、链霉素）等注射给药。

（2）补液　酌情静脉补充 5% 葡萄糖注射液、10% 葡萄糖注射液、0.9% 氯化钠注射液或复方氯化钠注射液。

（3）保护心脏功能　可选用 10% 安钠咖注射液、维生素 C 注射液等。

（4）保护胃肠黏膜　可选用药用炭、鞣酸蛋白或次硝酸铋等。

第五节　肉牛常见普通病

一、口炎

口炎（Stomatitis）是口腔黏膜炎症的总称，包括腭炎、齿龈炎、舌炎、唇炎等，中兽医称之为舌疮、口疮，按其炎症性质或致病原因可分为卡他性口炎、水疱性口炎、糜烂性口炎、溃疡性口炎、脓疱性口炎、蜂窝织炎性口炎、丘疹性口炎、坏死性口炎、中毒性口炎、牛口疮性口炎以及真菌性口炎等，其中以卡他性、水疱性和溃疡性口炎较为常见。各种家畜都有发生，以马、牛、犬、猫及幼龄和衰老体弱的动物最为常见。

口炎在临床上以流涎、采食和咀嚼障碍为特征。大多数病例口腔黏膜潮红、充血、肿痛、敏感性增高，严重者黏膜表面可见水疱和溃疡；采食、咀嚼障碍和流涎，时有吐草症状；呼出气气味难闻，下颌淋巴结肿胀，体温升高。传染性口炎则伴全身症状。

【治疗】

治疗原则是消除病因、加强护理、净化口腔、抗菌消炎。

（1）消除病因　若口腔有畸形齿或异物，应去除或进行矫正。

（2）加强护理　给予病牛柔软且易消化的青绿饲料，配合补充微量元素和矿物质。对饮水困难、不能采食的病牛，应及时补液，可静脉注射 5% 葡萄糖氯化钠注射液、5% 葡萄糖注射液或 0.9% 氯化钠注射液等。

（3）净化口腔　口炎初期，炎症较轻时，可用1%食盐水或2%～3%硼酸溶液冲洗口腔，3～4次/d。炎症重且口臭时，可用0.1%高锰酸钾溶液或0.1%雷夫奴尔溶液；流涎多时，可用2%～3%硼酸溶液或1%～2%明矾溶液或1%鞣酸溶液，洗涤后涂以2%龙胆紫溶液。慢性口炎时，可涂擦1%～5%蛋白银溶液或0.2%～0.5%硝酸银溶液。口腔黏膜有损伤或溃疡面的，可涂布碘甘油（碘酊与甘油比例为1∶9）或1%磺胺甘油乳剂。

（4）抗菌消炎　酌情选用青霉素类（如青霉素、氨苄西林、苯唑西林），头孢菌素类（如头孢噻呋），氨基糖苷类（如庆大霉素），喹诺酮类（如恩诺沙星）或磺胺类（如磺胺嘧啶钠、磺胺间甲氧嘧啶钠）等注射给药。

（5）中药可选青黛散，研为细末，装入布袋内，在水中浸湿，嚼于口内，给食时取下，采食结束后再嚼上，每日或隔日换药一次；也可在蜂蜜内加冰片和复方新诺明（SMZ＋TMP）各5g，嚼于口中。

二、咽炎

咽炎（Pharyngitis）又称咽峡炎（Angina）或扁桃体炎（Tonsillitis），是指咽黏膜、黏膜下组织和淋巴组织的炎症，按炎症性质可分为卡他性咽炎、格鲁布性咽炎和化脓性咽炎。牛常见格鲁布性咽炎。引起咽炎的病原微生物主要有链球菌、大肠杆菌、巴氏杆菌、沙门氏菌、葡萄球菌、坏死杆菌等条件致病菌。各年龄段的牛均可发病。气候寒冷剧变、长途运输、劳役过度等均为诱因，故咽炎主要见于早春和晚秋。

咽炎在临床上以咽部肿痛，头颈伸展、转动不灵活，触诊咽部疼痛敏感，频繁咳嗽，呼吸困难，采食、咀嚼和吞咽障碍以及流涎为特征。重症病牛全身症状明显，呼吸促迫，频咳，发热，沉郁，厌忌采食；鼻液中混有灰白色假膜，鼻端污秽不洁；下颌淋巴结肿大，咽黏膜和扁桃体呈暗红色，常附有白色假膜，剥离假膜可见溃疡。

【治疗】

治疗原则是加强护理，抗菌消炎，解热镇痛，局部处理和中医疗法。

（1）加强护理　停喂粗硬饲料，给予青草、优质干草、多汁易消化饲料或麸皮粥。对咽痛不食的牛应及时补液，静脉注射 5% 葡萄糖氯化钠注射液、5% 葡萄糖注射液或 0.9% 氯化钠注射液等。

（2）抗菌　首选青霉素类（如青霉素、氨苄西林、苯唑西林）药物，亦可选择头孢菌素类（如头孢噻呋、头孢喹肟），氨基糖苷类（如庆大霉素），喹诺酮类（如恩诺沙星）或磺胺类（如磺胺嘧啶钠、磺胺间甲氧嘧啶钠）等抗菌药物注射给药。

（3）消炎　可酌情使用肾上腺皮质激素，如氢化可的松、地塞米松等。

（4）局部封闭镇痛　用 0.25% 普鲁卡因溶解青霉素钠，进行咽喉部封闭。

（5）解热镇痛　可选用安痛定、安乃近或复方氨基比林等。

（6）局部处理　咽喉部先冷敷后热敷，3~4 次/d，每次 20~30min。也可涂抹樟脑酒精、鱼石脂软膏或将复方醋酸铅（醋酸铅 10g、明矾 5g、薄荷脑 1g、白陶土 80g）做成膏剂外敷。

（7）中医疗法　可选银黄注射液，亦可噙服青黛散（参见口炎）。

三、瘤胃酸中毒

瘤胃酸中毒（Rumenacidosis）又称乳酸性消化不良、中毒性消化不良，是由于牛采食大量谷类或其他富含碳水化合物的饲料，在瘤胃内迅速分解发酵，产生大量乳酸、挥发性脂肪酸及有毒物质而引起的一种急性、代谢性酸中毒。多见于舍饲牛群。过饲精料或饲料混合不均；管理不当，偷食过量谷物，如玉米、小麦、高粱等，特别是粉碎后的谷物是重要的发病原因。

临床上瘤胃酸中毒以瘤胃积滞酸臭细软内容物、腹泻、重度脱水、高乳酸血症、病程短急为特征。最急性病例，往往在采食后 $2\sim5h$ 内突然精神沉郁、昏迷，很快死亡。轻度瘤胃酸中毒病牛常出现食欲下降，反刍减少，瘤胃蠕动减弱，粪便松软或腹泻，如能改善饮食，常数天后自行康复。中度瘤胃酸中毒病牛精神沉郁，鼻镜干燥，眼窝下陷，反刍停止，食欲废绝，空口咀嚼，流涎，粪便水样、酸臭。随病情发展，体温升高，呼吸急促，脉搏增数，瘤胃蠕动减弱或消失，瘤胃液 pH 降低，纤毛虫明显减少或消失。重度瘤胃酸中毒病牛步态蹒跚，反应迟钝，回头顾腹，对外界的刺激反应降低；随病情发展，后肢麻痹、瘫痪、卧地不起，最后角弓反张，昏迷死亡。

【治疗】

治疗原则是清除瘤胃内容物，纠正酸中毒，强心体液，促进瘤胃蠕动，防止继发感染和中医疗法。

（1）清除瘤胃内容物　用1％氯化钠溶液或3％碳酸氢钠溶液或温水反复洗胃，至洗出液无酸臭、呈中性或碱性为止。重剧病例，宜行瘤胃切开术，排空内容物，用5％碳酸氢钠或温水冲洗干净，向瘤胃内放置适量优质干草及正常瘤胃内容物。

（2）纠正酸中毒　用5％碳酸氢钠溶液 2 000～3 000mL，静脉注射。

（3）强心补液　用5％葡萄糖氯化钠注射液或复方氯化钠注射液 5 000～10 000mL，分2～3次，静脉注射；20％安钠咖 10～20mL，静脉注射；或黄芪多糖注射液，肌内注射。

（4）促进瘤胃蠕动　用新斯的明 4～20mg 或毛果云香碱 40mg，皮下注射。

（5）防止继发感染　可选用青霉素类（如青霉素、氨苄西林），头孢菌素类（如头孢噻呋、头孢喹肟），氨基糖苷类（如庆大霉素），喹诺酮类（如恩诺沙星）或磺胺类（如磺胺嘧啶钠、磺胺间甲氧嘧啶钠）等注射给药。注意在使用氨基糖苷类和磺胺类等肾毒性较大的药物前要先行纠正机体脱水状态。

（6）中药疗法　可选加味平胃散：苍术80g、白术50g、陈皮60g、厚朴40g、焦山楂50g、炒神曲60g、炒麦芽40g、炒干姜30g、薏苡仁40g、甘草30g、大黄苏打片200片，共研细末，牛0.5g/kg，用温水调成稀粥灌服，1次/d，连用2～3d。此疗法对于亚急性发病的牛效果较好。

四、前胃弛缓

前胃弛缓（Atony of forestomach）是指前胃神经兴奋性降低，平滑肌自主运动性减弱，瘤胃内容物运转缓慢，微生物区系失调，产生大量发酵和腐败的物质，引起消化障碍，食欲、反刍减退，乃至全身机能紊乱的一种综合征。舍饲牛群多发，一年四季都可发生，早春深秋更为常见。

急性病例多呈急性消化不良，精神委顿，反刍减弱或停止，食欲减退或废绝，全身机能状态无明显异常，瘤胃收缩力减弱。由变质饲料引起的，瘤胃膨胀，收缩力消失，下痢；由应激反应引起的，瘤胃内容物黏硬，而无膨胀现象。慢性病例常虚嚼、磨牙、异嗜，反刍不规则、无力或停止，嗳气减少，毛焦体瘦，体质衰弱。病的后期，伴发瓣胃阻塞，鼻镜龟裂，卧地不起，食欲废绝，反刍停止，瓣胃蠕动音消失，继发瘤胃膨胀，脉搏快速，呼吸困难，眼球下陷，结膜发绀。危重者发生自体中毒和脱水，衰竭死亡。

【治疗】

治疗原则是除去病因，加强护理，清理胃肠，增强前胃机能，改善瘤胃内环境，恢复正常微生物区系，纠正脱水和自体中毒，中医疗法。

(1) 除去病因　针对原发性前胃弛缓，应改善饲养管理，立即停喂发霉、变质饲料。

(2) 加强护理　病初禁食 1～2d，只给予充足清洁饮水，然后饲喂适量富有营养、容易消化的青草或优质干草。

(3) 清理胃肠　用 6％硫酸钠（或 8％硫酸镁）水溶液 6 000～10 000mL，鱼石脂 20g，75％酒精 50mL，混合后一次内服；或用液体石蜡 1 000～3 000mL，苦味酊 20～30mL，一次内服。导胃法和胃冲洗法也可排除瘤胃内有毒物质。重症病例，先强心补液再洗胃，可静脉注射 10％氯化钠注射液 100mL、5％氯化钙注射液 200mL、安钠咖注射液 10mL。

(4) 增强前胃机能　应用"促反刍液"（5％葡萄糖生理盐水 500～1 000mL，10％氯化钠注射液 100～200mL，5％氯化钙注射液 200～300mL，安钠咖注射液 10mL）静脉注射，并配合维生素 B_1 或复合维生素 B 肌内注射。也可用促反刍散（由龙胆粉、姜粉、马钱子粉和碳酸氢钠组成）100g，加温水内服，1 次/d，连服 2～3 次。此外，还可用氨甲酰胆碱 1～2mg、新斯的明 10～20mg 或毛果芸香碱 30～50mg 等拟胆碱药物皮下注射。注意病情危急、心脏衰弱或妊娠病牛禁用拟胆碱药物，以防虚脱和流产。

(5) 改善瘤胃内环境　当瘤胃内容物 pH 降低时，宜用氢氧化镁（或氢氧化铝）200～300g，碳酸氢钠 50g，常水适量，一次内服；也可应用碳酸盐缓冲剂：碳酸钠 50g，碳酸氢钠 350～420g，氯化钠 100g，氯化钾 100～140g，常水 10L，溶解后一次内服，1 次/d，可连用数次。当瘤胃内容物 pH 升高时，宜用稀醋酸 30～100mL 或常醋 300～1 000mL，加常水适量，一次内服；也可应用醋酸盐缓冲剂：醋酸钠 130g，冰醋酸 30mL，常水 10L，混合后一次内服，1 次/d，连用数次。

(6) 恢复正常微生物区系　必要时，可投服从健康牛口中取得的反刍食团或灌服健康牛瘤胃液 4~8L。

（7）纠正脱水和自体中毒 静脉注射 5%葡萄糖氯化钠注射液 1 000~2 000mL，5%碳酸氢钠注射液 1 000mL，40%乌洛托品 20~40mL，20%安钠咖注射液 10~20mL，并皮下注射胰岛素 100~200IU。此外还可配合使用抗菌药物，宜选青霉素类（如青霉素、氨苄西林），头孢菌素类（如头孢噻呋），氨基糖苷类（如庆大霉素），喹诺酮类（如恩诺沙星），磺胺类（如磺胺嘧啶钠、磺胺间甲氧嘧啶钠）等，注射给药。注意在纠正脱水（病牛是否排尿）之前，慎用氨基糖苷类和磺胺类等肾毒性大的药物。

（8）中医疗法

①虚寒型病例：体弱寒战，被毛粗乱无光，耳鼻俱冷，口流清涎，粪稀如水，口色淡白，可用四君子汤加减：党参、白术、茯苓、陈皮、木香、苍术、砂仁各 30g，神曲、山楂、麦芽各 60g，半夏 25g，肉豆蔻 45g，共为细末，开水冲调，一次灌服，1 剂/d，连用 3d。

②温热型病例：口色微红，唾液黏稠，口内酸臭，粪干而附有黏液，或粪便溏泻腥臭，尿短而黄浊，可用参苓白术散加减：党参、白术、茯苓、陈皮、木香、佩兰各 30g，神曲、山楂、麦芽各 60g，龙胆草、茵陈蒿各 45g，煎水冲服，1 剂/d，连服 3d。

③久病虚弱病例：气血两亏，可用参苓白术散加减：党参、白术、当归、熟地、黄芪、山药、陈皮各 50g，茯苓、白芍、川芎各 40g，甘草、升麻、干姜各 25g，大枣 200g，共为细末，开水冲调，一次灌服，1 剂/d，连用数剂。

五、瘤胃积食

瘤胃积食（Ruminal impaction）是因前胃的兴奋性和收缩力减弱，采食大量难于消化的粗硬饲草或容易膨胀的饲料，在瘤胃堆积，造成瘤胃容积增大，内容物停滞和阻塞，引起瘤胃运动和消化机能障碍，形成脱水和毒血症的一种严重疾病。瘤胃积食又称为急性瘤胃扩张，中兽医称为宿草不转或瘤胃食滞。在前胃疾病中，发病率一般占10%以上，有的区域可达40%，危害性很大。

临床上瘤胃积食以瘤胃体积增大且坚硬为特征。病情发展迅速，通常在采食后数小时内发病。初期，病牛腹痛，便秘间或下痢，触诊瘤胃疼痛敏感，内容物黏硬，用拳按压，遗留压痕，有的病畜瘤胃内容物坚硬如石。晚期，病情恶化，肚腹膨隆，呼吸困难，脉搏浮数，四肢、角根和耳冰凉，战栗，脱水，衰弱，卧地不起，昏迷死亡。剖检可见瘤胃极度扩张，胃黏膜潮红，有散在出血斑点，瓣胃叶片坏死，各实质器官瘀血。

【治疗】

治疗原则是消食化积，清肠消导，兴奋前胃，纠正脱水，缓解自体中毒，消除瘤胃臌气和中医疗法。

（1）消食化积　先禁食1～2d，并进行瘤胃按摩，每次5～10min，每隔30min一次。先灌服大量温水或酵母粉250～500g，再按摩瘤胃，效果更佳。

（2）清肠消导　缓泻用8%硫酸镁或6%硫酸钠水溶液6～10L，液体石蜡油或植物油500～1 000mL，鱼石脂15～20g，75%酒精50～100mL，混合后一次灌服。

（3）兴奋前胃　用毛果芸香碱20～50mg或新斯的明10～20mg，皮下注射。强心促反刍用促反刍液（10%氯化钠100mL、10%氯化钙100mL、20%安钠咖10～20mL）静脉注射。

（4）纠正脱水　用5%葡萄糖注射液、0.9%氯化钠注射液或5%葡萄糖氯化钠注射液2 000～3 000mL，5%维生素C注射液10～20mL，静脉注射，2次/d；维生素B_1 3g皮下注射，1～2次/d。

（5）缓解自体中毒　先用碳酸氢钠30～50g，常水适量，内服，2次/d。再用5%碳酸氢钠注射液300～500mL或11.2%乳酸钠注射液 200～300mL，静脉注射。另可用 1‰呋喃硫胺注射液 20mL，静脉注射，促进丙酮酸脱羧。

(6) 消除瘤胃臌气　继发瘤胃臌气时，应及时穿刺放气，或投服止酵剂（松节油 20～30mL、鱼石脂 10～20g、酒精 30～50mL、温水适量，混合后一次灌服）以缓解病情。

药物治疗无效时，应立即进行瘤胃切开术，取出内容物，并用 1‰温食盐水洗涤。必要时，接种健康牛瘤胃液 3～6L，促进康复。

(7) 中药可选用加味大承气汤　大黄 60～90g、厚朴 30～60g、枳实 30～60g、槟榔 30～60g、芒硝 150～300g、麦芽 60g、藜芦10g，煎水灌服，1 剂/d，连服 1～3d。过食者加青皮、莱菔子各60g，神曲、山楂各 30g，去芒硝，大黄、枳实、厚朴均减至 30g。

针灸：食胀、脾俞、关元俞、顺气等穴。

六、瘤胃臌气

瘤胃臌气（Ruminal tympany）是因前胃神经反应性降低，收缩力减弱，采食了容易发酵的饲料，在瘤胃内异常发酵，产生大量的气体，引起瘤胃和网胃急剧膨胀，膈与胸腔脏器受到压迫，呼吸与血液循环障碍，严重时发生窒息现象的一种疾病，多发于牛和绵羊。按病因可分为原发性瘤胃臌气和继发性瘤胃臌气；按病的性质分为泡沫性瘤胃臌气和非泡沫性瘤胃臌气。在长江以南地区多发生于春季、夏季牧草生长旺盛季节，在长江以北地区则以夏季草原上放牧牛、羊多见。

瘤胃臌气在临床上以突然发病，反刍、嗳气障碍，腹围急剧增大，呼吸极度困难等为特征。急性瘤胃臌气，通常在采食不久或在采食过程中发病；腹部迅速膨大，左肷窝明显凸起，严重者高过背中线；反刍和嗳气停止，食欲废绝，表现不安，回头顾腹；腹壁紧张而有弹性，叩诊呈鼓音；呼吸急促，严重者头颈伸展，张口呼吸，心悸、脉率增快。胃管检查：非泡沫性臌气时，从胃管内排出大量酸臭的气体，臌胀明显减轻；而泡沫性臌气时，仅排出少量泡沫性气体，而不能解除臌胀。病后期，心力衰竭，血液循环障碍，静脉怒张，呼吸困难，黏膜发绀，站立不稳，倒地，抽搐，最终因窒息和心脏麻痹而死亡。慢性瘤胃臌气，多为继发性瘤胃臌气。病情弛张不定，瘤胃中度臌气，常在采食或饮水后反复发作；经治疗虽能暂时消除臌胀，但极易复发。此时，应首先确诊原发病。死后数小时剖检，瘤胃内容物泡沫消失，有的皮下出现气肿，有的瘤胃或膈肌破裂，瘤胃下部黏膜特别是腹囊具有明显的红斑，甚至黏膜下瘀血，角化上皮脱落。

【治疗】

瘤胃臌气治疗原则为及时排气，理气消胀，健胃消导，强心补液和中医疗法。

（1）排气 轻症病例，使病牛立于斜坡上，保持前高后低姿势，不断牵引其舌或在木棒上涂煤油或菜油后给病牛衔在口内，同时按摩瘤胃，促进气体排出。

（2）理气消胀 轻症病例可用松节油 20～30mL，鱼石脂 10～20g，酒精 30～50mL，温水适量，一次灌服；或灌服 8％氧化镁溶液（600～1 500mL）或生石灰水（1～3L 上清液）；也可用胡麻油合剂：胡麻油（或其他植物油）500mL，芳香醑 40mL、松节油 30mL、樟脑醑 30mL，常水适量，成年牛一次灌服。

非泡沫性臌气的严重病例，有窒息危险时，可在进行胃管放气或套管针瘤胃穿刺放气（间歇性放气）后，配合鱼石脂 15～25g，酒精 100mL，水 1 000mL，混匀灌服；或通过套管针向瘤胃内注入生石灰水 1 000～3 000mL，或 8％氧化镁溶液 600～1 500mL，或稀盐酸 10～30mL 加水适量。

泡沫性臌气的严重病例，宜内服表面活性剂，如二甲基硅油 2～4g，消胀片（每片含二甲基硅油 25mg、氢氧化铝 40mg）100～150 片/次；也可用松节油 30～40mL，液体石蜡 500～1 000mL，常水适量，一次灌服；或者植物油（如菜籽油、豆油、棉籽油、葵花油等）300～500mL，温水500～1 000mL制成乳油剂，一次内服。当药物治疗无效时，应立即施行瘤胃切开术，取出内容物，放入干草及清水或健康牛的瘤胃液3～6L。

（3）健胃消导　促进瘤胃蠕动可选用毛果芸香碱20～50mg或新斯的明10～20mg，皮下注射；同时静脉注射10%氯化钠溶液200～300mL。缓泻可用8%硫酸镁或6%硫酸钠水溶液6～10L，液体石蜡油或植物油500～1 000mL，鱼石脂15～20g，75%酒精50～100mL，混合后一次灌服。

（4）强心补液　可选用5%葡萄糖注射液、10%葡萄糖注射液、0.9%氯化钠注射液或复方氯化钠注射液，静脉注射，连用3～5d。强心可选用安钠咖注射液。保护心脏可选用维生素C注射液、腺苷三磷酸二钠注射液、肌苷注射液、注射用辅酶Q和维生素B_1注射液等药物。

（5）中药　可选用消胀散：炒莱菔子15g，枳实、木香、青皮、小茴香各35g，玉片17g，二丑27g，共研为末，加清油300mL，大蒜60g（捣碎），水冲服。也可用木香顺气散：木香30g，厚朴、陈皮各10g，枳壳、藿香各20g，乌药、小茴香、青皮（去皮）、丁香各15g，共为末，加清油300mL，水冲服。

针灸：脾俞、百会、苏气、山根、耳尖、舌阴、顺气等穴。

七、胃肠炎

胃肠炎（Gastro-enteritis）是胃肠壁表层和深层组织的重剧性炎症，多见于舍饲牛，多发于冬、春气候多变时节。主要病因是采食发霉、变质、有毒饲料，草中掺杂泥土或其他杂质；误食有强烈刺激性或腐蚀性的化学物质；饮水过脏、过凉；环境阴暗潮湿，卫生条件差，长途运输，风吹雨淋，气候骤变等；患病牛不合理使用抗生素，破坏正常的胃肠道菌群；继发于某些传染病、寄生虫病、产科病等。

胃肠炎临床上以体温升高、腹痛、腹泻和脱水为特征。病牛多数体温升高，食欲、反刍停止。腹泻是主要症状，频频排出水样恶臭粪便，混有血液、黏液、脓液及脱落的黏膜。重症病例，严重脱水，眼球下陷，肛门松弛，排粪失禁，频频努责和里急后重。少数伴腹痛症状。病末期，皮温降低，可视黏膜高度发绀，衰弱，卧地不起，抽搐，昏迷死亡。

【治疗】

治疗原则是抗菌消炎，清理胃肠，止泻和保护胃肠黏膜，纠正脱水，维护心脏机能，解除酸中毒。

（1）抗菌消炎　可选用青霉素类（如氨苄西林）、头孢菌素类（如头孢噻呋）、氨基糖苷类（如庆大霉素、链霉素、新霉素、大观霉素）、喹诺酮类（如恩诺沙星）、四环素类（如土霉素、多西环素）、酰胺醇类（氟苯尼考）或磺胺类（如磺胺嘧啶、磺胺二甲嘧啶、磺胺间甲氧嘧啶）等抗菌药物，口服或注射给药。断奶前的犊牛可口服给药，成年牛不宜选择口服抗菌药物。注意在病牛脱水被纠正之前慎用氨基糖苷类和磺胺类等肾毒性大的抗菌药物。

（2）清理胃肠　可用液体石蜡 500～1 000mL（或植物油 500～1 000mL），鱼石脂 10～30g，75%酒精 50mL，内服；或硫酸钠（芒硝）100～300g（或人工盐 150～400g），鱼石脂 10～30g，75%酒精 50mL，常水适量（使硫酸钠终浓度为 6%），内服。但要注意控制泻剂剂量，防止剧泻。

（3）止泻和保护胃肠黏膜　可用药用炭 200～300g，加适量水，内服；或鞣酸蛋白 20g、碳酸氢钠 40g，加适量水，内服；或次硝酸铋 10～20g，内服；亦可灌服炒面 0.5～1kg、浓茶水 1 000～2 000mL。

（4）纠正脱水　可选用 5%葡萄糖注射液、10%葡萄糖注射液、0.9%氯化钠注射液或复方氯化钠注射液等，静脉注射，连用 3～5d。

纠正脱水的输液量一般定为：轻度脱水 10mL/kg，中度脱水 20mL/kg，重度脱水 30mL/kg。糖盐比例一般是糖：盐＝6：4，但如果有酸中毒或低钠血症（比如尿多、出汗等），可酌情增加总输液量中盐的比例。注意，脱水得以纠正的最直观现象就是动物开始排尿。

（5）维护心脏机能　可选用维生素 C、肌苷、腺苷三磷酸二钠、辅酶 Q、毒毛花苷 K 或安钠咖等药物。

（6）解除酸中毒　5％碳酸氢钠 1 000mL，静脉注射，2 次/d；或碳酸氢钠片 40g，口服，连用 3～5d。

（7）中药可选郁金散　郁金 36g，大黄 50g，栀子、诃子、黄连、白芍、黄柏各 18g，黄芩 15g 或白头翁汤：白头翁 72g，黄连、黄柏、秦艽各 36g，煎水灌服，1 剂/d，连用 3～5 剂。

八、支气管炎

支气管炎（Bronchitis）是由各种原因引起的动物支气管黏膜表层和深层的炎症，各种动物均可发病，以体质较弱者多发，以幼龄和老龄动物较常见，天气寒冷及气候骤变时易诱发，多呈散发性。

支气管炎以咳嗽、流鼻涕和不定型热为临床特征。急性支气管炎主要临床症状为咳嗽，病初为干咳，后转为湿咳，痰液呈灰白色或黄色；有浆液性、黏液性或黏液脓性的鼻液从鼻孔流出；体温正常或轻度升高；胸部听诊呼吸音增强。随着病情的发展，可听到干啰音、捻发音和小水泡音；气管人工诱咳，可出现声音高朗的持续性咳嗽。慢性支气管炎持续性咳嗽，人工诱咳呈阳性；痰量较少，体温正常；肺部听诊初期为湿啰音，后期为干啰音；早期肺泡呼吸音增强，后期减弱或消失。

【治疗】

在给药前先留取鼻咽拭子等病料进行细菌学检查或咽拭血液琼脂培养，分离病原菌后，可参照药敏试验结果调整用药。

可采取消除病因、抗菌消炎、抗过敏等对因治疗方法，同时配合祛痰镇咳、补液强心等对症治疗方法等。

（1）抗菌消炎可选用青霉素类、头孢菌素类、氨基糖苷类、大环内酯类、喹诺酮类及磺胺类等抗菌药物；抗过敏可选用地塞米松、氢化可的松、马来酸氯苯那敏、苯海拉明或盐酸异丙嗪等；补充维生素C、维生素A等有助于提高家畜抵抗力和促进病畜恢复。

（2）祛痰可选用氯化铵、溴己新、吐酒石等；镇咳可选用复方樟脑酊、复方甘草合剂、磷酸可待因等。补液、强心可选用5%葡萄糖注射液、10%葡萄糖注射液、复方氯化钠注射液、5%葡萄糖氯化钠注射液、安钠咖注射液等，静脉注射。

九、支气管肺炎

支气管肺炎（Bronchopneumonia）是由非特异性病原微生物感染引起的以细支气管和肺泡内聚集浆液性渗出物、脱落的上皮细胞以及白细胞为特征的炎症。由于肺泡内聚集的是卡他性炎性渗出物，故又称卡他性肺炎（Catarrhal pneumonia）。由于炎症多由支气管开始后波及个别或多个肺小叶，故又称小叶性肺炎（Lobular pneumonia）。各种动物均可感染发病，以体质弱的老幼家畜多发。支气管肺炎多由病原微生物引起，如肺炎链球菌、巴氏杆菌、金黄色葡萄球菌和绿脓杆菌等，主要经呼吸道感染，多散发，以青黄不接或气候寒冷多变的季节多发。

支气管肺炎临诊特征为咳嗽，叩诊有局灶浊音区，听诊有捻发音等。病初干咳，随后以短、痛、湿咳为主，人工诱咳阳性；流浆液性、黏液性或黏液脓性鼻液；呼吸快，全身症状明显，食欲减退或废绝，体温升高（1.5～2℃），呈弛张热型；心搏加快，第二心音增强；肺病灶部听诊的肺泡呼吸音减弱或消失，可听到捻发音，随炎症进一步发展，可听到湿啰音或干啰音。

【治疗】

治疗原则是抑菌消炎、祛痰止咳、制止渗出、促进吸收、改善营养、加强护理。

临诊上主要应用抗菌药物，治疗前最好采取鼻液做细菌药敏试验，如为肺炎链球菌和葡萄球菌等革兰氏阳性菌以及巴氏杆菌感染，可选用青霉素类、头孢类（如头孢噻呋钠、头孢氨苄等）和大环内酯类（如红霉素、泰乐菌素、替米考星等），联合应用氨基糖苷类（如链霉素、庆大霉素等）则效果更好；对巴氏杆菌感染还可选用四环素类抗生素、磺胺类（如磺胺嘧啶钠、磺胺六甲氧嘧啶、磺胺甲基异噁唑等）以及氟喹诺酮类药物；对绿脓杆菌感染的，可选用庆大霉素或多黏菌素，恩诺沙星等氟喹诺酮类药物也有良效。

体温升高病例可选用解热镇痛药（如复方氨基比林注射液、安乃近注射液、对乙酰氨基酚注射液或氟尼辛葡甲胺注射液等）；祛痰可选用氯化铵、碳酸氢钠、吐酒石等；频发痛咳分泌物不多时，可内服复方樟脑酊、复方甘草合剂、磷酸可待因等；用5%氯化钙注射液或10%葡萄糖酸钙注射液静脉注射，对制止渗出具有较好的效果；为改善消化功能可口服健胃药；病畜体质差，心脏衰弱时，为改善心脏机能可静脉注射葡萄糖注射液、安钠咖注射液、维生素C注射液和维生素E注射液等，注意输液速度不宜过快。

平时预防应加强饲养管理，避免淋雨受寒、过度劳役等诱发因素；供给全价日粮；健全完善的免疫接种制度，减少应激因素的刺激，增强机体的抗病能力。

十、纤维素性肺炎

纤维素性肺炎（Fibrinous pneumonia）是发生在肺泡内以纤维蛋白渗出为主的急性炎症，又称大叶性肺炎（Lobar pneumonia）或格鲁布性肺炎（Croupous pneumonia），病理上以肺泡内纤维蛋白渗出为主要特征，多由病原微生物引起，如链球菌、巴氏杆菌、支原体等。各种动物均可发病，以幼龄体弱者多发。主要经呼吸道感染，散发，多见于寒冷、气候多变的季节。

临诊上则以高热稽留、流铁锈色鼻液、叩诊人片肺浊音区及固定的临床经过为特征。病初体温升高至40℃以上，呈稽留热型，持续6～9d后渐退或骤退至常温；病畜食欲废绝，反刍停止，呼吸困难，结膜充血、黄染、呻吟或磨牙。典型病例病程明显分为4个阶段，即充血期、红色肝变期、灰色肝变期和溶解期，在不同阶段症状不尽相同。充血期呈短而干的痛咳，后期湿咳，有浆液性、黏液性或黏液脓性鼻液，胸部听诊呼吸音增强或有干啰音、湿啰音、捻发音，叩诊呈半浊音或浊音；肝变期流铁锈色或黄红色鼻液，大便干燥或便秘，可听到支气管呼吸音，叩诊呈大片浊音；溶解期可听到各种啰音及肺泡呼吸音，叩诊呈过清音或鼓音，后趋于正常。

【治疗】

在给药前先留取鼻咽内容物进行细菌学检查或咽拭子血液琼脂培养，分离病原菌后，可按药敏试验结果调整用药。

治疗原则是抗菌消炎、防止炎性渗出、促进渗出物吸收及对症治疗。

（1）抗菌消炎　可选择青霉素类（如青霉素、氨苄西林等），四环素类（如土霉素、多西环素、四环素等），氨基糖苷类（如链霉素、庆大霉素、卡那霉素），大环内酯类（如红霉素、泰乐菌素、替米考星等）和氟喹诺酮类（如恩诺沙星等）等抗菌药物；在应用抗感染药物的同时，配合应用糖皮质激素（如地塞米松、醋酸氢化可的松或醋酸可的松等），消炎效果更佳。

（2）防止炎性渗出　可静脉注射5%氯化钙注射液或10%葡萄糖酸钙注射液。

（3）促进渗出物吸收　可选用呋塞米注射液等利尿剂。当渗出物消散较慢时，为防机化，可口服碘化钾片。

（4）对症治疗　退热可选择解热镇痛药（如复方氨基比林注射液、安乃近注射液、对乙酰氨基酚注射液或氟尼辛葡甲胺注射液等）；严重呼吸困难可考虑给氧；心力衰竭可考虑给予强心剂如安钠咖注射液，同时选用维生素 C 注射液、肌苷注射液、腺苷三磷酸二钠注射液等保护心肌。

十一、吸入性肺炎

吸入性肺炎（Aspiration pneumonia）是由于误食异物至肺部（如食物、呕吐物、药物等）而引起的炎症，亦称异物性肺炎（Foreign body pneumonia）；或腐败细菌侵入肺脏，使肺组织坏死或分解，而引起的肺部炎症，故又称坏疽性肺炎（Lung gangrene；Pneumonocace）。各种动物均可发生，但以马、牛、羊、犬、猫较多见。在基层多因误将药物投入气管所致，属发病率高、临床诊断不难而治愈率较低的疾病。

异物性肺炎以呼吸极度困难，两鼻孔流出脓性、腐败性恶臭鼻液和鼻液含有弹力纤维为特征。患畜病初当异物进入气管时会出现剧烈咳嗽，然后出现寒战、呼吸困难、腹式呼吸等症状；病畜体温升至40℃以上，呈弛张热型，并出现心律不齐；病后期发生肺坏疽，呼出气体具有腐败性恶臭味，鼻孔两侧有灰褐色或淡绿色的恶臭污秽鼻液流出。肺部听诊有啰音或伴有金属音的大小水泡音，肺部前下方三角区有明显的湿性啰音。叩诊肺区下部，随病程不同可出现不同的叩诊音：病初期叩诊呈浊音或半浊音；后期可发现灶性鼓音；若空洞周围被致密组织所包围，其中充满空气，叩诊呈金属音；若空洞与支气管相通，则呈破壶音。

【治疗】

治疗时应以迅速排除异物、制止肺组织腐败分解为原则，同时注意缓解呼吸困难，对症治疗。

（1）排除异物　药液进入气管时，立即使患畜处于前低后高的体位，将头放低，便于异物向外排出。注射兴奋呼吸或扩张支气管的药物，如氨茶碱、沙丁胺醇、麻黄碱、异丙肾上腺素等药物，并及时皮下注射盐酸毛果芸香碱，使气管分泌增加，可促使异物迅速排出。

（2）抗菌治疗　要及时进行抗菌治疗。可选用青霉素类（如青霉素、阿莫西林或氨苄西林），头孢菌素类（如头孢噻呋），氨基糖苷类（如庆大霉素），大环内酯类（如红霉素、泰乐菌素或替米考星），硝基咪唑类（甲硝唑、地美硝唑等）等药物，最好联合静脉给药，同时控制厌氧菌和需氧菌的感染，如青霉素类＋氨基糖苷类、氨基糖苷类＋硝基咪唑类等抗菌药物组合。症状较轻病例可选择任一药物口服控制感染，如氨基青霉素类（如阿莫西林）、四环素类（多西环素或四环素）或磺胺类（如磺胺间甲氧嘧啶钠）等。

（3）对症治疗措施　解热可选对乙酰氨基酚注射液、复方氨基比林注射液等；抗炎可选糖皮质激素类药物如地塞米松磷酸钠注射液、氢化可的松注射液等；减少渗出可静脉注射10%葡萄糖酸钙等钙制剂或维生素C；补液可选用5%葡萄糖注射液、0.9%氯化钠注射液或5%葡萄糖氯化钠注射液；纠正酸中毒可选用5%碳酸氢钠注射液等。

预防异物性肺炎应采取的措施是：加强饲养管理，防止异物入肺，如灌药时应按要求谨慎操作；注意防止家畜过饥，防止争抢饲料，粉状饲料要调湿后饲喂等。

十二、日射病及热射病

日射病及热射病（Insolation and siriasis）是强日光持续照射和高热环境所致的动物急性中枢神经机能严重障碍性疾病。炎热季节里，动物因头部受到强烈日光持续性照射而引起的中枢神经机能严重障碍称为日射病；而动物因所处环境温度高、湿度大、机体产热多、散热少，体内蓄积热量过多造成中枢神经机能紊乱称为热射病。临诊上日射病和热射病统称为中暑（Heatstroke）。在临诊实践中，日射病和热射病常同时存在，因而很难精确区分。各种动物均易发病，各年龄段均可发生，毛色深的个体更易发病。多发于炎热夏季，发病急剧，死亡迅速。在炎热天气下使役、驱赶、运输动物，都可促使日射病及热射病的发生。

临床上以体温显著升高，呼吸困难，迅速死亡为特征。

日射病发病突然，病初共济失调，突然倒地，四肢做游泳样划动。随后体温略有升高，心力衰竭，呼吸急促而节律失调，结膜发绀，瞳孔散大，皮肤、角膜、肛门反射减退或消失，腱反射亢进，常发生剧烈的痉挛或抽搐而迅速死亡，或因呼吸麻痹死亡。热射病亦发病突然，体温上升急剧，可高达 41℃ 以上，皮温高，患畜站立或倒地，张口呼吸，鼻孔流出粉红色泡沫样液体，心音亢进，心跳加快，后期呼吸浅表而迅速，呈昏迷状态，四肢划动，最后病畜体温下降，呼吸麻痹而死亡。

【治疗】

日射病及热射病的治疗原则为消除病因，加强护理，降温散热和恢复心、肺机能。

将发病牛及时移至阴凉、通风处，避免日光直射，保证充足的凉水供应，亦可用 0.5%～1% 的冷食盐水灌服或灌肠；采用物理降温的方法，如全身泼洒凉水，直肠灌注凉水，头部敷以冰袋，亦可用酒精擦拭体表降温。

为缓解呼吸困难，可皮下注射尼可刹米注射液；心功能不全者，可皮下注射安钠咖注射液，或静脉注射 5% 葡萄糖注射液或 5% 葡萄糖氯化钠注射液、安钠咖注射液和维生素 C 注射液等；为防止肺水肿，可肌内或静脉注射地塞米松磷酸钠注射液或呋塞米（速尿）注射液；若已出现酸中毒症状，可静脉注射 5% 碳酸氢钠注射液；病牛烦躁不安和出现痉挛时，可灌服或直肠灌注水合氯醛黏浆剂。

预防措施：加强饲养管理，炎热季节做好防暑工作，减少日晒，保证充足的饮水。厩舍保持清洁、通风，防止湿潮、闷热和拥挤。

十三、骨营养代谢紊乱

（一）佝偻病

佝偻病是处于生长期的动物因体内维生素 D 长期不足，引起体内钙、磷代谢紊乱，从而导致的全身性、慢性、骨营养性疾病。常见于犊牛、羔羊、仔猪和幼犬。

临床上以消化紊乱、嗜异、跛行和骨骼变形为特征。先天性佝偻病出生后数天不能自行站立，辅助站立时，背腰拱起，四肢弯曲并弯向一侧，躺卧时姿势异常。后天性患病动物发育停滞，消瘦，不愿站立和走动，运步拘谨，骨骼变形，四肢弯曲呈内弧（O 状）、外弧（X 状），关节（腕、膝、跗、系部等）骨骼呈坚硬无痛的肿胀，肋骨扁平，肋骨与肋软骨结合部呈串珠样肿胀。剖检主要可见病变在骨骼，关节肿大，骨质软和直径变粗，长骨变形、骨端肥大，肋骨与肋软骨结合处肿大，呈串珠状。

【治疗】

治疗时首先应注意加强饲养管理，保证维生素 D 和矿物质的充足供应，促进钙、磷吸收与沉积。

给予维生素 D 制剂，可选用维生素 D_3 注射液［规格：1mL：7.5mg（30 万 IU）］，肌内注射；维生素 AD 油（每 1g 含维生素 A 5 000IU 与维生素 D 500IU），内服。补钙可选用碳酸钙，内服；10％葡萄糖酸钙注射液，静脉注射；或 5％氯化钙注射液，静脉注射。钙制剂刺激性强，在静脉注射时宜缓慢，且勿漏出血管外。

佝偻病多呈慢性经过，轻者早期改善饲养管理并予以治疗，可以康复。骨骼已经发生变形的患病动物，即使有效治疗也不能恢复如常。已发生消瘦、骨骼变形或骨折的严重病例多预后不良。

预防措施：确保饲料营养全面均衡，保证充足的维生素 D 和钙、磷含量及其比例得当是预防佝偻病的关键。犊牛不宜过早断奶，并要保证其充足的光照时间。

（二）骨软症

骨软症是成年动物因饲料中钙、磷缺乏或比例不当等引起的一种骨骼营养不良性疾病，主要发生于牛、绵羊、家禽、犬和猫，尤其是泌乳和妊娠后期的母牛发病率最高。土壤中严重缺磷的地区常发此病。在黄牛和水牛骨软症流行区，骨软症多发于严重的干旱季节之后。

骨软症在临床上以消化紊乱、异食癖、跛行和骨骼变形为主要特征。病牛病初食欲减退，消瘦，被毛粗乱，有异食癖；继而出现步态强拘，四肢交替的跛行。随后，骨骼严重脱钙，可出现肿大和变形，可见四肢关节肿大变形较为明显，尾椎骨错位、变形、变软，严重者末端椎体萎缩消失，肋骨与肋软骨结合处肿大，易折断；由于起卧困难易造成一些并发症的发生，如四肢和腰椎的损伤，病理性骨折等；长卧不起者，可引起局部褥疮、胃肠功能低下、败血症等并发症。

【治疗】

（1）在发病早期病畜出现异食癖时，应补充骨粉，病牛按每天 250g 骨粉量饲喂，5～7d 为一个疗程，可以起到治疗作用。对于出现跛行的病牛，坚持饲喂骨粉直至跛行症状消失 1～2 周后。同时，应给予病畜优质饲草料并增加光照时间。

（2）严重病例除饲料中添加骨粉外，同时添加无机磷酸盐进行治疗，如可静脉注射 20％磷酸二氢钠液或 3％次磷酸钙溶液，同时配合维生素 D_2 或维生素 D_3 肌内注射，则疗效更佳。也可口服磷酸二氢钠，同时配合使用维生素 D_2 或维生素 D_3 肌内注射。

为预防骨软症的发生，可根据肉牛不同生长阶段的饲养标准和营养需要，合理搭配日粮，保证钙、磷供应充足和比例适当；及时适量补充维生素 D；增加家畜的光照和运动时间。

十四、硒和维生素 E 缺乏症

硒和维生素 E 缺乏症（Selenium and vitamin E deficiency）是由于体内硒和维生素 E 缺乏或不足而引起的一种代谢性疾病，发生于各种动物，成年牛发病较少，犊牛多发，主要发生于 1 岁以内犊牛，其中 1～3 月龄最多见。冬末初春多发，有明显的地域性。

硒和维生素 E 缺乏症在临床上以营养性肌萎缩、发育受阻、消化紊乱和成年母牛繁殖障碍为特征。患牛发育迟缓，臀背部肌肉僵硬，后肢无力，步态僵直，站立困难。部分病牛出现消化机能紊乱，伴有顽固性腹泻。后期出现心率加快，节律不齐。剖检病死犊牛见骨骼肌颜色较淡，有局限性的灰白色变性区，呈鱼肉样或煮肉样，双侧对称，以臀部肌肉变化最为明显；心肌变薄，心内、外膜下肌肉及心肌横切面可见灰白色或黄白色条纹或斑块，俗称"虎斑心"；肝脏肿大，切面呈槟榔样花纹，俗称"槟榔肝"。

【治疗】

（1）补硒和维生素 E　补硒可选用亚硒酸钠注射液，补维生素 E 可选用醋酸维生素 E 注射液，二者同时配合应用疗效确实；或选用亚硒酸钠维生素 E 注射液进行治疗，也可选择亚硒酸钠维生素 E 预混剂（成分：亚硒酸钠 0.4g，维生素 E 5g，碳酸钙加至 1 000g），拌料饲喂；或选用亚硒酸钠注射液注射，同时口服维生素 E 软胶囊进行治疗。

（2）预防继发感染　可选择硫酸庆大霉素注射液、注射用青霉素钠、注射用氨苄西林钠或注射用头孢噻呋钠等药物进行预防性注射给药。

（3）补充维生素　适当配合使用维生素 A（保护上皮组织、提高个体免疫力），维生素 B（参与糖和脂肪的代谢），维生素 C（抗氧化、消除自由基、保护心肌）等其他辅助治疗方法，可有效提高对硒和维生素 E 缺乏症的治愈率和治疗效果。

为预防硒和维生素 E 缺乏症，应及时对缺硒地区或怀疑缺硒地区常用饲料进行微量元素含量检测，再根据饲养标准在饲料中补齐缺乏的微量元素。加强犊牛及怀孕母牛的饲养管理，多喂麦芽、谷芽（稍出芽即可）、青绿饲料及燕麦芽。可适当饲喂含硒较高的紫云英。饲料中可适当添加硒、钴、铜、锰等微量元素和维生素 E。另外，肌内注射亚硒酸钠注射液：妊娠母畜可在分娩前 1～2 月每隔 3～4 周注射 1 次，初生犊牛于生后 1～3 日龄内注射 1 次，15 日龄再注射 1 次，以后每隔 4～6 周注射 1 次。

十五、钴缺乏症

钴缺乏症（Cobalt deficiency）是因饲料或饮水中缺乏钴而引起的一种慢性消耗性营养代谢病，以牛、羊多发，亦见于犬，马属动物不发病。钴缺乏症的发生不受品种、性别和年龄的限制，但以犊牛发病较重。任何季节均可发病，但以冬季至春季发病率较高。土壤中钴不足是钴缺乏症的原发性因素，其中，饲草中钴不足是钴缺乏症的直接原因。此外，维生素 B_{12} 合成受阻或疾病也可导致钴缺乏症的发生。

牛钴缺乏症在临床上以厌食、异嗜、生长缓慢、消瘦、贫血和虚弱为特征，呈慢性经过。反刍动物连续采食缺钴饲草 4～6 月后，可逐渐表现为钴缺乏症的症状。初期，精神沉郁，食欲减退，异嗜，逐渐消瘦；反刍减少、减弱；出现贫血症状。后期，表现为极度消瘦，虚弱无力，皮肤和黏膜高度苍白；个别发生严重腹泻。病程数周乃至数月。剖检可见病畜极度消瘦，皮下脂肪消失，体躯肌肉褪色，肝脏脂肪变性、色淡，脾脏血铁黄素沉着，各个器官壁变薄，脏器萎缩，贫血、大脑皮质坏死。

【治疗】

(1) 补钴　可口服硫酸钴或氯化钴，同时配合给予维生素 B_{12} 疗效更好。

(2) 预防继发感染　可选用青霉素类（如青霉素、氨苄青霉素、阿莫西林），头孢菌素类（如头孢噻吩、头孢噻呋），氨基糖苷类（如庆大霉素、阿米卡星、链霉素）等抗生素。

(3) 对症治疗　抗过敏可选用糖皮质激素类药物（如地塞米松磷酸钠注射液、醋酸氢化可的松注射液、醋酸可的松注射液）或/和 H_1 受体颉颃剂（如马来酸氯苯那敏）等；保肝可酌情选用肌苷、维生素 C、5% 葡萄糖及氯化胆碱等。

十六、尿素中毒

尿素中毒（Urea poisoning）是由于采食尿素之后，在胃肠道中释放大量的氨所引起的高氨血症，从而发生的以肌肉强直、呼吸困难、循环障碍，新鲜胃内容物有氨气味为特征的中毒性疾病。多为尿素补饲不当或尿素保管不当，被家畜偷食而引起的中毒。尿素中毒多为急性，病死率较高。

牛在食入过量尿素后 $30\sim60min$ 出现症状。病初表现不安，流涎，呻吟，反刍停止，瘤胃臌气，肌肉震颤，体躯摇晃，步样不稳，继而反复痉挛，呼吸困难，从鼻腔和口腔流出泡沫样液体，心音亢进。后期，瞳孔散大，全身痉挛、出汗，眼球震颤，肛门松弛，很快死亡。急性中毒病例，病程不超过 $1\sim2h$ 即因窒息死亡。如延长 1d，可发生后躯不完全麻痹。剖检病理变化为全身有瘀斑，瘤胃内容物有氨味，肺充血、水肿和瘀血，胸腔积液，心包积水，肝、肾脂肪变性，血液黏稠。

【治疗】

(1) 减少氨的吸收　口服大量的食醋或 5% 的醋酸，中和尿素分解产生的氨。

(2) 促进尿素排出 给予硫酸镁等盐类泻剂，促进胃肠内容物的排出。

(3) 抗菌止酵 口服抗生素（如青霉素、土霉素等）或鱼石脂酒精，以抑制细菌的繁殖，减少氨的生成。

(4) 补液 可静脉注射5%葡萄糖注射液、10%葡萄糖注射液及维生素C；降低血管通透性，减少渗出可静脉注射20%葡萄糖酸钙。

(5) 对症治疗 镇静可用氯丙嗪或水合氯醛；肌肉抽搐可肌内注射苯巴比妥；呼吸困难可使用盐酸麻黄碱；瘤胃膨气严重时，可行瘤胃穿刺术放气。

十七、食盐中毒

食盐中毒（Salt poisoning）是在牛饮水不足的情况下，因摄入过量的食盐或含盐饲料所引起的以消化紊乱和神经症状为特征的中毒性疾病。食盐中毒可发生于各种动物，常见于猪和家禽，其次是牛、羊、马。各个年龄阶段的牛均可发生。

牛食盐中毒，表现极度口渴，全身发抖，呕吐、腹痛和腹泻。同时，视觉障碍，无目的奔走，最急性可在24h内发生麻痹，球节挛缩，死亡。病程较长者，可出现皮下水肿，顽固性消化障碍，并表现多尿、鼻漏、失明、惊厥发作，或呈现部分麻痹等神经症状。剖检见脑脊髓各部可能有不同程度的充血、水肿，尤其急性病例软脑膜和大脑实质最明显，脑回展平，表现水样光泽。脑切片可见软脑膜和大脑皮质充血、水肿，脑血管周围有多量嗜酸性粒细胞和淋巴细胞聚集，呈特征性的"袖套"现象。

【治疗】

食盐中毒无特效解毒药。治疗要点为排钠利尿，恢复阳离子平衡和对症治疗。

（1）发现中毒，立即停喂食盐　对尚未出现神经症状的病畜给予少量多次的新鲜饮水，以利血液中的钠盐经尿排出；已出现神经症状的，应严格限制饮水，以防加重脑水肿。

（2）减少食盐吸收　可灌服石蜡油或植物油等油类泻剂。

（3）促进食盐排出　可选用速尿或氢氯噻嗪，促进钠离子和氯离子从尿中排出。

（4）恢复阳离子平衡　可静脉注射 5%葡萄糖酸钙溶液，以恢复血液中一价和二价阳离子平衡。

（5）缓解脑水肿，降低颅内压　可静脉注射 25%山梨醇溶液或高渗葡萄糖溶液。

（6）缓解兴奋和痉挛发作　可静脉注射硫酸镁注射液、溴化钠等镇静解痉药。

十八、蜂窝织炎

蜂窝织炎（Phlegmon）是疏松结缔组织发生的急性弥漫性化脓感染。常发生在皮下、筋膜下，肌间隙或深部疏松结缔组织，病变不易局限，扩散迅速，与正常组织无明显界限，病灶内形成浆液性、化脓性和腐败渗出液并伴有明显的全身症状。蜂窝织炎的致病菌主要是葡萄球菌、链球菌等化脓性球菌，少数与腐败菌混合感染。在生产实际中，常因注射不规范或将刺激性强的化学制剂注入疏松结缔组织而引起，也可继发于邻近组织或器官的化脓性感染，或通过血液循环和淋巴系统转移而来。

蜂窝织炎多呈急性经过，病程发展迅速。局部症状主要表现为大面积肿胀、局部增温、疼痛剧烈和机能障碍。全身症状主要表现为精神沉郁、体温升高、食欲不振并出现各系统的机能紊乱。皮下蜂窝织炎常发生于四肢（特别是后肢）；筋膜下蜂窝织炎常发生于前肢的前臂筋膜下、背腰部的深筋膜下，以及后肢的小腿筋膜下和股阔筋膜下疏松结缔组织中；肌间蜂窝织炎常继发于开放骨折、化脓性骨髓炎、关节炎及腱鞘炎，有些是由于皮下或筋膜下蜂窝织炎蔓延的结果。

【治疗】

治疗原则是抑制炎症渗出、控制感染扩散、减轻组织内压、改善体况、增强抗病能力。

(1) 局部疗法 病初24～48h内，当炎症继续扩散时，可采用高渗中性盐溶液冷敷并涂以醋酸铅散，抑制炎症渗出，也可用普鲁卡因青霉素病部周围封闭疗法。已出现脓肿，且渗出停止时应涂布鱼石脂软膏、雄黄软膏和金黄散消肿，并采用温敷疗法。如果炎性渗出不能停止，应不待形成化脓性坏死，在肿胀和疼痛最明显处切开排脓（需要在麻醉下进行），或脓肿已经成熟，则应在肿胀的最低部切开排脓，再以0.1%高锰酸钾或10%～20%硫酸镁液冲洗，用硫酸镁新洁尔灭液（硫酸镁100～200g、新洁尔灭1mL，水加至1 000mL）或魏氏流膏纱布引流。炎性渗出停止后，可按照创伤治疗。

(2) 全身治疗 早期可全身应用青霉素类（如青霉素、氨苄青霉素、阿莫西林），头孢菌素类（头孢噻呋），大环内酯类（如螺旋霉素、替米考星），氨基糖苷类（庆大霉素）或磺胺类（磺胺六甲氧嘧啶等）抗生素药物，直至肿胀消失为止。

(3) 补液 可选用5%葡萄糖注射液、10%葡萄糖注射液或5%葡萄糖氯化钠注射液。

(4) 调整酸碱平衡 可选用5%碳酸氢钠注射液或乳酸钠注射液。

(5) 如果蜂窝织炎转为慢性，并已出现象皮病的症状时，应及早抓紧治疗，主要是改善局部血液循环和淋巴循环，最好在局部应用物理疗法，如石蜡疗法、超声波疗法、中波透热疗法、短波透热疗法、光疗法等，配合内服氯化铵并加强牵遛运动以加速炎症产物的消散吸收。

十九、关节炎

关节炎（Arthritis）指关节的关节囊和关节腔各组织的炎症。多发生于球关节、趾关节、膝关节和腕关节，主要由于机械性损伤、过敏、感染及继发某些传染病而引起。

根据病性和病程可分为急性浆液性关节炎、慢性浆液性关节炎和化脓性关节炎。

急性浆液性关节炎，临床表现为关节肿大、热痛，触压关节憩室突出部有明显波动，关节囊穿刺时流出浑浊淡黄色易凝固的滑液。站立时患关节屈曲，运动时呈轻度或中度跛行。

慢性浆液性关节炎（关节积水），表现为关节明显肿大，触诊有明显的波动，无热，无痛。关节穿刺时，关节滑液稀薄，无色或微黄色，不易凝结。运动时呈轻微跛行。

化脓性关节炎，临床表现为患病关节热、痛、肿明显，关节囊高度紧张，有波动，关节囊穿刺流出脓性分泌物。站立时患关节屈曲，运动时呈混合跛行，严重时卧地不起并伴全身症状。

【治疗】

治疗原则是消除病因、制止渗出，促进炎性渗出物吸收，排出积液，消炎镇痛。

（1）急性浆液性滑膜炎　初期采取冷疗法，如用醋酸铅和明矾配合溶液冷敷。急性炎症缓和后，改用10%～25%硫酸镁溶液温热疗法，或涂抹刺激性软膏或擦剂，如雄黄散（雄黄、白芨、白蔹、龙骨、大黄等份共研末，醋调）和四三一合剂等。当渗出物多不易吸收时，可进行关节穿刺，放出滑液，然后给关节腔内注入普鲁卡因青霉素（1%～2%普鲁卡因10～20mL，青霉素20万～40万U），或普鲁卡因青霉素可的松溶液（氢化可的松70～240mg，1%普鲁卡因10～20mL，青霉素20万～40万U）。隔天一次，连用3～4次为一疗程。

（2）慢性浆液性关节炎　在关节周围涂擦各种强烈刺激性软膏或擦剂（如樟脑、松节油、雄黄软膏等）或采用烧烙疗法。关节积水严重的，可进行关节穿刺，放出渗出液，并向关节内注射普鲁卡因青霉素或氢化可的松溶液，热后用压迫绷带包扎。

（3）化脓性关节炎　及早用抗生素或磺胺类药物控制感染，如用苯唑西林、氯唑西林＋第三代头孢菌素（头孢噻呋）或苯唑西林＋氟喹诺酮类药物等。同时，进行穿刺排脓，排脓后用 0.5％普鲁卡因青霉素液冲洗，直至流出溶液变透明为止，再向关节腔内注射 1％～2％普鲁卡因青霉素溶液 10～20mL，1 次/d，连用 3～4 次。若关节腔内的脓汁过于黏稠而不易抽出，则应切开排脓，按化脓性关节透创处理。

（4）解热镇痛　可选用对乙酰氨基酚、安乃近、安痛定、复方氨基比林或氟尼辛葡甲胺等。

二十、蹄叶炎

蹄叶炎（Laminitis）为蹄真皮与蹄小叶弥漫性、非化脓性渗出性炎症，多发生在后肢的内侧蹄。一般认为蹄叶炎属于变态反应性疾病，与饲养管理及使役不当、蹄部构造缺陷，以及过度负重有关，也是很多疾病的并发病、继发病，如乳腺炎、子宫炎、酮病、瘤胃酸中毒等。马、骡多发，初产母牛的发病率明显高于成母牛。分娩期间和泌乳高峰期饲喂过多的碳水化合物、运动不足、遗传和季节因素等均可致病。

蹄叶炎以疼痛、蹄变形和不同程度的跛行为临床特征。

急性蹄叶炎，症状明显，表现为肌肉震颤，出汗，严重的病指（趾）作划桨运动，走动时拱背，后肢常伸向腹下，前肢直立。站立时作横向活动，或卧下时四肢伸直，站立困难，喜走软地，勉强负重及腕关节跪地。体温升高。局部静脉扩张，指（趾）动脉搏动明显，蹄温升高，特别是靠近蹄冠处。慢性蹄叶炎，常无明显的临床症状，蹄角质生长紊乱，蹄变长、变形，蹄前壁和蹄底形成锐角，出现异常蹄轮，蹄底角质变薄，甚至出现蹄底穿孔。

【治疗】

治疗原则：除去致病因素，解除疼痛，改善微循环，防止蹄骨转位，防止继发感染。

（1）消除病因，加强护理　改变日粮结构，降低精料或碳水化合物饲料的用量。及时治疗原发病，如乳腺炎、子宫炎、酮病、瘤胃酸中毒等原发病。

（2）防止继发感染　症状严重，可行全身抗菌给药，防止继发细菌感染，可选用氨苄西林·舒巴坦钠（或阿莫西林·克拉维酸钾等 β 内酰胺类抗生素＋β 内酰胺酶抑制剂）＋恩诺沙星或头孢噻呋＋甲硝唑等药物。

（3）镇痛消炎　如果能在最初 48h 做出诊断，应用周围血管松弛剂，如乙酰丙嗪，可以改善蹄部血流，或用保泰松或氟尼辛葡甲胺等非甾体类抗炎药物抗炎镇痛。也可用 1% 普鲁卡因进行蹄部封闭。

（4）改善微循环　在疾病的早期，为了减少炎性渗出，于发病头 2d，采用冷敷或冷蹄浴，2d 后，为促进吸收采用温蹄浴。同时，肌内注射抗组胺类药物，如马来酸氯苯那敏（扑尔敏），以降低毛细血管的通透性，减轻肿胀、渗出症状。

（5）补液　可选用 5% 葡萄糖注射液、10% 葡萄糖注射液或 5% 葡萄糖氯化钠注射液。

二十一、腐蹄病

腐蹄病（Foot rot）是由坏死梭杆菌（*Fusobacterium necrophorum*）引起的以成年动物较多发的坏死性蹄炎，以指（趾）间皮肤及其深部组织发生急性和亚急性炎症，也叫蹄间腐烂或指（趾）间腐烂。牛、羊等多种家畜和野生动物对坏死杆菌易感，其中猪、羊、牛、马最易感，禽易感性较小，腐蹄病则多见于成年牛、羊。腐蹄病的主要传染源是患病和带菌动物，通常经损伤的皮肤和黏膜感染，常继发于口蹄疫和羊痘，多发生于低洼潮湿地区，常发于炎热、多雨季节，一般呈散发或地方流行性。卫生条件差、圈舍污秽、泥泞、饲养密度大、易造成家畜蹄部损伤的因素及吸血昆虫叮咬等都可诱发或促使腐蹄病的发生发展。

腐蹄病在临床上以蹄间皮肤和软组织出现局灶性液化坏死、角质溶解、发出特殊臭味、病牛疼痛、跛行为特征。病初病畜频频提举病肢，或频频用患蹄敲打地面，喜卧而不愿站立、蹄冠、趾间和蹄踵肿胀、疼痛、之后坏死、溃烂，病畜跛行。叩击患蹄蹄壳或钳压病部时，可见蹄底小孔或创洞，内有腐烂的角质和污黑臭水。严重者蹄匣脱落，病牛卧地不起，体温升高，食欲减退或废绝，进而发生脓毒败血症死亡。

【预防】

腐蹄病目前尚无特异性预防疫苗，需采取综合性防控措施：加强饲养管理，保证营养全价，及时清理异物和粪尿，保持运动场平整和畜舍、环境、用具的清洁与干燥；消除诱病因素，避免皮肤、黏膜损伤；及时外科处理创伤；及时修蹄护蹄，防止拥挤、顶伤；不在泥泞、潮湿地区放牧；在多雨或长途运输时要及时检查，发现外伤及时处理。

当畜群中发生感染时，应隔离病畜；对受威胁的健康牛预防性使用抗菌药物；在厩舍门口可布放干的防腐剂或药液，如2%～4%硫酸铜溶液、硫黄石灰（硫黄：石灰＝1：15）药粉或硫酸铜（5份）和生石灰（100份）的混合粉，令牛从药物上踩踏；也可用2%福尔马林溶液或4%硫酸铜溶液蹄浴，每次10min，每1～2个月1次；用4%硫酸铜溶液喷洒牛蹄，每月1～2次。

【治疗】腐蹄病的治疗应以局部处理为主，辅以全身抗感染用药和对症治疗。

（1）局部处理　①将牛固定于柱栏内，用绳将患肢吊起并固定，先用清水、1％新洁尔灭或2％来苏儿将患蹄洗净；如有坏死腐烂组织可用蹄刀彻底除去，再用1％高锰酸钾溶液、3％双氧水、3％来苏儿溶液、4％醋酸溶液、10％硫酸铜溶液或5％福尔马林溶液冲洗消毒；如发现蹄底深部化脓，可用小刀扩创，清除脓汁及坏死组织，然后在蹄底创洞内填塞土霉素粉、磺胺粉、碘仿磺胺粉、高锰酸钾粉、硫酸铜粉、水杨酸粉或松馏油棉球等，创面可涂敷木焦油福尔马林合剂、5％高锰酸钾溶液、10％甲醛酒精溶液、甲紫溶液或甲醛松馏油（1∶4）等，最后装蹄绷带后，将病牛置于干燥圈舍内饲喂。每2～3d换药1次。②可用3％～5％福尔马林溶液或7％～10％硫酸铜溶液或7％～10％硫酸锌溶液进行蹄浴。③软组织可涂抹磺胺软膏或碘仿鱼石脂软膏，1次/d。④如果创面肉芽组织过度增生，可撒布卤碱粉或涂擦10％卤碱软膏。⑤对于形成瘘管的，可向瘘管内注入10％～20％的碘酊或35％甲醛。

（2）全身抗感染　如果全身症状严重，或发生转移性病灶时，应全身使用（静脉注射或肌内注射）抗菌药物。对坏死杆菌敏感的抗菌药物主要有磺胺类（尤其是增效磺胺，如复方磺胺嘧啶钠注射液、复方磺胺对甲氧嘧啶钠注射液），四环素类（多西环素、四环素、金霉素和土霉素），氟苯尼考和螺旋霉素等。

（3）对症治疗　发病时还需注意根据病情采取健胃（可用大黄苏打片、人工矿泉盐或健胃散等），补液（可用0.9％生理盐水、5％葡萄糖注射液、5％葡萄糖生理盐水注射液），解毒（可用维生素C或10％葡萄糖注射液），解热镇痛（可用安乃近、安痛定或复方氨基比林等），以及补充维生素（如维生素A、维生素D）和矿物质（如钙、磷及硫酸锌等）等对症治疗措施，可有效提高治愈率。对治疗处理后的病畜要加强饲养管理，做好护理工作，保持蹄部清洁卫生，适当补充精料及干草，控制好精料的饲喂比例。

二十二、尿石症

尿石症（Urolithiasis）是指尿液中析出的结晶，在肾盂、输尿管、膀胱和尿道内凝结成大小、数量不等的结石，刺激尿路黏膜而引起出血、炎症和阻塞的一种泌尿器官疾病，多发于在青草少的冬春季节，为地方性疾病。去势育肥牛和放牧牛多发，奶牛少见，阉牛比种公牛多发。牛最常见的结石结晶成分是磷酸铵镁盐、硅酸盐、胱氨酸和黄嘌呤。

牛尿结石以腹痛、排尿障碍、血尿、尿闭甚至膀胱破裂和尿毒症为临床特征。但尿结石发生部位和发展程度的不同，其临床症状也有所差异：

（1）肾结石多发生于肾盂中，早期无明显临床症状或出现无痛性血尿；中后期肾区疼痛、敏感，步态紧张；严重的引起肾衰、肾积水。

（2）输尿管结石病畜表现沉郁、不安，拱背，腹部敏感；直检可触及阻塞部近肾端输尿管紧张、膨胀；未完全阻塞时可见血尿、脓尿和蛋白尿。

（3）膀胱结石初期出现尿频、尿急、血尿；中后期出现排尿困难、呻吟，腹壁抽缩，可能血尿；直检可触及膀胱内有移动感的结石。

（4）尿道结石常发生于雄性，位于S状弯曲或会阴部，表现尿频尿痛，起卧不安，后肢踢腹；不全阻塞时尿液细小或仅见少量血尿滴出；完全阻塞时尿闭、沉郁、脱水，触诊膀胱充满，严重的出现尿毒症，多在72h内昏迷死亡；如发生膀胱破裂，则初时疼痛症状突然减轻，但随即迅速发生腹膜炎、尿毒症而死亡。

【治疗】

对未完全阻塞的病例可选用药物治疗，对完全阻塞的病例应及早实施手术。

（1）给予利尿剂（氢氯噻嗪、呋塞米），并多饮水，对结晶成分不同的结石均有效。

（2）给予氯化铵酸化尿液，有利于磷酸铵镁盐结石的溶解排出。磷酸铵镁盐结石常见于饲喂高磷日粮的围栏育肥牛。

（3）给予碳酸氢钠或柠檬酸钾碱化尿液，有利于胱氨酸结石的溶解排出。

（4）日粮中添加额外的食盐和水，可增加排尿量，有利于除胱氨酸之外的所有结石的溶解排出。

（5）补饲或注射维生素 A 和维生素 D，可减少或阻止结石核心的形成。

（6）将导尿管插入尿道或膀胱，注入消毒剂，反复冲洗，可排出粉末状或沙粒状结石。

（7）中药疗法，一般选用排石汤（石苇汤）加减。

（8）手术疗法，对于较大的尿道结石和膀胱结石，为防止膀胱或尿道破裂，应及早实施手术去除结石。

（9）控制感染可选用氨苄青霉素、头孢噻呋或庆大霉素等抗生素注射给药。酸化尿液时可选用乌洛托品注射液抗感染。

（10）解痉镇痛可选用维生素 K、黄体酮或盐酸氯丙嗪等药物注射给药。维生素 K 还有止血作用，而黄体酮有一定的利尿作用，有助于结石溶解排出。

（11）补液并纠正电解质紊乱，可选用 0.9% 生理盐水、5% 葡萄糖注射液等。补液也能利尿。

防治尿石症应以预防为主，预防措施主要有：加强饲养管理，给予充足的优质干草，增加日晒和运动量，给予充足的饮水；饮水和日粮中适当增加食盐含量以提高饮水量；调整日粮中钙磷比例维持在（1.5～2）∶1；肉牛育肥期间可内服氯化铵，同时添加维生素 A 和复合维生素 B 制剂；将公牛犊去势时间推迟到 4 月龄以后。

兽药残留与食品安全

第四章

第一节 兽药残留产生原因与危害

兽药残留是指食品动物在应用兽药后残存在动物产品的任何食用部分（包括动物的细胞、组织或器官，泌乳动物的乳或产蛋家禽的蛋）中与所用药物有关物质的残留，包括药物原形或/和其代谢产物。食品中兽药残留问题在国内外影响广泛和颇受关注，与公众的健康息息相关，也直接关系养殖业的经济利益和可持续发展，影响国家的对外经贸往来和国际形象。兽药残留是动物用药后普遍存在的问题，又是一个特殊的问题。

一、兽药残留的来源

兽药残留主要是指化学药物的残留，生物制品一般不存在残留问题。中兽药在我国已经有几千年的应用历史，一般毒性较低，有的可以药食同源；虽然对中兽药一些活性成分的主要作用包括药理毒理作用尚不明晰，但因其有效成分含量较低，所以，中兽药的残留问题一般暂不考虑。

食品动物用药途径一般包括饲料、饮水、口服、喷雾、注射等方式，常因为用药不规范而导致兽药残留。此外，环境污染或其他途径进入动物体内的药物或其他化学物质也可能导致残留。

二、兽药残留的主要原因

发生兽药残留的原因较多，但主要是因为不规范使用导致的。常见的原因主要是：

（1）不按照兽医师处方、兽药标签和说明书用药　兽药的适应证、给药途径、使用剂量、疗程都有明确规定，也都在标签和说明书载明。但有的养殖场（户）没有执业兽医师服务，或者有执业兽医师但不执行处方药制度，或不在执业兽医师监管下用药，或者不按照兽药标签和说明书用药。

（2）不遵守休药期规定　休药期（Withdrawal Period）是指食品动物最后一次使用兽药后到动物可以屠宰或其产品（蛋、奶）可以供人消费的间隔时间。这是兽药制剂产品的一项重要规定，食品动物在使用兽药后，需要有足够的时间让兽药从动物体内尽量排出，最终动物性产品（肉、蛋、奶）中兽药残留量不会超过法定标准。不遵守休药期，动物组织中的兽药残留极易超标。

（3）使用未批准在该食品动物使用的药物　未经批准的药物，一般都没有明确的用法、用量、疗程和休药期等规定，使用后难以避免残留超标。

（4）饲料中添加药物且不标明　有的饲料中可能已经添加了药物，但却不在标签中标明药物品种和浓度，养殖者在不知情时重复用药，造成残留超标。

（5）非法使用国家禁止使用的物质　如使用违禁物质克伦特罗作为促生长剂，运输动物时使用镇静药物防止动物斗殴等。这些也是造成动物性食品中有害物质残留的原因，属国家严厉打击的范围。

三、兽药残留的危害

概括起来兽药残留对人体健康和公共卫生的危害主要有如下几

方面：

（1）一般毒性作用　一些兽药或添加剂都有一定的毒性作用，如氨基糖苷类抗生素有较强的肾毒性和耳毒性等。人若长期摄入含有该类药物残留的动物性食品，随着药物在体内的蓄积，可能产生急性或（和）慢性毒性作用。

（2）特殊毒性作用　一般指致畸作用、致突变作用、致癌作用和生殖毒性作用等。农业部撤销的兽药中如硝基咪唑类、喹乙醇、卡巴氧、砷制剂等有致癌作用，苯并咪唑类、氯羟吡啶等有致畸和致突变作用。特殊毒性作用对人体健康危害极大。

（3）过敏反应　如青霉素等在牛奶中的残留可引起人体过敏反应，严重者可出现过敏性休克并危及生命。

（4）激素样作用　使用雌激素、同化激素等作为动物的促生长剂，其残留物除有致癌作用外，还对人体产生其他有害作用，超量残留可能干扰人的内分泌功能，破坏人体正常激素平衡，甚至致畸、引起儿童性早熟等。

（5）对人胃肠道菌群的影响　含有抗菌药物残留的动物性食品可能对人胃肠道的正常菌群产生不良的影响，致使平衡被破坏，病原菌大量繁殖，损害人体健康。另外，胃肠道菌群在残留抗菌药的选择压力下可能产生耐药性，使胃肠道成为细菌耐药基因的重要贮藏库。

第二节　兽药残留的控制与避免

兽药残留是现代养殖业中普遍存在的问题，但是残留的发生并非不可控制与避免。实际上，只要在养殖生产中严格按照标签或说明书规定的用法与用量使用，不随意加大剂量，不随意延长用药时间，不使用未批准的药物等，兽药残留的超标是可以避免的。然而，就目前我国养殖条件下，把兽药残留降低到最低限度还需要下很大力气。保证动物性产品的食品安全，是一项长期而艰巨的任务，关系到各方面的工作。

一、规范兽药使用

在养殖生产中规范使用兽药方面，严格遵守相关规范：

（1）严格禁用违禁物质 为了保证动物件性食品的安全，我国兽医行政管理部门制定发布了《食品动物禁用的兽药及其他化合物清单》，兽医师和食品动物饲养场均应严格执行这些规定。出口企业，还应当熟知进口国对食品动物禁用药物的规定，并遵照执行。

（2）严格执行处方药管理制度 所谓兽用处方药，是指凭兽医师开写处方方可购买和使用的兽药。处方药管理的一个最基本的原则就是兽药要凭兽医的处方方可购买和使用。因此，未经兽医开具处方，任何人不得销售、购买和使用处方药。通过兽医开具处方后购买和使用兽药，可防止滥用兽药尤其抗菌药，避免或减少动物产品中发生兽药残留等问题。

（3）严格依病用药 就是要在动物发生疾病并诊断准确的前提下才使用药物。与过去相比，我国养殖业在养殖规模、养殖条件、管理水平、人员素质方面都有很大的进步。但是规模小、条件差、管理落后的小型养殖场（户）仍然占较大的比例。这些养殖场依靠使用药物来维持动物的健康，存在过度用药、滥用药物的严重问题，发生兽药残留的风险极大，也带来较大的药物费用，应当摒弃这种思维和做法。

（4）严格用药记录制度 要避免兽药残留必须从源头抓起，严格执行兽药使用记录制度。兽医及养殖人员必须对使用的兽药品种、剂型、剂量、给药途径、疗程或给药时间等进行登记，以备检查与溯源。

二、兽药残留避免

兽药残留是动物用药后普遍存在的问题，要想避免动物性产品中兽药残留，需要做以下工作：

（1）加强对饲料加药的管控 现代养殖业的动物养殖数量都比较大，因此用药途径多为群体给药，饲料和饮水给药是最为方便、简捷、实用、有效的方法。然而，通过饲料添加方式给药的兽药品种需要经过政府主管部门的审批，饲料厂和养殖场都不得私自在饲料中添加未经批准的兽药。其次，某些饲料生产厂生产的商品饲料中不标明添加的药物，因而可能导致养殖场的重复用药，从而带来兽药残留超标的风险。

（2）加强对非法添加物的检测 目前兽药行业仍然存在良莠不齐、同质化严重的现象，兽药产品在销售竞争中仍然以价格低而取胜，因此兽药产品中处方外添加药物的现象仍然较为多见。此外，一些兽药企业非法生产未经批准的复方产品也属于非法添加产品。这些产品因为没有经过临床疗效、残留消除试验获得正式批准，所以其休药期是不确定的，增加了发生残留的风险。

（3）严格执行休药期规定 兽药残留产生的主要原因是没有遵守休药期规定，因此严格执行休药期规定是减少兽药残留发生的关键措施。药物的休药期受剂型、剂量和给药途径的影响。此外，联合用药由于药动学的相互作用会影响药物在体内的消除时间，兽医师和其他用药者对此要有足够的认识，必要时要适当延长休药期，以保证动物性食品的安全。

（4）杜绝不合理用药 不合理用药的情形包括不按标签或说明书的规定用药以及盲目超剂量、超疗程用药等，其极易导致兽药残留超标的发生。因为动物代谢药物的能力有限，加大剂量可能会延长药物在动物体内的消除时间，出现残留超标。

三、实施残留监控

为保障动物性食品安全，农业部 1999 年启动动物及动物性产品兽药残留监控计划，自 2004 年起建立了残留超标样品追溯制度，建立了 4 个国家兽药残留基准实验室。至今，我国残留监控计划逐步完善，检测能力和检测水平不断提高，残留监控工作取得长足进步。实践证明，全面实施残留监控计划是提高我国动物性食品质量、保证消费者安全的重要手段和有效措施。

做好我国兽药残留监控工作，一是要强化兽药使用监管，严格执行处方药制度，执业兽医师要正确使用兽药。二是要加强兽药残留检测实验室的能力建设，完善实验室质量保证体系。三是要以风险分析结果为依据，准确掌握兽药使用动态和残留趋势，确定合理的抽检范围和数量，科学制定残留监控年度计划。四是要系统开展残留标准制定和修订工作，为残留监控提供有力的技术支撑。

政府发布的动物性产品中允许的最高残留限量标准是一个法定的标准，其限量是不允许超过的。科学上来讲，这个最高残留限量标准是经过对兽药测定未观察到副作用的剂量（No Observed Effect Level，NOEL），依此评价推断出每日允许摄入量（Acceptable Daily Intake，ADI），再根据每人每日消费的食物系数，计算出动物性产品中最高残留限量（Maximum Residue Limits，MRL）。每日允许摄入量是指人一生每天都摄入后也不产生任何危害的量，是科学评判兽药残留是否危害健康的量。

第五章

合理用药与耐药性控制

　　自青霉素被发现以来，抗菌药物已经成为减少人和动物感染性疾病发病率和死亡率不可缺少的药物。抗菌药物引入兽医后，显著地提高了动物的健康和生产力。但是，随着细菌耐药性在许多病原菌的出现、传播和持久存在，使抗菌药物的疗效降低，这已成为一个普遍的医学难题，严重威胁到医学临床和兽医临床对感染性疾病的治疗。细菌对抗菌药物耐药性的出现并不意外，青霉素发明者 Alexander Fleming 在 1945 年获诺贝尔奖的演讲中就警告人们不要滥用青霉素。

　　目前应用于医学和兽医临床的所有抗生素的耐药机制都有报道。由耐药菌导致的感染会比敏感菌导致的感染更加频繁地引起高发病率和高死亡率。耐药菌的存在导致治疗时间延长、治疗费用增加，特殊情况下会导致感染无法治愈。尽管在过去不断有新型或者旧药的改进型药物被研发出来，但耐药机制的系统出现增加了新药的研发难度，增加了研发费用和时间。因此，做好对现有抗菌药物的可持续管理以及新抗菌药物的研发，对保护人类和动物抵御传染性病原微生物感染非常重要。

第一节　细菌耐药性产生原因及危害

一、耐药机制与耐药类型

　　已经发现和确定的耐药机制，主要分为四类：①通过减少药物渗透到细菌内而阻止抗菌药物到达作用靶点；②药物被特异或普通的外排泵驱出细胞外；③药物在细胞外或进入细胞后，被降解或者通过修饰作用改变药物结构，使其失去活性；④抗菌药物的作用位点被改变或者被其他小分子所保护，从而阻止抗菌药物与作用靶点的结合，抗菌药物因此不能发挥作用。或者抗菌药物的作用位点被微生物以其他方式捕获和激活。

细菌对抗生素的耐药性主要有三个基本类型：分别是敏感型、固有耐药型和获得性耐药型。

固有耐药型是与生俱来的对抗菌药物的耐药性，一个特定细菌组（如属、种、亚种）内的所有细菌都是天然耐药，主要是因为细菌固有的结构或者生化特征而产生的耐药作用。例如，革兰氏阴性菌对大环内酯类药物具有固有耐药性，因为大环内酯类药物太大，不能到达细胞质内的作用位点。厌氧菌对氨基糖苷类具有固有耐药性，因为在厌氧环境下氨基糖苷类不能渗透到细胞内。革兰氏阳性菌的细胞质膜中缺乏胆胺磷脂，从而对多黏菌素类药物具有固有耐药性。

获得性耐药型可以显示从只针对某一种药物、同一类药物中的几种、对同类药物的全部，到甚至对多种不同类别药物的耐药。通常一个耐药决定簇只编码对一类药物（如氨基糖苷类、β-内酰胺类、氟喹诺酮类药物）中的一种或者几种药物的耐药性或者编码几类相关药物（如大环内酯类-林可胺类-链阳菌素类药物）的耐药性。但是也有一些耐药决定簇编码对多类药物的耐药性。

二、耐药性的获得

细菌对抗生素产生耐药性主要有以下三种方式：与生理过程和细胞结构相关的基因发生突变、外源耐药基因的获得以及这两种方式的共同作用。通常情况下，细菌以低频率持续发生内在突变，由此导致偶然的耐药性突变。但是当微生物受到压力（比如病原微生物受到宿主免疫防御和抗菌药物的胁迫）时，细菌群体突变的频率就会增大。

细菌可以通过三种不同方式获得外源 DNA。①转化作用：天然的感受态细胞摄取外界环境中的游离的 DNA 片段；②转导作用：通过噬菌体将遗传物质从一个细菌转移到另一个细菌中；③接合作用：像交配一样通过质粒实现细菌间遗传物质的转移。

能够在细胞内或细胞间的基因组内转移的遗传元件，可以分为四类：①质粒；②转座子；③噬菌体；④可自我剪接的小分子寄生虫。

三、耐药性的传播和稳定性

耐药性的流行和传播是自然选择的结果。在大量细菌中，只有具有抵抗有毒物质特性的少量细菌才能存活，而那些不含有这一优势特征的敏感菌株则会被淘汰，留下来的都是耐药性群体。在一个特定环境中，随着抗菌药物的长期使用，细菌的生态平衡会发生剧烈的变化，不太敏感的菌株会成为主体。当上述情况发生的时候，在多种宿主体内，耐药性共生菌和条件致病菌会快速替代原有敏感菌群定植成为优势菌群。当新的抗菌药物上市或对现有抗菌药物使用实施限制时，细菌的耐药性发生频率就会出现改变。

当细菌暴露于一种抗生素时，会共同选择产生对其他不相关的药物也产生耐药性。在细菌对抗生素产生耐药性的过程中可能还会存在非抗生素的选择压力。越来越多的证据表明，消毒剂和杀虫剂也可以促进细菌耐药性的产生。以上不仅可以导致细菌对多种抗生素的耐药决定簇的聚集，还可能形成对重金属及消毒剂等非抗生素物质的抗性基因丛，甚至还会产生毒力基因。

当细菌不需要携带的抗生素耐药基因时，对其而言就是一种负担。所以当细菌菌群不面对抗生素选择压力时，无耐药基因的敏感菌会成为优势菌群，那么整个菌群就会慢慢地逆转回到一个对抗生素敏感的状态。

四、耐药性对公共卫生的影响

20世纪60年代英国发布的报告中就提出，在兽医临床和食用动物生产过程中使用抗生素是造成食源性致病菌耐药性的重要原因。在农业生产中，抗生素的使用可能会帮助筛选耐药菌株，这些耐药菌株可能通过直接接触或摄入被耐药菌污染的食物及水传播给人。关于耐药菌在动物和处于风险之中的人（农民、屠宰工人和兽医）之间传播的例子有许多。除了养殖场的动物，还有人与其密切接触的宠物，也会成为耐药菌及耐药基因传播的重要来源。因为人们认为动物性食品是具有耐药性的人肠道外致病性大肠杆菌的储库，导致人类发生疾病甚至难以治愈的风险。所以，动物性食品生产中使用抗菌药物，特别是作促生长使用受到极大关注。

随着抗菌药物在动物中使用及人畜共患病病原菌耐药性的增强，抗菌药物耐药性问题已经成为一个全球性公共卫生和动物卫生焦点。因为耐药性的发生、传播和持续存在，细菌中普遍存在的耐药性，让人觉得抗菌药物的益处将会消失，人们怀疑在未来几年里临床是否还有可以使用的抗菌药物。虽然耐药性的产生是一个不可避免的生物学现象，我们面对的挑战就是如何阻止耐药性的进一步发展和持续存在，并防止它成为现代医学发展的障碍。

在动物上使用抗生素会对人类病原菌耐药性产生负面影响，是有确切的数据的。因为动物性食品如沙门氏菌、弯曲杆菌的污染导致人们消费这些产品而发生腹泻的病例时有发生，甚至有这些细菌的耐药菌株感染病例发生。因此，需要加强在动物上使用抗生素对人类致病菌产生耐药性的风险管控，并制订相应的预防措施。

第二节 遏制抗菌药物耐药性

一、抗菌药物耐药性监测

为了遏制细菌耐药性的进一步发展与蔓延，世界卫生组织（WHO）、联合国粮农组织（FAO）和世界动物卫生组织（OIE）都要求成员开展耐药性监测，涉及三个领域：人医临床耐药性监测、食品动物细菌耐药性监测和食源性细菌耐药性监测。涵盖了从动物、动物产品到人的食品链过程。动物源细菌耐药性监测主要针对公共卫生菌，包括大肠杆菌、肠球菌、金黄色葡萄球菌、沙门氏菌和弯曲杆菌开展，也可以针对动物病原菌开展。其中大肠杆菌和肠球菌为指示菌，分别代表 G^- 菌指示菌和 G^+ 菌指示菌。金黄色葡萄球菌、沙门氏菌和弯曲杆菌则为食源性公共卫生菌。通常在养殖场（生产环节）动物肛拭子获得大肠杆菌、肠球菌，以及在屠宰厂采集动物胴体、盲肠分离沙门氏菌和弯曲杆菌，经过加有标准菌株作为对照的药物敏感性测试系统，获得动物性食品生产、屠宰加工环节的动物源细菌的耐药性变化情况。

目前，耐药性判定标准有欧盟抗菌药物敏感性检测委员会（EUCAST）制订的流行病学折点（Ecoff）和美国临床化验所（CLSI）制订的临床折点。细菌获得耐药性，常使最小抑菌浓度（Minimum inhibitory concentratian，MIC）值发生改变，但它并不能导致临床相关的耐药性水平。作为耐药性监测，反映的是药物与细菌之间的关系，采用流行病学折点作为判定标准更加科学。而作为用药指导，则应采用临床折点。由于细菌获得性耐药机制的存在，导致对抗菌药物的敏感性和临床疗效降低。因此，应确定感染动物的每种细菌针对每一个抗菌药物的流行病学临界值、PK/PD临界值和临床折点。

二、抗菌药物使用监测

当细菌暴露于抗菌药物时，因为面临抗菌药物的压力就会选择产生耐药性。那么，人们自然而然地就会认为如果不使用抗菌药物，也就自然地不会发生耐药性！道理是这样的。但是养殖实际中完全不使用抗菌药物是不现实的，也是不可能的，关键是合理使用抗菌药物。只在动物发生感染性疾病时才使用抗菌药物，尽可能地减少抗菌药物的使用量，或者以其他替代办法如加强生物安全、疫苗免疫、卫生消毒等基本措施。

近年来，许多国家都制定了抗菌药物谨慎使用的指导原则。总结起来，关于抗菌药物的谨慎负责任使用，也可以用以下 5R 原则予以概括。

负责任（Responsibility）：处方兽医要承担决定使用抗菌药物的责任，并且要充分认识到这种使用可能会产生超出预期的不良后果。处方兽医要知道这种使用所带来的利益，以及推荐的风险管理措施，以减少发生任何即时或长期不利影响的可能性。

减少（Reduction）：任何可能情况下都应实施减少抗菌药物使用的措施，包括加强感染控制，生物安全、免疫接种、动物个体的精准治疗或减少治疗持续时间。

优化（Refinement）：每次使用抗菌药物都应考虑给药方案的设计，利用所有关于病畜、病原菌、流行病学、抗菌药物（特别是动物特异性药代动力学和药效动力学特性）的信息，确保选用的抗菌药物产生耐药性的可能性最小化。负责任地使用就是正确选用药物、正确的给药时间、正确的给药剂量和正确的给药持续时间。

替代（Replacement）：任何时候有证据支持替代物安全有效，处方兽医经过评价权衡利弊后认为，替代物比抗菌药物有优势，就应该使用替代物。

评估（Review）：对抗菌药物管理的举措必须定期予以评估，并持续改进，以保证抗菌药物的使用规范适用并反映目前的最佳选择。

许多国家特别是欧盟国家，根据动物产品的产量，规定每生产1t肉使用抗菌药物 50g，甚至北欧国家已经达到 20g。我国关于抗菌药物的实际使用情况还不明了。根据对兽药企业的生产调查情况来看，抗菌药物使用总量和每吨肉使用量均居世界首位。需要尽快建立抗菌药物使用的监测网络和体系。

使用监测数据一般包括两个方面：抗菌药物使用总量和各种类药物的使用量。抗菌药物使用总量可以了解每生产 1t 肉使用的抗菌药物量。按抗菌药物类别进行划分归属，统计每个药物的使用量，可以帮助了解与耐药性发生之间的关系。通常统计养殖场年度采购后库房中抗菌药物制剂的进货（或出货）总量，根据制剂的含量（抗生素以效价单位标示时需要转换成重量含量）和规格计算出药物成分的总量，从而可以获得抗菌药物使用总量。再以年度动物生产量为基数，统计出每 1t 肉使用抗菌药物的量。

三、抗菌药物耐药性风险评估

兽药风险评估是一个现代意义上对上市前后兽药进行的评价、再评价工作。它是系统地采用科学技术及信息，在特定条件下，对动植物和人或环境暴露于新兽药后产生或将产生不良效应的可能性和严重性的科学评价。风险评估一般有定性评估和定量评估之分。包括四个步骤：危害识别、危害特征描述、暴露评估、风险特征描述。抗菌药物耐药性风险评估属于上市之后兽药的再评价工作。

过去几十年里，使用低浓度的抗菌药物可以有效地提高饲料转化率、促进动物增重，而且还减少了食品动物在运输过程中的应激反应。大多数用于动物的抗菌药物在人类医学上都有相应的类似物，并能为人医抗生素选择耐药性。欧盟于 20 世纪 90 年代取消了抗菌药物作动物促生长使用，但并未开展风险评估。欧盟于 1999 年开展了氟喹诺酮类药物对伤寒沙门氏菌的定性风险评估。美国首先于 2004 年开展了动物使用链阳菌素类药物（维吉尼亚霉素）在屎肠球菌耐药性的定量风险评估。依据风险评估于 2007 年撤销了在家禽使用恩诺沙星。

为防止动物源细菌耐药性进一步恶化，全球性禁止抗菌促长剂的使用已经势在必行。然而，截至目前我国仍然允许土霉素钙、金霉素、吉他霉素、杆菌肽、那西肽、阿维拉霉素、恩拉霉素、维吉尼亚霉素、黄霉素等 9 种抗生素作为动物促生长使用。其中，前 3 种属于人兽共用抗生素，后 6 种为动物专用抗生素。兽药主管部门认识到抗菌药物作动物促生长使用带来的耐药性恶化的风险，已经安排进行耐药性监测，并根据耐药性变化趋势经过风险评估后做出是否退出的决定。

四、抗菌药物耐药性风险管理

为了延缓动物源细菌的耐药性恶化，促进养殖业健康发展，避免出现无抗菌药物可选择的窘境，需要有区别地针对促生长使用的抗菌药物做出不同的限制措施。作为控制抗生素耐药性措施的一部分，2012 年美国 FDA 颁布了 209 号制药工业指南，即"医疗重要的抗生素在食品动物的谨慎使用"；主要集中于两个方面：①限制医学上重要的抗生素在食品动物使用，除非保证食品动物健康有必要；②抗生素在食品动物中的限制使用需要兽医的监督和指导。过去 10 多年来，我国兽药主管部门采取了一系列控制措施，早在 2001 年就以 168 号公告发布《饲料药物添加剂使用规范》。将通过饲料添加的药物分为不需要兽医处方可自行添加的和需要兽医处方才可添加的。2013 年，以 1997 号公告发布了第一批兽用处方药品种目录，目前兽医临床允许使用的各种抗菌药物都收录其中。2015 年，以 2292 号公告发布规定，禁止在食品动物中使用洛美沙星、培氟沙星、氧氟沙星、诺氟沙星等 4 种抗菌药。2015 年 7 月发布了《全国兽药（抗菌药）综合治理五年行动方案》，计划用五年时间开展系统、全面的兽用抗菌药滥用及非法兽药综合治理活动，以进一步加强兽用抗菌药（包括水产用抗菌药）的监管，提高兽用抗菌药科学规范使用水平。2016 年 7 月，以 2428 号公告发布规定，停止硫酸黏菌素用于动物促生长，只允许做治疗使用。2016 年 7 月起，农业部实施兽药产品电子追溯码（二维码）标识，我国生产、进口的所有兽药产品需赋"二维码"上市销售，实现全程追溯。2017 年 5 月成立了"全国兽药残留与耐药性控制专家委员会"，为推进兽药残留控制、动物源细菌耐药性防控工作提供技术支撑。

对抗菌药物作动物促生长使用，通过风险评估后要分别采取不同的风险管理措施。如果属于人类医疗极为重要的抗菌药物，则需要停止作动物的促生长使用；属于动物专用的抗菌药物促生长剂，如果极易产生耐药性甚至与其他抗菌药物交叉耐药，也需停止作动物的促生长使用；属于动物专用的抗球虫抗生素，由于与人类健康没有太大关系，可以继续作动物的促生长使用。

总体来讲，遏制细菌耐药性的进一步恶化，需要采取多种综合措施。包括生物安全、环境卫生消毒、厩舍通风、动物福利、加强营养、防止饲料霉变与酸化处理等，保障养殖的动物舒适健康。从动物使用抗菌药物方面来讲，动物诊疗机构、养殖场需要严格执行处方药管理制度，加强对抗菌药物遴选、采购、处方、兽医临床应用和效果评价的管理，并根据细菌培养及药物敏感试验结果选择使用抗菌药物。

肉牛的生理参数

附录 1-1　肉牛常用的繁殖参数

项　目	时　间
发情周期	20～21d（18～24d）
发情持续期	15～20h
排卵时间	发情后 21～35h 或发情结束后 10～12h
产后发情时间	平均 60d（40～110d）
妊娠期	平均 282d（276～285d）
性成熟	公牛：9 月龄；母牛：8～14 月龄
体成熟	母牛：18～24 月龄
初配适龄	早熟品种，公牛 15～18 月龄，母牛 16～18 月龄；晚熟品种，公牛 18～20 月龄，母牛 18～22 月龄
使用年限	母牛 9～11 胎，公牛为 5～6 年

附录 1-2　肉牛正常生理参数

体温 （℃）	呼吸 （次/min）	脉搏 （次/min）	嗳气 （次/h）	每天平均 反刍时间 （h）	每天反刍 周期数 （个）	每次反刍 持续时间 （min）	瘤胃蠕动 次数 （次/min）
平均 38 （37.5～ 39）	12～16， 犊牛 30～ 56	65～70	20～40	6～10	4～8	40～50	反刍时 2.3； 采食时 2.8； 休息时 1.8

附录 1 - 3 肉牛舍适宜的温度、湿度及风速指标

牛舍类型	最适温度范围（℃）	最低温度范围（℃）	最高温度范围（℃）	相对湿度（%）	风速（m/s）
肉牛舍	10～15	2～6	25～27	80	0.3
育肥牛舍	7～27	2～6	25～27	75	0.3
哺乳犊牛舍	12～15	3～4	25～27	70	0.2
断奶牛舍	6～8	4	25～27	—	—
产房	15	10～12	25～27	—	—

我国禁止使用的兽药及化合物清单

一、禁止在饲料和动物饮用水中使用的药物品种目录（农业部公告第 176 号，2002 年）

（一）肾上腺素受体激动剂

1. 盐酸克仑特罗（Clenbuterol Hydrochloride）：中华人民共和国药典（以下简称"药典"）2000 版二部 P605。β_2 肾上腺素受体激动药。

2. 沙丁胺醇（Salbutamol）：药典 2000 年二部 P316。β_2 肾上腺素受体激动药。

3. 硫酸沙丁胺醇（Salbutamol Sulfate）：药典 2000 年二部 P870。β_2 肾上腺素受体激动药。

4. 莱克多巴胺（Ractopamine）：一种 β 兴奋剂，美国食品和药物管理局（FDA）已批准，中国未批准。

5. 盐酸多巴胺（Dopamine Hydrochloride）：药典 2000 年二部 P591。多巴胺受体激动药。

6. 西巴特罗（Cimaterol）：美国氰胺公司开发的产品，一种 β 兴奋剂，FDA 未批准。

7. 硫酸特布他林（Terbutaline Sulfate）：药典 2000 年二部

P890。β_2 肾上腺受体激动药。

（二）性激素

8. 己烯雌酚（Diethylstibestrol）：药典 2000 年二部 P42。雌激素类药。

9. 雌二醇（Estradiol）：药典 2000 年二部 P1005。雌激素类药。

10. 戊酸雌二醇（Estradiol Valcrate）：药典 2000 年二部 P124。雌激素类药。

11. 苯甲酸雌二醇（Estradiol Benzoate）：药典 2000 年二部 P369。雌激素类药。中华人民共和国兽药典（以下简称"兽药典"）2000 年版一部 P109。雌激素类药。用于发情不明显动物的催情及胎衣滞留、死胎的排出。

12. 氯烯雌醚（Chlorotrianisene）：药典 2000 年二部 P919。

13. 炔诺醇（Ethinylestradiol）：药典 2000 年二部 P422。

14. 炔诺醚（Quinestml）：药典 2000 年二部 P424。

15. 醋酸氯地孕酮（Chlormadinone acetate）：药典 2000 年二部 P1037。

16. 左炔诺孕酮（Levonorgestrel）：药典 2000 年二部 P107。

17. 炔诺酮（Norethisterone）：药典 2000 年二部 P420。

18. 绒毛膜促性腺激素（绒促性素）（Chorionic Conadotrophin）：药典 2000 年二部 P534。促性腺激素药。兽药典 2000 年版一部 P146。激素类药。用于性功能障碍、习惯性流产及卵巢囊肿等。

19. 促卵泡生长激素（尿促性素主要含卵泡刺激 FSHT 和黄体生成素 LH）（Menotropins）：药典 2000 年二部 P321。促性腺激素类药。

（三）蛋白同化激素

20. 碘化酪蛋白（Iodinated Casein）：蛋白同化激素类，为甲状腺素的前驱物质，具有类似甲状腺素的生理作用。

21. 苯丙酸诺龙及苯丙酸诺龙注射液（Nandrolone phenylpro pi-onate）：药典 2000 年二部 P365。

（四）精神药品

22.（盐酸）氯丙嗪（Chlorpromazine Hydrochloride）：药典 2000 年二部 P676。抗精神病药。兽药典 2000 年版一部 P177。镇静药。用于强化麻醉以及使动物安静等。

23. 盐酸异丙嗪（Promethazine Hydrochloride）：药典 2000 年二部 P602。抗组胺药。兽药典 2000 年版一部 P164。抗组胺药。用于变态反应性疾病，如荨麻疹、血清病等。

24. 安定（地西泮）（Diazepam）：药典 2000 年二部 P214。抗焦虑药、抗惊厥药。兽药典 2000 年版一部 P61。镇静药、抗惊厥药。

25. 苯巴比妥（Phenobarbital）：药典 2000 年二部 P362。镇静催眠药、抗惊厥药。兽药典 2000 年版一部 P103。巴比妥类药。缓解脑炎、破伤风、士的宁中毒所致的惊厥。

26. 苯巴比妥钠（Phenobarbital Sodium）：兽药典 2000 年版一部 P105。巴比妥类药。缓解脑炎、破伤风、士的宁中毒所致的惊厥。

27. 巴比妥（Barbital）：兽药典 2000 年版二部 P27。中枢抑制和增强解热镇痛。

28. 异戊巴比妥（Amobarbital）：药典 2000 年二部 P252。催眠药、抗惊厥药。

29. 异戊巴比妥钠（Amobarbital Sodium）：兽药典 2000 年版一部 P82。巴比妥类药。用于小动物的镇静、抗惊厥和麻醉。

30. 利血平（Reserpine）：药典 2000 年二部 P304。抗高血压药。

31. 艾司唑仑（Estazolam）。

32. 甲丙氨酯（Mcprobamate）。

33. 咪达唑仑（Midazolam）。

34. 硝西泮（Nitrazepam）。

35. 奥沙西泮（Oxazcpam）。

36. 匹莫林（Pemoline）。

37. 三唑仑（Triazolam）。

38. 唑吡旦（Zolpidem）。

39. 其他国家管制的精神药品。

（五）各种抗生素滤渣

40. 抗生素滤渣：该类物质是抗生素类产品生产过程中产生的工业三废，因含有微量抗生素成分，在饲料和饲养过程中使用后对动物有一定的促生长作用。但对养殖业的危害很大，一是容易引起耐药性，二是由于未做安全性试验，存在各种安全隐患。

二、食品动物禁用的兽药及其他化合物清单（农业部公告第 193 号，2002 年）

序号	兽药及其他化合物名称	禁止用途	禁用动物
1	β-兴奋剂类：克仑特罗 Clenbuterol、沙丁胺醇 Salbutamol、西马特罗 Cimaterol 及其盐、酯及制剂	所有用途	所有食品动物
2	性激素类：己烯雌酚 Diethylstilbestrol 及其盐、酯及制剂	所有用途	所有食品动物
3	具有雌激素样作用的物质：玉米赤霉醇 Zeranol、去甲雄三烯醇酮 Trenbolone、醋酸甲孕酮 Mengestrol Acetate 及制剂	所有用途	所有食品动物
4	氯霉素 Chloramphenicol 及其盐、酯（包括：琥珀氯霉素 Chloramphenicol Succinate）及制剂	所有用途	所有食品动物
5	氨苯砜 Dapsone 及制剂	所有用途	所有食品动物

（续）

序号	兽药及其他化合物名称	禁止用途	禁用动物
6	硝基呋喃类：呋喃唑酮 Furazolidone、呋喃它酮 Furaltadone、呋喃苯烯酸钠 Nifurstyrenate sodium 及制剂	所有用途	所有食品动物
7	硝基化合物：硝基酚钠 Sodium nitrophenolate、硝呋烯腙 Nitrovin 及制剂	所有用途	所有食品动物
8	催眠、镇静类：安眠酮 Methaqualone 及制剂	所有用途	所有食品动物
9	林丹（丙体六六六）Lindane	杀虫剂	所有食品动物
10	毒杀芬（氯化烯）Camahechlor	杀虫剂、清塘剂	所有食品动物
11	呋喃丹（克百威）Carbofuran	杀虫剂	所有食品动物
12	杀虫脒（克死螨）Chlordimeform	杀虫剂	所有食品动物
13	双甲脒 Amitraz	杀虫剂	水生食品动物
14	酒石酸锑钾 Antimonypotassiumtartrate	杀虫剂	所有食品动物
15	锥虫胂胺 Tryparsamide	杀虫剂	所有食品动物
16	孔雀石绿 Malachitegreen	抗菌、杀虫剂	所有食品动物
17	五氯酚酸钠 Pentachlorophenolsodium	杀螺剂	所有食品动物
18	各种汞制剂。包括氯化亚汞（甘汞）Calomel，硝酸亚汞 Mercurous nitrate、醋酸汞 Mercurous acetate、吡啶基醋酸汞 Pyridyl mercurous acetate	杀虫剂	所有食品动物
19	性激素类：甲基睾丸酮 Methyltestosterone、丙酸睾酮 Testosterone Propionate、苯丙酸诺龙 Nandrolone Phenylpropionate、苯甲酸雌二醇 Estradiol Benzoate 及其盐、酯及制剂	促生长	所有食品动物
20	催眠、镇静类：氯丙嗪 Chlorpromazine、地西泮（安定）Diazepam 及其盐、酯及制剂	促生长	所有食品动物
21	硝基咪唑类：甲硝唑 Metronidazole、地美硝唑 Dimetronidazole 及其盐、酯及制剂	促生长	所有食品动物

三、兽药地方标准废止目录公布的食品动物禁用兽药（农业部公告第560号，2005年）

类别	名称/组方
禁用兽药	β-兴奋剂类：沙丁胺醇及其盐、酯及制剂
	硝基呋喃类：呋喃西林、呋喃妥因及其盐、酯及制剂
	硝基咪唑类：替硝唑及其盐、酯及制剂
	喹噁啉类：卡巴氧及其盐、酯及制剂
	抗生素类：万古霉素及其盐、酯及制剂

四、禁止在饲料和动物饮水中使用的物质（农业部公告第1519号，2010年）

1. 苯乙醇胺 A（Phenylethanolamine A）：β-肾上腺素受体激动剂。

2. 班布特罗（Bambuterol）：β-肾上腺素受体激动剂。

3. 盐酸齐帕特罗（Zilpaterol Hydrochloride）：β-肾上腺素受体激动剂。

4. 盐酸氯丙那林（Clorprenaline Hydrochloride）：药典 2010 版二部 P783。β-肾上腺素受体激动剂。

5. 马布特罗（Mabuterol）：β-肾上腺素受体激动剂。

6. 西布特罗（Cimbuterol）：β-肾上腺素受体激动剂。

7. 溴布特罗（Brombuterol）：β-肾上腺素受体激动剂。

8. 酒石酸阿福特罗（Arformoterol Tartrate）：长效型 β-肾上腺素受体激动剂。

9. 富马酸福莫特罗（Formoterol Fumatrate）：长效型 β-肾上腺素受体激动剂。

10. 盐酸可乐定（Clonidine Hydrochloride）：药典 2010 版二部 P645。抗高血压药。

11. 盐酸赛庚啶（Cyproheptadine Hydrochloride）：药典 2010 版二部 P803。抗组胺药。

五、禁止用于食品动物的其他兽药

兽用药物及其他化合物名称	禁用动物	公告号
非泼罗尼及相关制剂	所有食品动物	农业部公告第 2583 号（2017 年 9 月 15 日颁布）
洛美沙星、培氟沙星、氧氟沙星、诺氟沙星 4 种原料药的各种盐、酯及其各种制剂	所有食品动物	农业部公告第 2292 号（2015 年 9 月 1 日颁布）
喹乙醇、氨苯胂酸、洛克沙胂等 3 种兽药的原料药及各种制剂	所有食品动物	农业部公告第 2638 号（2018 年 1 月 12 日颁布）

动物性食品中兽药最高残留限量

（农业部公告第 235 号，2002 年）

一、动物性食品允许使用，但不需要制定残留限量的药物

药物名称	动物种类	其他规定
Acetylsalicylic acid 乙酰水杨酸	牛、猪、鸡	产奶牛禁用，产蛋鸡禁用
Aluminium hydroxide 氢氧化铝	所有食品动物	
Amitraz 双甲脒	牛、羊、猪	仅指肌肉中不需要限量
Amprolium 氨丙啉	家禽	仅作口服用
Apramycin 安普霉素	猪、兔 山羊 鸡	仅作口服用 产奶羊禁用 产蛋鸡禁用
Atropine 阿托品	所有食品动物	
Azamethiphos 甲基吡啶磷	鱼	
Betaine 甜菜碱	所有食品动物	
Bismuth subcarbonate 碱式碳酸铋	所有食品动物	仅作口服用
Bismuth subnitrate 碱式硝酸铋	所有食品动物	仅作口服用
Bismuth subnitrate 碱式硝酸铋	牛	仅乳房内注射用
Boric acid and borates 硼酸及其盐	所有食品动物	
Caffeine 咖啡因	所有食品动物	
Calcium borogluconate 硼葡萄糖酸钙	所有食品动物	

（续）

药物名称	动物种类	其他规定
Calcium carbonate 碳酸钙	所有食品动物	
Calcium chloride 氯化钙	所有食品动物	
Calcium gluconate 葡萄糖酸钙	所有食品动物	
Calcium phosphate 磷酸钙	所有食品动物	
Calcium sulphate 硫酸钙	所有食品动物	
Calcium pantothenate 泛酸钙	所有食品动物	
Camphor 樟脑	所有食品动物	仅作外用
Chlorhexidine 氯己定	所有食品动物	仅作外用
Choline 胆碱	所有食品动物	
Cloprostenol 氯前列醇	牛、猪、马	
Decoquinate 癸氧喹酯	牛、山羊	仅口服用 产奶动物禁用
Diclazuril 地克珠利	山羊	羔羊口服用
Epinephrine 肾上腺素	所有食品动物	
Ergometrine maleata 马来酸麦角新碱	所有哺乳类食品动物	仅用于临产动物
Ethanol 乙醇	所有食品动物	仅作赋型剂用
Ferrous sulphate 硫酸亚铁	所有食品动物	
Flumethrin 氟氯苯氰菊酯	蜜蜂	蜂蜜
Folic acid 叶酸	所有食品动物	
Follicle stimulating hormone (natural FSH from all species and their synthetic analogues) 促卵泡激素（各种动物天然 FSH 及其化学合成类似物）	所有食品动物	
Formaldehyde 甲醛	所有食品动物	
Glutaraldehyde 戊二醛	所有食品动物	
Gonadotrophin releasing hormone 垂体促性腺激素释放激素	所有食品动物	
Human chorion gonadotrophin 绒促性素	所有食品动物	
Hydrochloric acid 盐酸	所有食品动物	仅作赋型剂用

（续）

药物名称	动物种类	其他规定
Hydrocortisone 氢化可的松	所有食品动物	仅作外用
Hydrogen peroxide 过氧化氢	所有食品动物	
Iodine and iodine inorganiccompounds including： 碘和碘无机化合物包括： ——Sodium and potassium-iodide 碘化钠和钾	所有食品动物	
——Sodium and potassium-iodate 碘酸钠和钾	所有食品动物	
Iodophors including：碘附包括： ——polyvinylpyrrolidone-iodine 聚乙烯吡咯烷酮碘	所有食品动物	
Iodine organic compounds 碘有机化合物： ——Iodoform 碘仿	所有食品动物	
Iron dextran 右旋糖酐铁	所有食品动物	
Ketamine 氯胺酮	所有食品动物	
Lactic acid 乳酸	所有食品动物	
Lidocaine 利多卡因	马	仅作局部麻醉用
Luteinising hormone （natural LH from all species and their synthetic analogues）促黄体激素 （各种动物天然 FSH 及其化学合成类似物）	所有食品动物	
Magnesium chloride 氯化镁	所有食品动物	
Mannitol 甘露醇	所有食品动物	
Menadione 甲萘醌	所有食品动物	
Neostigmine 新斯的明	所有食品动物	
Oxytocin 缩宫素	所有食品动物	
Paracetamol 对乙酰氨基酚	猪	仅作口服用
Pepsin 胃蛋白酶	所有食品动物	
Phenol 苯酚	所有食品动物	
Piperazine 哌嗪	鸡	除蛋外所有组织

（续）

药物名称	动物种类	其他规定
Polyethylene glycols（molecular weight ranging from 200 to 10 000）聚乙二醇（分子量范围 200～10 000）	所有食品动物	
Polysorbate 80 吐温- 80	所有食品动物	
Praziquantel 吡喹酮	绵羊、马、山羊	仅用于非泌乳绵羊
Procaine 普鲁卡因	所有食品动物	
Pyrantel embonate 双羟萘酸噻嘧啶	马	
Salicylic acid 水杨酸	除鱼外所有食品动物	仅作外用
Sodium Bromide 溴化钠	所有哺乳类食品动物	仅作外用
Sodium chloride 氯化钠	所有食品动物	
Sodium pyrosulphite 焦亚硫酸钠	所有食品动物	
Sodium salicylate 水杨酸钠	除鱼外所有食品动物	仅作外用
Sodium selenite 亚硒酸钠	所有食品动物	
Sodium stearate 硬脂酸钠	所有食品动物	
Sodium thiosulphate 硫代硫酸钠	所有食品动物	
Sorbitan trioleate 脱水山梨醇三油酸酯（司盘- 85）	所有食品动物	
Strychnine 士的宁	牛	仅作口服用，剂量每千克体重最大 0.1mg
Sulfogaiacol 愈创木酚磺酸钾	所有食品动物	
Sulphur 硫黄	牛、猪、山羊、绵羊、马	
Tetracaine 丁卡因	所有食品动物	仅作麻醉剂用
Thiomersal 硫柳汞	所有食品动物	多剂量疫苗中作防腐剂使用，浓度最大不得超过 0.02%

（续）

药物名称	动物种类	其他规定
Thiopental sodium 硫喷妥钠	所有食品动物	仅作静脉注射用
Vitamin A 维生素 A	所有食品动物	
Vitamin B$_1$ 维生素 B$_1$	所有食品动物	
Vitamin B$_{12}$ 维生素 B$_{12}$	所有食品动物	
Vitamin B$_2$ 维生素 B$_2$	所有食品动物	
Vitamin B$_6$ 维生素 B$_6$	所有食品动物	
Vitamin D 维生素 D	所有食品动物	
Vitamin E 维生素 E	所有食品动物	
Xylazine hydrochloride 盐酸塞拉嗪	牛、马	产奶动物禁用
Zinc oxide 氧化锌	所有食品动物	
Zinc sulphate 硫酸锌	所有食品动物	

二、已批准的动物性食品中最高残留限量规定

药物名	标志残留物	动物种类	靶组织	残留限量
阿灭丁（阿维菌素）Abamectin ADI：0～2	Avermectin B$_{1a}$	牛（泌乳期禁用）	脂肪	100
			肝	100
			肾	50
		羊（泌乳期禁用）	肌肉	25
			脂肪	50
			肝	25
			肾	20
乙酰异戊酰泰乐菌素 Acetylisovaleryltylosin ADI：0～1.02	总 Acetylisovaleryltylosin 和 3-O-乙酰泰乐菌素	猪	肌肉	50
			皮＋脂肪	50
			肝	50
			肾	50

（续）

药物名	标志残留物	动物种类	靶组织	残留限量
阿苯达唑 Albendazole ADI：0～50	Albendazole＋ABZSO2＋ ABZSO＋ABZNH2	牛/羊	肌肉	100
			脂肪	100
			肝	5 000
			肾	5 000
			奶	100
双甲脒 Amitraz ADI：0～3	Amitraz＋2,4-DMA 的总量	牛	脂肪	200
			肝	200
			肾	200
			奶	10
		羊	脂肪	400
			肝	100
			肾	200
			奶	10
		猪	皮＋脂	400
			肝	200
			肾	200
		禽	肌肉	10
			脂肪	10
			副产品	50
		蜜蜂	蜂蜜	200
阿莫西林 Amoxicillin	Amoxicillin	所有食品动物	肌肉	50
			脂肪	50
			肝	50
			肾	50
			奶	10
氨苄西林 Ampicillin	Ampicillin	所有食品动物	肌肉	50
			脂肪	50
			肝	50
			肾	50
			奶	10

（续）

药物名	标志残留物	动物种类	靶组织	残留限量
氨丙啉 Amprolium ADI：0～100	Amprolium	牛	肌肉	500
			脂肪	2 000
			肝	500
			肾	500
安普霉素 Apramycin ADI：0～40	Apramycin	猪	肾	100
阿散酸/洛克沙胂 Arsanilic acid/ Roxarsone	总砷计 Arsenic	猪	肌肉	500
			肝	2 000
			肾	2 000
			副产品	500
		鸡/火鸡	肌肉	500
			副产品	500
			蛋	500
氮哌酮 Azaperone ADI：0～0.8	Azaperone＋Azaperol	猪	肌肉	60
			皮＋脂肪	60
			肝	100
			肾	100
杆菌肽 Bacitracin ADI：0～3.9	Bacitracin	牛/猪/禽	可食组织	500
		牛（乳房注射）	奶	500
		禽	蛋	500
苄星青霉素/ 普鲁卡因青霉素 Benzylpenicillin/ Procaine benzylpenicillin ADI：0～30μg/（人·d）	Benzylpenicillin	所有食品动物	肌肉	50
			脂肪	50
			肝	50
			肾	50
			奶	4
倍他米松 Betamethasone ADI：0～0.015	Betamethasone	牛/猪	肌肉	0.75
			肝	2.0
			肾	0.75
		牛	奶	0.3

（续）

药物名	标志残留物	动物种类	靶组织	残留限量
头孢氨苄 Cefalexin ADI：0~54.4	Cefalexin	牛	肌肉	200
			脂肪	200
			肝	200
			肾	1 000
			奶	100
头孢喹肟 Cefquinome ADI：0~3.8	Cefquinome	牛	肌肉	50
			脂肪	50
			肝	100
			肾	200
			奶	20
		猪	肌肉	50
			皮＋脂	50
			肝	100
			肾	200
头孢噻呋 Ceftiofur ADI：0~50	Desfuroylceftiofur	牛/猪	肌肉	1 000
			脂肪	2 000
			肝	2 000
			肾	6 000
		牛	奶	100
克拉维酸 Clavulanic acid ADI：0~16	Clavulanic acid	牛/羊	奶	200
		牛/羊/猪	肌肉	100
			脂肪	100
			肝	200
			肾	400
氯羟吡啶 Clopidol	Clopidol	牛/羊	肌肉	200
			肝	1 500
			肾	3 000
			奶	20
		猪	可食组织	200

（续）

药物名	标志残留物	动物种类	靶组织	残留限量
氯羟吡啶 Clopidol	Clopidol	鸡/火鸡	肌肉	5 000
			肝	15 000
			肾	15 000
氯氰碘柳胺 Closantel ADI：0～30	Closantel	牛	肌肉	1 000
			脂肪	3 000
			肝	1 000
			肾	3 000
		羊	肌肉	1 500
			脂肪	2 000
			肝	1 500
			肾	5 000
氯唑西林 Cloxacillin	Cloxacillin	所有食品动物	肌肉	300
			脂肪	300
			肝	300
			肾	300
			奶	30
黏菌素 Colistin ADI：0～5	Colistin	牛/羊	奶	50
		牛/羊/猪/鸡/兔	肌肉	150
			脂肪	150
			肝	150
			肾	200
		鸡	蛋	300
蝇毒磷 Coumaphos ADI：0～0.25	Coumaphos 和氧化物	蜜蜂	蜂蜜	100
环丙氨嗪 Cyromazine ADI：0～20	Cyromazine	羊	肌肉	300
			脂肪	300
			肝	300
			肾	300

（续）

药物名	标志残留物	动物种类	靶组织	残留限量
环丙氨嗪 Cyromazine ADI：0～20	Cyromazine	禽	肌肉	50
			脂肪	50
			副产品	50
达氟沙星 Danofloxacin ADI：0～20	Danofloxacin	牛/绵羊/山羊	肌肉	200
			脂肪	100
			肝	400
			肾	400
			奶	30
		家禽	肌肉	200
			皮+脂	100
			肝	400
			肾	400
		其他动物	肌肉	100
			脂肪	50
			肝	200
			肾	200
癸氧喹酯 Decoquinate ADI：0～75	Decoquinate	鸡	皮+肉	1 000
			可食组织	2 000
溴氰菊酯 Deltamethrin ADI：0～10	Deltamethrin	牛/羊	肌肉	30
			脂肪	500
			肝	50
			肾	50
		牛	奶	30
		鸡	肌肉	30
			皮+脂	500
			肝	50
			肾	50
			蛋	30
		鱼	肌肉	30

（续）

药物名	标志残留物	动物种类	靶组织	残留限量
越霉素 A Destomycin A	Destomycin A	猪/鸡	可食组织	2 000
地塞米松 Dexamethasone ADI：0～0.015	Dexamethasone	牛/猪/马	肌肉	0.75
			肝	2
			肾	0.75
		牛	奶	0.3
二嗪农 Diazinon ADI：0～2	Diazinon	牛/羊	奶	20
		牛/猪/羊	肌肉	20
			脂肪	700
			肝	20
			肾	20
敌敌畏 Dichlorvos ADI：0～4	Dichlorvos	牛/羊/马	肌肉	20
			脂肪	20
			副产品	20
		猪	肌肉	100
			脂肪	100
			副产品	200
		鸡	肌肉	50
			脂肪	50
			副产品	50
地克珠利 Diclazuril ADI：0～30	Diclazuril	绵羊/禽/兔	肌肉	500
			脂肪	1 000
			肝	3 000
			肾	2 000
二氟沙星 Difloxacin ADI：0～10	Difloxacin	牛/羊	肌肉	400
			脂	100
			肝	1 400
			肾	800

（续）

药物名	标志残留物	动物种类	靶组织	残留限量
二氟沙星 Difloxacin ADI：0～10	Difloxacin	猪	肌肉	400
			皮	脂	100
			肝	800
			肾	800
		家禽	肌肉	300
			皮＋脂	400
			肝	1 900
			肾	600
		其他	肌肉	300
			脂肪	100
			肝	800
			肾	600
三氮脒 Diminazine ADI：0～100	Diminazine	牛	肌肉	500
			肝	12 000
			肾	6 000
			奶	150
多拉菌素 Doramectin ADI：0～0.5	Doramectin	牛（泌乳牛禁用）	肌肉	10
			脂肪	150
			肝	100
			肾	30
		猪/羊/鹿	肌肉	20
			脂肪	100
			肝	50
			肾	30
多西环素 Doxycycline ADI：0～3	Doxycycline	牛（泌乳牛禁用）	肌肉	100
			肝	300
			肾	600
		猪	肌肉	100
			皮＋脂	300
			肝	300
			肾	600

（续）

药物名	标志残留物	动物种类	靶组织	残留限量
多西环素 Doxycycline ADI: 0～3	Doxycycline	禽（产蛋鸡禁用）	肌肉	100
			皮＋脂	300
			肝	300
			肾	600
恩诺沙星 Enrofloxacin ADI: 0～2	Enrofloxacin＋ Ciprofloxacin	牛/羊	肌肉	100
			脂肪	100
			肝	300
			肾	200
			奶	100
		猪/兔	肌肉	100
			脂肪	100
			肝	200
			肾	300
		禽（产蛋鸡禁用）	肌肉	100
			皮＋脂	100
			肝	200
			肾	300
		其他动物	肌肉	100
			脂肪	100
			肝	200
			肾	200
红霉素 Erythromycin ADI: 0～5	Erythromycin	所有食品动物	肌肉	200
			脂肪	200
			肝	200
			肾	200
			奶	40
			蛋	150
乙氧酰胺苯甲酯 Ethopabate	Ethopabate	禽	肌肉	500
			肝	1 500
			肾	1 500

（续）

药物名	标志残留物	动物种类	靶组织	残留限量
苯硫氨酯 Fenbantel 芬苯达唑 Fenbendazole 奥芬达唑 Oxfendazole ADI：0～7	可提取的 Oxfendazole sulphone	牛/马/猪/羊	肌肉	100
			脂肪	100
			肝	500
			肾	100
		牛/羊	奶	100
倍硫磷 Fenthion	Fenthion & metabolites	牛/猪/禽	肌肉	100
			脂肪	100
			副产品	100
氰戊菊酯 Fenvalerate ADI：0～20	Fenvalerate	牛/羊/猪	肌肉	1 000
			脂肪	1 000
			副产品	20
		牛	奶	100
氟苯尼考 Florfenicol ADI：0～3	Florfenicol-amine	牛/羊 （泌乳期禁用）	肌肉	200
			肝	3 000
			肾	300
		猪	肌肉	300
			皮+脂	500
			肝	2 000
			肾	500
		家禽（产蛋禁用）	肌肉	100
			皮+脂	200
			肝	2 500
			肾	750
		鱼	肌肉+皮	1 000
		其他动物	肌肉	100
			脂肪	200
			肝	2 000
			肾	300

（续）

药物名	标志残留物	动物种类	靶组织	残留限量
氟苯咪唑 Flubendazole ADI：0~12	Flubendazole＋2－ amino 1H－benzimidazol－ 5－yl－（4－fluorophenyl) methanone	猪	肌肉	10
			肝	10
		禽	肌肉	200
			肝	500
			蛋	400
醋酸氟孕酮 Flugestone Acetate ADI：0~0.03	Flugestone Acetate	羊	奶	1
氟甲喹 Flumequine ADI：0~30	Flumequine	牛/羊/猪	肌肉	500
			脂肪	1 000
			肝	500
			肾	3 000
			奶	50
		鱼	肌肉＋皮	500
		鸡	肌肉	500
			皮＋脂	1 000
			肝	500
			肾	3 000
氟氯苯氰菊酯 Flumethrin ADI：0~1.8	Flumethrin （sum of trans-Z-isomers）	牛	肌肉	10
			脂肪	150
			肝	20
			肾	10
			奶	30
		羊（产奶期禁用）	肌肉	10
			脂肪	150
			肝	20
			肾	10
氟胺氰菊酯 Fluvalinate	Fluvalinate	所有动物	肌肉	10
			脂肪	10
			副产品	10

（续）

药物名	标志残留物	动物种类	靶组织	残留限量
氟胺氰菊酯 Fluvalinate	Fluvalinate	蜜蜂	蜂蜜	50
庆大霉素 Gentamycin ADI：0～20	Gentamycin	牛/猪	肌肉	100
			脂肪	100
			肝	2 000
			肾	5 000
		牛	奶	200
		鸡/火鸡	可食组织	100
氢溴酸常山酮 Halofuginone hydrobromide ADI：0～0.3	Halofuginone	牛	肌肉	10
			脂肪	25
			肝	30
			肾	30
		鸡/火鸡	肌肉	100
			皮＋脂	200
			肝	130
氮氨菲啶 Isometamidium ADI：0～100	Isometamidium	牛	肌肉	100
			脂肪	100
			肝	500
			肾	1 000
			奶	100
伊维菌素 Ivermectin ADI：0～1	22，23 - Dihydro- avermectin B$_{1a}$	牛	肌肉	10
			脂肪	40
			肝	100
			奶	10
		猪/羊	肌肉	20
			脂肪	20
			肝	15
吉他霉素 Kitasamycin	Kitasamycin	猪/禽	肌肉	200
			肝	200
			肾	200

（续）

药物名	标志残留物	动物种类	靶组织	残留限量
拉沙洛菌素 Lasalocid	Lasalocid	牛	肝	700
		鸡	皮+脂	1 200
			肝	400
		火鸡	皮+脂	400
			肝	400
		羊	肝	1 000
		兔	肝	700
左旋咪唑 Levamisole ADI：0～6	Levamisole	牛/羊/猪/禽	肌肉	10
			脂肪	10
			肝	100
			肾	10
林可霉素 Lincomycin ADI：0～30	Lincomycin	牛/羊/猪/禽	肌肉	100
			脂肪	100
			肝	500
			肾	1 500
		牛/羊	奶	150
		鸡	蛋	50
马杜霉素 Maduramicin	Maduramicin	鸡	肌肉	240
			脂肪	480
			皮	480
			肝	720
马拉硫磷 Malathion	Malathion	牛/羊/猪/禽/马	肌肉	4 000
			脂肪	4 000
			副产品	4 000
甲苯咪唑 Mebendazole ADI：0～12.5	Mebendazole 等效物	羊/马 （产奶期禁用）	肌肉	60
			脂肪	60
			肝	400
			肾	60

（续）

药物名	标志残留物	动物种类	靶组织	残留限量
安乃近 Metamizole ADI：0～10	4-氨甲基-安替比林	牛/猪/马	肌肉	200
			脂肪	200
			肝	200
			肾	200
莫能菌素 Monensin	Monensin	牛/羊	可食组织	50
		鸡/火鸡	肌肉	1 500
			皮+脂	3 000
			肝	4 500
甲基盐霉素 Narasin	Narasin	鸡	肌肉	600
			皮+脂	1 200
			肝	1 800
新霉素 Neomycin ADI：0～60	Neomycin B	牛/羊/猪/鸡/火鸡/鸭	肌肉	500
			脂肪	500
			肝	500
			肾	10 000
		牛/羊	奶	500
		鸡	蛋	500
尼卡巴嗪 Nicarbazin ADI：0～400	N，N'-bis-(4-nitrophenyl) urea	鸡	肌肉	200
			皮/脂	200
			肝	200
			肾	200
硝碘酚腈 Nitroxinil ADI：0～5	Nitroxinil	牛/羊	肌肉	400
			脂肪	200
			肝	20
			肾	400
喹乙醇 Olaquindox	3-甲基喹啉-2-羧酸（MQCA）	猪	肌肉	4
			肝	50

（续）

药物名	标志残留物	动物种类	靶组织	残留限量
苯唑西林 Oxacillin	Oxacillin	所有食品动物	肌肉	300
			脂肪	300
			肝	300
			肾	300
			奶	30
丙氧苯咪唑 Oxibendazole ADI：0～60	Oxibendazole	猪	肌肉	100
			皮＋脂	500
			肝	200
			肾	100
噁喹酸 Oxolinic acid ADI：0～2.5	Oxolinic acid	牛/猪/鸡	肌肉	100
			脂肪	50
			肝	150
			肾	150
		鸡	蛋	50
		鱼	肌肉＋皮	300
土霉素/金霉素/四环素 Oxytetracycline/ Chlortetracycline/ Tetracycline ADI：0～30	Parent drug， 单个或复合物	所有食品动物	肌肉	100
			肝	300
			肾	600
		牛/羊	奶	100
		禽	蛋	200
		鱼/虾	肉	100
辛硫磷 Phoxim ADI：0～4	Phoxim	牛/猪/羊	肌肉	50
			脂肪	400
			肝	50
			肾	50
		牛	奶	10
哌嗪 Piperazine ADI：0～250	Piperazine	猪	肌肉	400
			皮＋脂	800
			肝	2 000
			肾	1 000

（续）

药物名	标志残留物	动物种类	靶组织	残留限量
哌嗪 Piperazine ADI：0～250	Piperazine	鸡	蛋	2 000
巴胺磷 Propetamphos ADI：0～0.5	Propetamphos	羊	脂肪	90
			肾	90
碘醚柳胺 Rafoxanide ADI：0～2	Rafoxanide	牛	肌肉	30
			脂肪	30
			肝	10
			肾	40
		羊	肌肉	100
			脂肪	250
			肝	150
			肾	150
氯苯胍 Robenidine	Robenidine	鸡	脂肪	200
			皮	200
			可食组织	100
盐霉素 Salinomycin	Salinomycin	鸡	肌肉	600
			皮/脂	1 200
			肝	1 800
沙拉沙星 Sarafloxacin ADI：0～0.3	Sarafloxacin	鸡/火鸡	肌肉	10
			脂肪	20
			肝	80
			肾	80
		鱼	肌肉＋皮	30
赛杜霉素 Semduramicin ADI：0～180	Semduramicin	鸡	肌肉	130
			肝	400
大观霉素 Spectinomycin ADI：0～40	Spectinomycin	牛/羊/猪/鸡	肌肉	500
			脂肪	2 000
			肝	2 000
			肾	5 000

（续）

药物名	标志残留物	动物种类	靶组织	残留限量
大观霉素 Spectinomycin ADI：0~40	Spectinomycin	牛	奶	200
		鸡	蛋	2 000
链霉素/双氢链霉素 Streptomycin/ Dihydrostreptomycin ADI：0~50	Sum of Streptomycin＋ Dihydrostreptomycin	牛	奶	200
		牛/绵羊/猪/鸡	肌肉	600
			脂肪	600
			肝	600
			肾	1 000
磺胺类 Sulfonamides	Parent drug（总量）	所有食品动物	肌肉	100
			脂肪	100
			肝	100
			肾	100
		牛/羊	奶	100
磺胺二甲嘧啶 Sulfadimidine ADI：0~50	Sulfadimidine	牛	奶	25
噻苯咪唑 Thiabendazole ADI：0~100	噻苯咪唑和 5- 羟基噻苯咪唑	牛/猪/绵羊/山羊	肌肉	100
			脂肪	100
			肝	100
			肾	100
		牛/山羊	奶	100
甲砜霉素 Thiamphenicol ADI：0~5	Thiamphenicol	牛/羊	肌肉	50
			脂肪	50
			肝	50
			肾	50
		牛	奶	50
		猪	肌肉	50
			脂肪	50
			肝	50
			肾	50

（续）

药物名	标志残留物	动物种类	靶组织	残留限量
甲砜霉素 Thiamphenicol ADI：0～5	Thiamphenicol	鸡	肌肉	50
			皮＋脂	50
			肝	50
			肾	50
		鱼	肌肉＋皮	50
泰妙菌素 Tiamulin ADI：0～30	Tiamulin＋8－α－ Hydroxymutilin 总量	猪/兔	肌肉	100
			肝	500
		鸡	肌肉	100
			皮＋脂	100
			肝	1 000
			蛋	1 000
		火鸡	肌肉	100
			皮＋脂	100
			肝	300
替米考星 Tilmicosin ADI：0～40	Tilmicosin	牛/绵羊	肌肉	100
			脂肪	100
			肝	1 000
			肾	300
		绵羊	奶	50
		猪	肌肉	100
			脂肪	100
			肝	1 500
			肾	1 000
		鸡	肌肉	75
			皮＋脂	75
			肝	1 000
			肾	250
甲基三嗪酮 （托曲珠利）Toltrazuril ADI：0～2	Toltrazuril Sulfone	鸡/火鸡	肌肉	100
			皮＋脂	200
			肝	600
			肾	400

（续）

药物名	标志残留物	动物种类	靶组织	残留限量
甲基三嗪酮 （托曲珠利）Toltrazuril ADI：0～2	Toltrazuril Sulfone	猪	肌肉	100
			皮＋脂	150
			肝	500
			肾	250
敌百虫 Trichlorfon ADI：0～20	Trichlorfon	牛	肌肉	50
			脂肪	50
			肝	50
			肾	50
			奶	50
三氯苯唑 Triclabendazole ADI：0～3	Ketotriclabendazole	牛	肌肉	200
			脂肪	100
			肝	300
			肾	300
		羊	肌肉	100
			脂肪	100
			肝	100
			肾	100
甲氧苄啶 Trimethoprim ADI：0～4.2	Trimethoprim	牛	肌肉	50
			脂肪	50
			肝	50
			肾	50
			奶	50
		猪/禽	肌肉	50
			皮＋脂	50
			肝	50
			肾	50
		马	肌肉	100
			脂肪	100
			肝	100
			肾	100
		鱼	肌肉＋皮	50

（续）

药物名	标志残留物	动物种类	靶组织	残留限量
泰乐菌素 Tylosin ADI：0～6	Tylosin A	鸡/火鸡/猪/牛	肌肉	200
			脂肪	200
			肝	200
			肾	200
		牛	奶	50
		鸡	蛋	200
维吉尼霉素 Virginiamycin ADI：0～250	Virginiamycin	猪	肌肉	100
			脂肪	400
			肝	300
			肾	400
			皮	400
		禽	肌肉	100
			脂肪	200
			肝	300
			肾	500
			皮	200
二硝托胺 Zoalene	Zoalene＋Metabolite 总量	鸡	肌肉	3 000
			脂肪	2 000
			肝	6 000
			肾	6 000
		火鸡	肌肉	3 000
			肝	3 000

三、允许作治疗用，但不得在动物性食品中检出的药物

药物名称	标志残留物	动物种类	靶组织
氯丙嗪 Chlorpromazine	Chlorpromazine	所有食品动物	所有可食组织
地西泮（安定）Diazepam	Diazepam	所有食品动物	所有可食组织
地美硝唑 Dimetridazole	Dimetridazole	所有食品动物	所有可食组织

（续）

药物名称	标志残留物	动物种类	靶组织
苯甲酸雌二醇 Estradiol benzoate	Estradiol	所有食品动物	所有可食组织
潮霉素 B Hygromycin B	Hygromycin B	猪/鸡 鸡	可食组织 蛋
甲硝唑 Metronidazole	Metronidazole	所有食品动物	所有可食组织
苯丙酸诺龙 Nadrolone phenylpropionate	Nadrolone	所有食品动物	所有可食组织
丙酸睾酮 Testosterone propinate	Testosterone	所有食品动物	所有可食组织
塞拉嗪 Xylzaine	Xylazine	产奶动物	奶

四、禁止使用的药物，在动物性食品中不得检出

药物名称	禁用动物种类	靶组织
氯霉素 Chloramphenicol 及其盐、酯（包括琥珀氯霉素 Chloramphenico succinate）	所有食品动物	所有可食组织
克伦特罗 Clenbuterol 及其盐、酯	所有食品动物	所有可食组织
沙丁胺醇 Salbutamol 及其盐、酯	所有食品动物	所有可食组织
西马特罗 Cimaterol 及其盐、酯	所有食品动物	所有可食组织
氨苯砜 Dapsone	所有食品动物	所有可食组织
己烯雌酚 Diethylstilbestrol 及其盐、酯	所有食品动物	所有可食组织
呋喃它酮 Furaltadone	所有食品动物	所有可食组织
呋喃唑酮 Furazolidone	所有食品动物	所有可食组织
林丹 Lindane	所有食品动物	所有可食组织
呋喃苯烯酸钠 Nifurstyrenate sodium	所有食品动物	所有可食组织
安眠酮 Methaqualone	所有食品动物	所有可食组织
洛硝达唑 Ronidazole	所有食品动物	所有可食组织
玉米赤霉醇 Zeranol	所有食品动物	所有可食组织
去甲雄三烯醇酮 Trenbolone	所有食品动物	所有可食组织
醋酸甲孕酮 Mengestrol acetate	所有食品动物	所有可食组织
硝基酚钠 Sodium nitrophenolate	所有食品动物	所有可食组织
硝呋烯腙 Nitrovin	所有食品动物	所有可食组织

（续）

药物名称	禁用动物种类	靶组织
毒杀芬（氯化烯）Camahechlor	所有食品动物	所有可食组织
呋喃丹（克百威）Carbofuran	所有食品动物	所有可食组织
杀虫脒（克死螨）Chlordimeform	所有食品动物	所有可食组织
双甲脒 Amitraz	水生食品动物	所有可食组织
酒石酸锑钾 Antimony potassium tartrate	所有食品动物	所有可食组织
锥虫砷胺 Tryparsamile	所有食品动物	所有可食组织
孔雀石绿 Malachite green	所有食品动物	所有可食组织
五氯酚酸钠 Pentachlorophenol sodium	所有食品动物	所有可食组织
氯化亚汞（甘汞）Calomel	所有食品动物	所有可食组织
硝酸亚汞 Mercurous nitrate	所有食品动物	所有可食组织
醋酸汞 Mercurous acetate	所有食品动物	所有可食组织
吡啶基醋酸汞 Pyridyl mercurous acetate	所有食品动物	所有可食组织
甲基睾丸酮 Methyltestosterone	所有食品动物	所有可食组织
群勃龙 Trenbolone	所有食品动物	所有可食组织

名词定义：

1. 兽药残留（Residues of Veterinary Drugs）：指食品动物用药后，动物产品的任何食用部分中与所用药物有关的物质的残留，包括原型药物或/和其代谢产物。

2. 总残留（Total Residue）：指对食品动物用药后，动物产品的任何食用部分中药物原型或/和其所有代谢产物的总和。

3. 日允许摄入量（ADI：Acceptable Daily Intake）：是指人一生中每日从食物或饮水中摄取某种物质而对健康没有明显危害的量，以人体重为基础计算，单位：微克每千克体重每天 $[\mu g/ (kg \cdot d)]$。

4. 最高残留限量（MRL：Maximum Residue Limit）：对食品动物用药后产生的允许存在于食物表面或内部的该兽药残留的最高量/浓度（以鲜重计，表示为 $\mu g/kg$）。

5. 食品动物（Food-Producing Animal）：指各种供人食用或其产品供人食用的动物。

6. 鱼（Fish）：指众所周知的任一种水生冷血动物。包括鱼纲（Pisces），软骨鱼（Elasmobranchs）和圆口鱼（Cyclostomes），不包括水生哺乳动物、无脊椎动物和两栖动物。但应注意，此定义可适用于某些无脊椎动物，特别是头足动物（Cephalopods）。

7. 家禽（Poultry）：包括鸡、火鸡、鸭、鹅、珍珠鸡和鸽在内的家养的禽。

8. 动物性食品（Animal Derived Food）：全部可食用的动物组织以及蛋和奶。

9. 可食组织（Edible Tissues）：全部可食用的动物组织，包括肌肉和脏器。

10. 皮＋脂（Skin with fat）：指带脂肪的可食皮肤。

11. 皮＋肉（Muscle with skin）：一般特指鱼的带皮肌肉组织。

12. 副产品（Byproducts）：除肌肉、脂肪以外的所有可食组织，包括肝、肾等。

13. 肌肉（Muscle）：仅指肌肉组织。

14. 蛋（Egg）：指家养母鸡的带壳蛋。

15. 奶（Milk）：指由正常乳房分泌而得，经一次或多次挤奶，既无加入也未经提取的奶。此术语也可用于处理过但未改变其组分的奶，或根据国家立法已将脂肪含量标准化处理过的奶。

一、二、三类疫病中涉及牛的疫病*

一类牛的疫病（5 种）

口蹄疫、牛瘟、牛传染性胸膜肺炎、牛海绵状脑病、蓝舌病。

二类牛的疫病（17 种）

多种动物共患病（9 种）：狂犬病、布鲁氏菌病、炭疽、伪狂犬病、魏氏梭菌病、副结核病、弓形虫病、棘球蚴病、钩端螺旋体病。

牛病（8 种）：牛结核病、牛传染性鼻气管炎、牛恶性卡他热、牛白血病、牛出血性败血病、牛梨形虫病（牛焦虫病）、牛锥虫病、日本血吸虫病。

三类动物疫病（13 种）

多种动物共患病（8 种）：大肠杆菌病、李氏杆菌病、类鼻疽、放线菌病、肝片吸虫病、丝虫病、附红细胞体病、Q 热。

牛病（5 种）：牛流行热、牛病毒性腹泻/黏膜病、牛生殖器弯曲杆菌病、毛滴虫病、牛皮蝇蛆病。

---

* 引自中华人民共和国农业部公告第 1125 号。

兽药使用相关政策法规目录

1. 中华人民共和国动物防疫法（1997 年 7 月 3 日第八届全国人民代表大会常务委员会第二十六次会议通过，1997 年 7 月 3 日中华人民共和国主席令第八十七号公布；2007 年 8 月 30 日第十届全国人民代表大会常务委员会第二十九次会议修订，2007 年 8 月 30 日中华人民共和国主席令第七十一号公布）

2. 兽药管理条例（2004 年 4 月 9 日国务院令第 404 号公布，2014 年 7 月 29 日国务院令第 653 号部分修订，2016 年 2 月 6 日国务院令第 666 号部分修订）

3. 动物性食品中兽药最高残留限量标准（中华人民共和国农业部公告第 235 号）

4. 农业部关于印发《饲料药物添加剂使用规范》的通知（农牧发〔2001〕20 号）

5. 禁止在饲料和动物饮水中使用的药物品种目录（农业部、卫生部、国家药品监督管理局公告 2002 年第 176 号）

6. 食品动物禁用的兽药及其他化合物清单（中华人民共和国农业部公告第 193 号）

7. 部分兽药品种的休药期规定（中华人民共和国农业部公告第 278 号）

8. 农业部关于清查金刚烷胺等抗病毒药物的紧急通知（农医发

〔2005〕33 号)

9. 淘汰兽药品种目录（中华人民共和国农业部公告第 839 号）

10. 禁止在饲料和动物饮水中使用的物质（中华人民共和国农业部公告第 1519 号）

11. 兽用处方药品种目录（第一批）（中华人民共和国农业部公告第 1997 号）

12. 兽用处方药品种目录（第二批）（中华人民共和国农业部公告第 2471 号）

13. 乡村兽医基本用药目录（中华人民共和国农业部公告第 2069 号）

14. 关于禁止在食品动物中使用洛美沙星等 4 种原料药的各种盐、酯及各种制剂的公告（中华人民共和国农业部公告第 2292 号）

15. 禁止非泼罗尼及相关制剂用于食品动物（中华人民共和国农业部公告第 2583 号）

16. 关于停止喹乙醇、氨苯胂酸、洛克沙胂用于食品动物的公告（中华人民共和国农业部公告第 2638 号）

17. 农业部关于印发《2018 年国家动物疫病强制免疫计划》的通知（2018 年 1 月 16 日）

肉牛常用的疫苗

肉牛常用疫苗的种类及用法用量

疫苗名称	作用与用途	用法用量
牛副伤寒病灭活疫苗	用于预防牛副伤寒病	肌内注射，1 岁以下牛，每头 1.0mL；1 岁以上牛，每头 2.0mL
牛多杀性巴氏杆菌病灭活疫苗	用于预防多杀性巴氏杆菌病，免疫期为 9 个月	皮下或肌内注射，100kg 以下的牛，每头 4.0mL；100kg 以上的牛，每头 6.0mL
布鲁氏菌病活疫苗（A19 株）	用于预防布鲁氏菌病，免疫期为 72 个月	皮下注射，一般仅对 3～8 月龄牛接种，每头接种 1 头份，必要时，可在 18～20 月龄再接种 1/60头份，以后可根据牛群布鲁氏菌病流行情况决定是否再进行接种
布鲁氏菌病活疫苗（S2 株）	用于预防牛、羊布鲁氏菌病，免疫期为 24 个月	口服、皮下或肌内注射接种，口服，每头 5 头份
口蹄疫（A 型）灭活疫苗（AF/72 株）	用于预防牛 A 型口蹄疫，免疫期为 6 个月	肌内注射，6 月龄以上成年牛每头 2.0mL；6 月龄以下犊牛每头 1.0mL
牛口蹄疫 O 型灭活疫苗（os99 株）	预防牛、羊口蹄疫，大小牛、羊均可使用，免疫期 6 个月	肌内注射，1 岁以下犊牛每头注射 1mL；成年牛注射 2mL
口蹄疫 O 型、A 型二价灭活疫苗	用于预防牛、羊 O 型、A 型口蹄疫，免疫期 6 个月	肌内注射，每头牛 1mL

（续）

疫苗名称	作用与用途	用法用量
无荚膜炭疽芽孢苗	用于预防马、牛、绵羊和猪的炭疽，免疫期 12 个月	1 岁以上皮下注射 1mL；1 岁以下皮下注射 0.5mL
II 号炭疽芽孢疫苗	用于预防牛、绵羊、山羊、猪的炭疽，免疫期 12 个月	不论大小，一律皮下注射 1.0mL 或皮内注射 0.2mL
气肿疽灭活疫苗	用于预防牛、羊气肿疽	不论年龄大小，皮下注射 5mL，犊牛至 6 月龄时应再注射一次
牛流行热灭活疫苗	用于预防牛流行热，免疫期 4 个月	皮下注射，成年牛第 1 次注射 4.0mL，间隔 21d，再注射 4.0mL

肉牛抗感染用药选择表

附录 7-1　根据病原选择抗菌药物

微生物和疾病	首选药物	备用药物
革兰氏阳性球菌		
金黄色葡萄球菌		
不产酶株	青霉素 G	第一代头孢菌素、林可胺类
产酶株	耐酶青霉素	第一代头孢菌素、林可胺类
耐甲氧西林株	万古霉素	万古霉素＋利福平、万古霉素＋庆大霉素或环丙沙星或磷霉素（注射）
骨髓炎	林可胺类	环丙沙星
化脓性链球菌	青霉素 G、氨苄青霉素	大环内酯类、第一代头孢菌素、万古霉素、林可胺类
猪链球菌	青霉素 G、氨苄青霉素	第三代头孢菌素、万古霉素、林可胺类
绿色链球菌	青霉素 G＋庆大霉素	第一代头孢菌素、万古霉素、林可胺类
粪链球菌		
心内膜炎等严重感染	氨苄青霉素＋庆大霉素、青霉素 G＋庆大霉素	万古霉素＋庆大霉素、林可胺类
单纯性泌尿道感染	氨苄青霉素、阿莫西林	呋喃妥因、庆大霉素
厌氧性链球菌（消化链球菌）	青霉素 G	林可胺类、第一代头孢菌素、大环内酯类

（续）

微生物和疾病	首选药物	备用药物
肺炎链球菌（肺炎球菌）	青霉素 G	大环内酯类、第一代头孢菌素、林可胺类、万古霉素、美罗培南
肺炎链球菌（耐青霉素株）	第三代头孢菌素、左氧氟沙星	
肠球菌		
尿路感染	阿莫西林	呋喃坦啶、氟喹诺酮类
败血症	氨苄青霉素或青霉素 G＋氨基糖苷类	万古霉素、去甲万古霉素
革兰氏阴性球菌		
卡他球菌	增效磺胺	大环内酯类、四环素类、头孢菌素类、氨苄青霉素＋舒巴坦
脑膜炎球菌（脑膜炎奈瑟菌）	青霉素 G＋磺胺嘧啶	酰胺醇类、头孢呋辛、头孢噻肟、头孢曲松
革兰氏阳性杆菌		
炭疽杆菌	青霉素 G、多西环素	环丙沙星
产气荚膜杆菌（魏氏梭菌）	青霉素 G	林可胺类、甲硝唑、四环素类
破伤风梭菌	青霉素 G＋TAT	四环素类＋TAT、甲硝唑＋TAT
难辨梭状芽孢杆菌	甲硝唑、奥硝唑	万古霉素
棒状杆菌	大环内酯类	青霉素 G
肉毒梭菌	青霉素 G、四环素类	第一代头孢菌素
腐败梭菌	青霉素 G	链霉素、土霉素、磺胺类
李氏杆菌	氨苄青霉素、氨苄青霉素＋庆大霉素	四环素类、大环内酯类、增效磺胺
丹毒杆菌	青霉素 G	大环内酯类、林可胺类、第一代头孢菌素
放线菌		
以色列放线菌（放线菌病）	青霉素 G	四环素类
奴卡菌（诺卡菌）	增效磺胺、米诺环素	磺胺类＋米诺环素、磺胺类＋大环内酯类、磺胺类＋氨苄青霉素、阿米卡星、环丝氨酸

（续）

微生物和疾病	首选药物	备用药物
革兰氏阴性杆菌		
大肠杆菌	氨苄青霉素＋舒巴坦、阿莫西林＋克拉维酸钾	环丙沙星、庆大霉素、阿米卡星、哌拉西林、第三代头孢菌素
伤寒沙门菌	氯霉素	复方 SMZ、氨基青霉素类、氟喹诺酮类、三代头孢菌素
其他沙门菌	三代头孢菌素、复方 SMZ、氟喹诺酮类	氨基青霉素类、酰胺醇类
克雷伯氏菌（肺炎杆菌）	庆大霉素、四环素类	阿米卡星、哌拉西林、氧氟沙星、氨苄青霉素＋舒巴坦
沙雷菌	庆大霉素、增效磺胺	阿米卡星、哌拉西林＋他唑巴坦、第三代头孢菌素
拟杆菌		
口咽部杆菌	青霉素 G	甲硝唑、林可胺类
消化道菌株	甲硝唑、林可胺类	哌拉西林、氨苄青霉素＋舒巴坦
坏死杆菌	磺胺类	土霉素、金霉素、螺旋霉素
螺旋杆菌	大环内酯类、呋喃唑酮、	四环素类、庆大霉素、诺氟沙星、小檗碱
嗜血杆菌	氨苄青霉素、阿莫西林、氨苄青霉素＋酰胺醇类	增效磺胺、四环素类、第二代或第三代头孢菌素、氨基糖苷、氟喹诺酮类
布鲁氏菌	四环素类、四环素类＋庆大霉素	增效磺胺＋庆大霉素、利福平＋庆大霉素
铜绿假单胞菌（绿脓杆菌）		
尿道感染	环丙沙星、庆大霉素	增效磺胺＋庆大霉素、利福平＋庆大霉素
其他感染	羧苄青霉素＋庆大霉素（或妥布霉素）、环丙沙星	阿米卡星、哌拉西林＋庆大霉素（或妥布霉素、阿米卡星）、第三代头孢菌素、多黏菌素类
其他假单胞菌		
马鼻疽病（鼻疽伯氏菌）	链霉素＋四环素类	链霉素＋酰胺醇类
类鼻疽病	增效磺胺	四环素类＋酰胺醇类、酰胺醇类＋卡那霉素（或庆大霉素、妥布霉素）

（续）

微生物和疾病	首选药物	备用药物
土拉伦菌（土拉杆菌）	链霉素、庆大霉素	四环素类、阿米卡星、酰胺醇类
梭杆菌	青霉素 G	硝基咪唑类、林可胺类、酰胺醇类
多杀性巴氏杆菌	氨基糖苷类、喹乙醇	四环素类、第三代头孢菌素、氟喹诺酮类、增效磺胺、酰胺醇类
军团菌	大环内酯类	大环内酯类＋利福平
嗜麦芽窄食单胞菌	头孢哌酮＋舒巴坦、哌拉西林＋他唑巴坦	环丙沙星
耶尔森菌		
鼠疫耶尔森菌	链霉素	四环素类、酰胺醇类、庆大霉素
肠道耶尔森菌	增效磺胺、庆大霉素	妥布霉素、阿米卡星、四环素类、第三代头孢菌素
结核杆菌	异烟肼＋链霉素、异烟肼＋利福平	乙胺丁醇、吡嗪酰胺、乙硫异烟胺
衣原体		
沙眼衣原体	四环素类（局部）	磺胺类（局部）、大环内酯类
鹦鹉衣原体	四环素类	酰胺醇类
支原体		
肺炎支原体	大环内酯类、四环素类	
立克次体（Q 热、附红体）	四环素类	酰胺醇类
螺旋体		
回归热螺旋体	四环素类	青霉素 G
钩端螺旋体	青霉素 G	四环素类、红霉素
弯曲菌病	链霉素、四环素	呋喃唑酮
噬皮菌	青霉素 G、链霉素	土霉素、螺旋霉素
真菌		
白色念珠菌	两性霉素 B＋5 - 氟胞嘧啶、制霉菌素	酮康唑、氟康唑、咪康唑、卡泊芬净、克霉唑
隐球菌属	两性霉素 B＋5 - 氟胞嘧啶	氟康唑、酮康唑、咪康唑、卡泊芬净＋特比萘芬

（续）

微生物和疾病	首选药物	备用药物
曲霉菌	两性霉素 B、伊曲康唑	制霉菌素、酮康唑、特比萘芬、卡泊芬净、克霉唑
毛霉菌属	两性霉素 B	
组织胞浆菌属	两性霉素 B	伊曲康唑、酮康唑、氟康唑
球孢子菌属	两性霉素 B	酮康唑、伊曲康唑、氟康唑
着色真菌	5-氟胞嘧啶＋两性霉素 B	酮康唑、咪康唑等
申克孢子丝菌（小孢子菌）	碘化钾	两性霉素 B、酮康唑、特比萘芬、伊曲康唑、咪康唑
皮炎芽生菌（马拉色菌）	两性霉素 B、酮康唑	伊曲康唑、咪康唑、特比萘芬

注：TAT－破伤风抗毒素；"＋"表示联用；"±"表示联用或不联用。以下表注相同。

附录 7-2　常见感染经验治疗的抗菌药物选择

感染性疾病	可能致病原	抗菌药物	
		首选药物	可选药物
皮肤软组织感染、疖、痈	金黄色葡萄球菌（甲氧西林敏感株）	苯唑西林或氯唑西林	第一代头孢菌素单用或加氨基糖苷类、林可胺类、红霉素
淋巴管炎、急性蜂窝织炎	A组溶血性链球菌	青霉素、阿莫西林	第一代头孢菌素、大环内酯类
外伤及手术创口感染	金黄色葡萄球菌（甲氧西林敏感株）	苯唑西林或氯唑西林	第一代或第二代头孢菌素、磷霉素、林可胺类
	金黄色葡萄球菌（甲氧西林耐药株）	糖肽类	磷霉素、复方磺胺甲噁唑
	大肠埃希菌、肺炎克雷伯菌等肠杆菌	氨苄西林＋舒巴坦、阿莫西林＋克拉维酸钾	氟喹诺酮类、第二代或第三代头孢菌素
	消化链球菌等革兰氏阳性厌氧菌	青霉素、林可胺类、阿莫西林	硝基咪唑类
	脆弱拟杆菌	硝基咪唑类	林可胺类、氨苄西林＋舒巴坦、阿莫西林＋克拉维酸钾

（续）

感染性疾病	可能致病原	抗菌药物	
		首选药物	可选药物
大面积烧伤、灼伤	葡萄球菌、铜绿假单胞菌、肠杆菌、化脓性链球菌等	糖肽类＋哌拉西林或头孢他啶或头孢哌酮	糖肽类＋氨基糖苷类、氟喹诺酮类注射剂＋氨基糖苷类、哌拉西林＋三唑巴坦、头孢哌酮＋舒巴坦、碳青霉烯类
牙周炎、牙周脓肿	厌氧菌、草绿色链球菌	阿莫西林、甲硝唑	大环内酯类、林可胺类
口腔黏膜真菌感染	白色念珠菌	制霉菌素局部应用	氟康唑
慢性肺部感染	肠杆菌、铜绿假单胞菌、金黄色葡萄球菌	哌拉西林＋氨基糖苷类、第二代或第三代头孢菌素＋氨基糖苷类	大环内酯类＋氨基糖苷类、林可胺类＋氨基糖苷类
吸入性肺炎	口腔厌氧菌、肠杆菌、厌氧菌	大剂量青霉素、克林霉素、哌拉西林＋甲硝唑、氨苄西林＋舒巴坦、阿莫西林＋克拉维酸钾	庆大霉素＋林可胺类或甲硝唑、哌拉西林＋三唑巴坦、头孢哌酮＋舒巴坦、第二代或第三代头孢菌素＋甲硝唑或林可
产科手术或流产分娩后	脆弱拟杆菌、无乳链球菌、肠球菌属、大肠埃希菌	哌拉西林＋硝基咪唑类、氨苄西林＋舒巴坦、阿莫西林＋克拉维酸钾	氨基糖苷类＋林可胺类或甲硝唑、第二代或第三代头孢菌素＋甲硝唑
胆囊、胆管或肠道手术	肠杆菌、脆弱拟杆菌	哌拉西林或第三代头孢菌素＋甲硝唑	氟喹诺酮类＋甲硝唑
败血症、肺炎等严重感染	金黄色葡萄球菌、肺炎链球菌	苯唑西林或氯唑西林＋氨基糖苷类	第三代头孢菌素或氟喹酮类注射剂＋氨基糖苷类、糖肽类
静脉导管留置	葡萄球菌、铜绿假单胞菌、肠杆菌、念珠菌属	苯唑西林或氯唑西林＋氨基糖苷类	第三代头孢菌素＋氨基糖苷类、糖肽类
急性肾盂肾炎	大肠埃希菌、奇异变形杆菌、肠球菌属	氨苄西林＋舒巴坦、阿莫西林＋克拉维酸钾、头孢呋辛	头孢噻肟、头孢曲松、氟喹诺酮类、哌拉西林

（续）

感染性疾病	可能致病原	抗菌药物	
		首选药物	可选药物
反复发作的尿路感染	大肠埃希菌、变形杆菌、克雷伯菌、肠球菌	氨苄西林＋舒巴坦、阿莫西林＋克拉维酸钾	第三代头孢菌素、氟喹诺酮类、头孢克洛、头孢呋辛、磷霉素
复杂性尿路感染	肠杆菌、铜绿假单胞菌、肠球菌	阿莫西林＋克拉维酸钾、氨苄西林＋舒巴坦、氟喹诺酮类、头孢呋辛	第三代头孢菌素、哌拉西林＋三唑巴坦
前列腺炎（急性）	大肠埃希菌、肠杆菌、奈瑟菌、衣原体	氟喹诺酮类、头孢曲松＋多西环素	复方磺胺（如 SMM＋TMP 等）、多西环素、头孢呋辛、第三代头孢菌素
前列腺炎（慢性）	肠杆菌、肠球菌、铜绿假单胞菌	氟喹诺酮类	复方磺胺（如 SMM＋TMP 等）
附睾、睾丸炎	肠杆菌、衣原体、奈瑟菌	氟喹诺酮类、头孢曲松＋多西环素	氨苄西林＋舒巴坦、第二代或第三代头孢菌素
输卵管炎	拟杆菌、肠杆菌、链球菌、奈瑟菌、衣原体、支原体	氟喹诺酮类＋甲硝唑、头孢曲松＋甲硝唑	氨基糖苷类＋甲硝唑或林可胺类
胆道感染	大肠埃希菌等肠杆菌、肠球菌、厌氧菌	氨苄西林＋舒巴坦、第三代头孢菌素或氟喹诺酮类＋甲硝唑或林可胺类	哌拉西林＋三唑巴坦、头孢哌酮＋舒巴坦
感染性腹泻	志贺杆菌、大肠杆菌、空肠弯杆菌、沙门氏菌	氨苄西林＋舒巴坦、阿莫西林＋克拉维酸钾、氟喹诺酮类	复方磺胺（如 SMM＋TMP 等）、磷霉素、红霉素
原发性腹膜炎	肠杆菌、肺炎链球菌、肠球菌	哌拉西林、头孢噻肟、头孢曲松	氟喹诺酮类
继发性（肠穿孔等）腹膜炎	肠杆菌、肠球菌、拟杆菌	第三代头孢菌素＋甲硝唑、氨苄西林＋舒巴坦	氟喹诺酮类＋甲硝唑或哌拉西林＋三唑巴坦、头孢哌酮＋舒巴坦、严重的用亚胺培南或美罗培南

（续）

感染性疾病	可能致病原	抗菌药物	
		首选药物	可选药物
直肠周围脓肿	肠杆菌、拟杆菌、肠球菌、假单胞菌	第三代头孢菌素＋甲硝唑或林可胺类	氨基糖苷类或氟喹诺酮类＋甲硝唑
乳腺炎或乳腺脓肿	金黄色葡萄球菌	苯唑西林、氯唑西林	头孢唑林、林可胺类
化脓性关节炎	金黄色葡萄球菌、奈瑟菌、化脓性链球菌、肠杆菌	苯唑西林或氯唑西林＋第三代头孢菌素	苯唑西林或氯唑西林＋氟喹诺酮类
急性骨髓炎	金黄色葡萄球菌、化脓性链球菌	苯唑西林、氯唑西林、一代或第二代头孢菌素	林可胺类、如是 MR-SA 感染、可选用糖肽类
	金黄色葡萄球菌、肠杆菌、铜绿假单胞菌	苯唑西林或氯唑西林＋哌拉西林或氟喹诺酮类、或根据细菌药敏试验结果选药	林可胺类＋氨基糖苷类、糖肽类＋氟喹诺酮类
慢性骨髓炎	金黄色葡萄球菌、肠杆菌、铜绿假单胞菌	苯唑西林或氯唑西林＋哌拉西林或氟喹诺酮类、或根据细菌药敏试验结果选药	林可胺类＋氨基糖苷类、糖肽类＋氟喹诺酮类

肉牛常用兽药配伍禁忌

分类	药物	配伍药物	配伍结果
青霉素类	青霉素钠、钾盐；氨苄西林类；阿莫西林类	喹诺酮类、氨基糖苷类（庆大霉素除外）、多黏菌类	效果增强
		四环素类、头孢菌素类、大环内酯类、酰胺醇类、庆大霉素、利巴韦林	颉颃或疗效相抵或产生副作用，应分别使用、间隔给药
		维生素 C、罗红霉素、磺胺类、氨茶碱、高锰酸钾、盐酸氯丙嗪、B 族维生素、过氧化氢	沉淀、分解、失败
头孢菌素类	头孢系列	氨基糖苷类、喹诺酮类	疗效、毒性增强
		青霉素类、林可胺类、四环素类、磺胺类	颉颃或疗效相抵或产生副作用，应分别使用、间隔给药
		维生素 C、维生素 B、磺胺类、罗红霉素、氨茶碱、氟苯尼考、甲砜霉素、强力霉素（又称盐酸多西环素）	沉淀、分解、失败
氨基糖苷类	卡那霉素、阿米卡星、妥布霉素、庆大霉素、大观霉素、链霉素	抗生素类	尽量避免与其他抗生素类药物联合应用，会增加毒性或降低疗效
	大观霉素	青霉素类、头孢菌素类、林可胺类、TMP	疗效增强

（续）

分类	药物	配伍药物	配伍结果
氨基糖苷类	卡那霉素、庆大霉素	碱性药物（加碳酸氢钠、氨茶碱等）	疗效增强、毒性增强
		维生素C、维生素B	疗效减弱
		酰胺醇类、四环素	颉颃作用、疗效抵消
		其他抗菌药物	不可同时使用
大环内酯类	红霉素、罗红霉素、硫氰酸红霉素、替米考星、吉他霉素片、（北里霉素）、泰乐菌素、乙酰螺旋霉素、阿奇霉素	林可霉素、麦迪霉素、螺旋霉素片、阿司匹林	降低疗效
		青霉素类、无机盐类、四环素类	沉淀、降低疗效
		碱性物质	增强稳定性、增强疗效
		酸性物质	不稳定、易分解失效
四环素类	土霉素、四环素、金霉素、强力霉素、米诺环素	甲氧苄啶、三黄粉	稳效
		含钙、镁、铝、铁的中药如石类、贝壳类、骨类、矾类、脂类等；含碱类、含鞣制的中成药、含消化酶的中药如神曲、麦芽、豆豉等；含碱性成分较多的中药如硼砂等	不宜同用，若确需联用应至少间隔2h
		其他药物	四环素类药物不宜与绝大多数其他药物混合使用
酰胺醇类	甲砜霉素、氟苯尼考	喹诺酮类、磺胺类	毒性增强
		青霉素类、大环内酯类、四环素类、多黏菌素类类、氨基糖苷类、氯丙嗪、林可按类、头孢菌素类、B族维生素、铁制剂、利福平	颉颃作用，疗效抵消
		碱性药物（如碳酸氢钠、氨茶碱等）	分解、失效

（续）

分类	药物	配伍药物	配伍结果
喹诺酮类	"沙星"系列	青霉素、链霉素、新霉素、庆大霉素	疗效增强
		林可胺类、氨茶碱、金属离子（如钙、镁、铝、铁）等	沉淀、失效
		四环素类、酰胺醇类、罗红霉素、利福平	疗效降低
		头孢菌素类	毒性增强
磺胺类	磺胺嘧啶、磺胺二甲嘧啶、磺胺甲噁唑、磺胺对甲氧嘧啶、磺胺间甲氧嘧啶	青霉素类	沉淀、分解、失效
		头孢菌素类	疗效降低
		酰胺醇类、罗红霉素	毒性增强
		TMP、新霉素、庆大霉素、卡那霉素	疗效增强
	磺胺嘧啶	阿米卡星、头孢菌素类、氨基糖苷类、利多卡因、林可霉素、普鲁卡因、四环素类、青霉素类、红霉素	疗效降低、抵消、沉淀
抗菌增效剂	二甲氧苄啶、甲氧苄啶、三甲氧苄啶	参照磺胺类药物	参照磺胺类药物
		磺胺类、四环素类、红霉素、庆大霉素、黏菌素	疗效增强
		青霉素类	沉淀、分解、失效
		其他抗菌药物	增效或协同作用
林可胺类	盐酸林可霉素片、克林霉素	氨基糖苷类	协同作用
		大环内酯类、氟苯尼考	疗效降低
		喹诺酮类	沉淀、失效
多肽类	硫酸黏菌素	磺胺类、甲氧苄啶、利福平	疗效增强
	杆菌肽锌	青霉素类、链霉素、新霉素、金霉素、多黏菌素类	协同作用、疗效增强
		吉他霉素片、恩拉霉素	颉颃作用、疗效抵消、禁止并用
	恩拉霉素	四环素、吉他霉素、杆菌肽锌	

（续）

分类	药物	配伍药物	配伍结果
抗寄生虫药	苯并咪唑类	长期使用	易产生耐药性
		联合使用	易产生耐药性并增加毒性，避免长期使用
	其他抗寄生虫药	长期使用	一般毒性大，避免长期使用
		同类药物	毒性增强，间隔使用，同用减少用量
		其他药物	易产生毒性或颉颃，尽量避免合用
助消化与健胃药	乳酶生	酊剂、抗菌剂、鞣酸蛋白、铋	疗效减弱
	胃蛋白酶	中药	降低胃蛋白酶疗效
		强酸、碱性、重金属、鞣酸溶液、高温	沉淀、灭活、失效
	干酵母	磺胺类	颉颃、降低疗效
	稀盐酸、稀醋酸	碱类、盐类、有机酸、洋地黄	沉淀、失效
	人工盐	酸类	中和、疗效减弱
	胰酶	强酸、碱性、重金属、高温	沉淀、灭活、失效
	碳酸氢钠	镁、钙盐、鞣酸类、生物碱类	疗效降低、分解、失效、沉淀
		酸性溶液	中和失效
平喘药	茶碱类（氨茶碱）	其他茶碱类、林可胺类、四环素类、喹诺酮类、氯丙嗪、大环内酯类、酰胺醇类、利福平	毒性增强、失效
		药物酸碱度	酸性药物可增加氨茶碱的排泄，碱性药物可减少其排泄

（续）

分类	药物	配伍药物	配伍结果
维生素	所有维生素	长期、大剂量使用	易中毒甚至致死
	B族维生素	碱性溶液	沉淀、破坏、失效
		氧化剂、还原剂、高温	分解、失效
		青霉素类、头孢菌素类、四环素类、多黏菌素类、氨基糖苷类、林可胺类、酰胺醇类	灭活、失效
	维生素C	碱性溶液、氧化剂	氧化、破坏、失效
		青霉素类、头孢菌素类、四环素类、多黏菌素类、氨基糖苷类、林可胺类、酰胺醇类	灭活、失效
消毒防腐类	漂白粉	酸类	分解、失效
	酒精（乙醇）	氧化剂、无机盐等	氧化、失效
	硼酸	碱性物质、鞣酸	疗效降低
	碘类制剂	氨水、季铵盐类	生成爆炸性物质
		重金属盐	沉淀、失效
		生物碱类	沉淀
		淀粉类	溶液变蓝色
		龙胆紫	疗效减弱
		挥发油	分解、失效
	高锰酸钾	氨及其制剂	沉淀
		甘油、酒精	失效
	过氧化氢（双氧水）	碘类、高锰酸钾、碱类、药用炭	分解、失效
	过氧乙酸	碱类（氢氧化钠、氨溶液）	中和失效
	碱类（生石灰、氢氧化钠）	酸性溶液	
	氨溶液	酸性溶液	
		碱类溶液	

参 考 文 献

艾地云. 2006. 实用牛病诊疗新技术 [M]. 北京：中国农业出版社.

陈溥言，王川庆，姜平，等. 2015. 兽医传染病学（第六版）[M]. 北京：中国农业出版社.

陈世军，黄炯，杨会国，等. 2014. 抗感染药物兽医临床应用 [M]. 北京：中国农业出版社.

陈杖榴. 2009. 兽医药理学（第三版）[M]. 北京：中国农业出版社.

程德福. 2008. 牛炭疽的诊治 [J]. 青海农牧业，1（93）：46.

邓修玲，龙虎，闭兴明，等. 1999. 动物药物手册 [M]. 北京：农业出版社.

丁明星，侯加法，刘云，等. 2009. 兽医外科学 [M]. 北京：科技出版社.

董彝，刘成文. 2014. 实用牛病临床诊断经验集 [M]. 北京：中国农业出版社.

蒋玉元，姚友堂，等. 2006. 牛布鲁氏菌病的诊疗 [J]. 中国兽医杂志（3）：51-52.

李广，张树方. 2007. 门诊兽医手册 [M]. 北京：中国农业出版社.

李建基，王亨，朱家桥，等. 2012. 牛羊病快速诊治技术 [M]. 北京：化学工业出版社.

李维炯，倪永珍，李翎，等. 2008. 微生态制剂的应用研究 [M]. 北京：化学工业出版社.

刘云志，柴方红. 2011. 牛结核病的诊断与防制 [J]. 上海畜牧兽医通讯，4：102.

吕宗新，孙会宝. 2007. 奶牛蹄叶炎病的综合防治 [J]. 山东畜牧兽医，28（5）：88-89.

朴范泽，王春仁，夏成. 等. 2009. 兽医全攻略——牛病 [M]. 北京：中国农业出版社.

史书军，张庆茹，张洪德，等. 2010. 轻轻松松诊牛病 [M]. 北京：中国农业出版社.

汪明，索勋，杨晓野，等. 2004. 兽医寄生虫学（第三版）[M]. 北京：中国农业出版社.

王光雷. 2009. 动物寄生虫病防治实用新技术 [M]. 北京：中国农业出版社.

王建华，黄克和，张乃生，等. 2010. 兽医内科学（第四版）[M]. 北京：中国农业出版社.

王祥忠，段生，付春江，等. 2016. 传统良法良方防治牛病 [M]. 北京：科学技术文献出版社.

王晓楠，封家旺，陆江宁，等. 2015. 全国农业高职院校"十二五"规划教材动物内科疾病 [M]. 北京：中国轻工业出版社.

王学兵，宁长申，侯卫东，等. 2011. 牛场多发疾病防控手册 [M]. 郑州：河南科学技术出版社.

王艳丰，张丁华. 2016. 肉牛健康养殖与疾病防治宝典 [M]. 北京：化学工业出版社.

徐世文，李金龙，王金涛，等. 2010. 寒地奶牛常见疾病防治技术精选 [M]. 北京：中国农业出版社.

宣华，王玉森，王省良，等. 2004. 牛病防治手册 [M]. 北京：金盾出版社.

赵兴续，田文儒，芮荣，等. 2009. 兽医产科学（第四版）[M]. 北京：中国农业出版社.

赵远良，柳旭伟，刘晓娜，等. 2014. 察颜观色看牛病 [M]. 北京：金盾出版社.

郑继方，罗超应，杨锐乐，等. 2006. 兽医药物临床配伍与禁忌 [M]. 北京：金盾出版社.

郑世军，宋清明. 2013. 现代动物传染病学 [M]. 北京：中国农业出版社.

中国兽药典委员会. 2011. 中华人民共和国兽药典（一部）[M]. 北京：中国农业出版社.

中国兽药典委员会. 2016. 中华人民共和国兽药典兽药使用指南（化学药品卷）[M]. 北京：中国农业出版社.

中国兽医协会. 2016. 执业兽医资格考试应试指南［M］. 北京：中国农业出
  版社.

中国兽医药品监察所. 2016. 兽药产品说明书范本（化学药品卷）［M］. 北京：
  中国农业出版社.

中国兽医药品监察所. 2016. 兽药产品说明书范本（生物制品卷）［M］. 北京：
  中国农业出版社.

中国兽医药品监察所. 2016. 兽药产品说明书范本（中药卷）［M］. 北京：中国
  农业出版社.

中华人民共和国农业部. 2002. 动物性食品中兽药最高残留限量［M］. 中华人
  民共和国农业部公告第 235 号.

中华人民共和国农业部. 2017. 兽药质量标准说明书范本（化学药品卷）［M］.
  中华人民共和国农业部公告第 2513 号.

图书在版编目（CIP）数据

肉牛场兽药规范使用手册／中国兽医药品监察所，中国农业出版社组织编写；陈世军，崔耀明主编 . —北京：中国农业出版社，2019.1

（养殖场兽药规范使用手册系列丛书）

ISBN 978-7-109-24585-3

Ⅰ.①肉… Ⅱ.①中… ②中… ③陈… ④崔… Ⅲ.①肉牛－兽用药－手册 Ⅳ.①S858.23-62

中国版本图书馆 CIP 数据核字（2018）第 207654 号

中国农业出版社出版

（北京市朝阳区麦子店街 18 号楼）

（邮政编码 100125）

责任编辑　张艳晶

北京万友印刷有限公司印刷　　新华书店北京发行所发行

2019 年 1 月第 1 版　　2019 年 1 月北京第 1 次印刷

开本：910mm×1280mm　1/32　印张：12.25

字数：300 千字

定价：36.00 元

（凡本版图书出现印刷、装订错误，请向出版社发行部调换）